冶金工程实验

Metallurgy Engineering Experiment

廖直友　雷　杰　编著

中国科学技术大学出版社

内 容 简 介

本书是根据安徽工业大学冶金工程学院学科特点和实验教学的要求,并结合实验室特色和冶金工程专业认证要求编写的,教材设置工艺矿物学实验和有色冶金实验,集矿物加工、钢铁冶金、有色冶金实验教学于一体,是目前国内涉及面较广的冶金工程实验教学教材之一。

本书从冶金工程学科特点出发,以工程实践为教学目标,分8章,系统地介绍了工业上和实验室中常用的各种实验工具和设备,并尽可能体现冶金工程学科的实验最新科研成果,内容力求简练、实用,旨在锻炼学生的动手能力、实践能力和创新能力,以适应新时期人才培养的要求。本书可作为冶金、资源、化工、能源等专业的本科生实验教材,亦可作为相关课程学习、生产实习或综合实验训练的参考资料。

图书在版编目(CIP)数据

冶金工程实验/廖直友,雷杰编著. —合肥:中国科学技术大学出版社,2022.6
ISBN 978-7-312-05343-6

Ⅰ. 冶⋯ Ⅱ. ①廖⋯ ②雷⋯ Ⅲ. 冶金—实验—高等学校—教材 Ⅳ. TF03

中国版本图书馆 CIP 数据核字(2021)第 235005 号

冶金工程实验

YEJIN GONGCHENG SHIYAN

出版	中国科学技术大学出版社
	安徽省合肥市金寨路 96 号,230026
	http://press. ustc. edu. cn
	https://zgkxjsdxcbs. tmall. com
印刷	合肥华苑印刷包装有限公司
发行	中国科学技术大学出版社
开本	787 mm×1092 mm 1/16
印张	15. 25
字数	400 千
版次	2022 年 6 月第 1 版
印次	2022 年 6 月第 1 次印刷
定价	45. 00 元

前　言

实验教学是理论教学与实际应用的桥梁。冶金工程学科覆盖面广、难度大，既有传输原理、物理化学这类涉及大量推导、计算的专业基础课程，也有涉及自动化、电气、机械等多门学科的过程工艺课程，抽象、枯燥的公式、模型加大了学生理解的难度。实验教学将理论知识生动、形象地展示出来，将复杂的问题可视化，将抽象的模型解剖、分解，大幅促进了学生对理论知识和冶金工艺的理解。同时，通过团队配合和动手操作，提高了学生的团队协作能力、创新能力和逻辑思维能力。

随着我国本科教育培养模式向"宽口径、厚基础、重创新"的人才培养理念转变，课程体系发生了根本性变化。为更好地适应新时期工程教育专业认证实验教学改革的需要，针对我校国家级一流本科专业——冶金工程专业没有统一实验教材、现有教材在教学中出现诸多不便等问题，根据实验室软、硬件设施条件和实验教学开设情况，编写一部适合我校冶金工程专业教学需要，反映我校教学成果和特色的实验教学教材成为迫在眉睫的工作。本书将冶金专业课程所必需的基本专业实验全部纳入其中，涉及课程有"物理化学实验""工艺矿物学实验""冶金物理化学实验""冶金传输原理实验""冶金原理实验""冶金实验技术""有色冶金实验"等重要专业基础课程，以课程为单位系统地介绍实验原理、实验内容、实验设备及数据处理和误差分析等。同时还另设冶金实验常用设备与基本检测方法一章和附录，简单介绍冶金领域常用的仪器设备、测量技术、标准数据等。

本书是集体智慧和力量的结晶，也是团队密切合作的成果。参加本书编写的老师均来自于实验教学第一线。其中，廖直友主要承担物理化学实验、工艺矿物学实验等部分的编写任务；雷杰主要承担冶金传输原理、冶金物理化学、自动检测与过程控制等部分的编写任务。此外，在编著本书的过程中，我们得到了安徽工业大学教学主管部门、冶金工程学院领导和老师们的大力支持和热情帮助，其中，王海川、龙红明、孔辉、徐其言教授和孟庆民、韩召、吴朝阳副教授等对书稿编写大纲的制订和确定以及内容选取与修改提出了很多宝贵意见和建议；冶金工程实验室的老师们都积极参与了本书的编写和校核工作，为本书的出版付出了心血和汗水，博士研究生鲍光达还为本书封面绘制了配图，在此一并表示衷心的感谢！

由于本教材内容涉及面广，编者水平有限，书中肯定存在不足，恳请同行专家、学者和广大读者批评指正，以帮助我们在教学过程中不断改进，进一步提高教学效果，为培养优秀冶金科技人才作出贡献。

作　者

2021 年 9 月于安徽工业大学

目　　录

前言 ……………………………………………………………………………………………（ⅰ）

第1章　冶金实验常用设备与基本检测方法 ………………………………………（1）
1.1　高温炉与高温耐火材料 …………………………………………………………（1）
1.2　温度测量技术 ……………………………………………………………………（8）
1.3　流量/流速的测量技术 …………………………………………………………（29）
1.4　压力的测量技术 …………………………………………………………………（37）
1.5　气体成分的分析技术 ……………………………………………………………（45）
1.6　冶金实验数据采集与数据处理概述 …………………………………………（46）

第2章　物理化学实验(冶金类) …………………………………………………（53）
2.1　燃烧热的测定 ……………………………………………………………………（53）
2.2　液体饱和蒸汽压测定 ……………………………………………………………（59）
2.3　金属二元相图绘制 ………………………………………………………………（62）
2.4　双液系沸点-成分图绘制 ………………………………………………………（66）
2.5　液体表面张力测定 ………………………………………………………………（70）
2.6　原电池电动势测定 ………………………………………………………………（73）

第3章　冶金物理化学实验 ………………………………………………………（77）
3.1　碳酸盐分解压的测定 ……………………………………………………………（77）
3.2　铁矿石还原动力学 ………………………………………………………………（80）
3.3　高温熔渣的熔化温度与黏度测定 ……………………………………………（84）
3.4　四探针法测定高温熔渣电导率实验 …………………………………………（90）
3.5　固体电解质浓差电池钢液定氧实验 …………………………………………（93）

第4章　传输原理实验 ……………………………………………………………（97）
4.1　流体流动过程的能力平衡——伯努利方程的验证 …………………………（97）
4.2　雷诺实验 …………………………………………………………………………（101）

4.3 空气纵掠平板式局部换热系数测定 ································ (104)

4.4 空气纵掠平板式热边界层和流动边界层测定 ················ (109)

4.5 自循环毕托管测速实验 ·· (111)

第5章 冶金工程实验 ·· (115)

5.1 铁精矿的粒度及比表面积检测 ···································· (115)

5.2 球团矿的制备及性能检测 ··· (118)

5.3 铁矿粉烧结实验 ·· (124)

5.4 球团矿相对自由膨胀指数测定 ···································· (131)

5.5 铁矿石低温还原粉化率的测定 ···································· (134)

5.6 铁矿石荷重软化及熔滴温度测定 ································· (138)

5.7 高炉喷吹用煤粉性能检测 ··· (142)

5.8 钢中典型有害气体元素分析 ·· (148)

5.9 流态化直接还原铁矿粉实验研究 ································· (150)

5.10 冶金过程物理模拟实验——中间包水力学物理模拟实验 ········· (152)

第6章 工艺矿物学实验 ·· (160)

6.1 在晶体模型上确定对称要素和划分晶族晶系 ··············· (160)

6.2 偏光显微镜及单偏光下的光学性质(一) ······················ (162)

6.3 单偏光下的光学性质(二) ··· (165)

6.4 正交偏光下的光学性质(一) ·· (166)

6.5 正交偏光下的光学性质(二) ·· (169)

6.6 锥光镜下的光学性质 ·· (171)

6.7 透明矿物薄片的系统鉴定 ··· (176)

6.8 不透明矿物的光学性质 ·· (178)

6.9 矿物颗粒大小及百分含量的测定 ································· (181)

6.10 冶金熟料、炉渣矿物系统鉴定 ···································· (183)

第7章 有色冶金实验 ··· (187)

7.1 铁-水系 φ-pH 的测定实验 ····································· (187)

7.2 电极过程动力学实验 ·· (191)

7.3 硫化锌精矿氧化过程动力学实验 ································· (193)

7.4 炉渣熔化温度的测定 ·· (194)

7.5 铝土矿高压溶出 ·· (197)

7.6 硫酸锌溶液的电解沉积实验 ·· (201)

7.7 溶剂萃取法从钨酸钠溶剂制取钨酸铵溶液实验 ············· (205)

第 8 章　现代冶金分析检测技术 ·· （209）

　8.1　滴定法测定铁矿石全铁与亚铁 ····································· （209）

　8.2　现代冶金材料分析检测技术 ··· （214）

　8.3　常用冶金分析检测技术数据分析与图像处理 ················ （218）

附录 ·· （222）

　F1　可用矿物的工业分类 ·· （222）

　F2　相似矿物对比表 ··· （223）

　F3　部分烧结矿物在显微结构下的颜色及形态和熔点 ··········· （228）

　F4　热电偶分度表 ·· （233）

第1章 冶金实验常用设备与基本检测方法

1.1 高温炉与高温耐火材料

1.1.1 高温炉简介

目前,绝大部分冶金工艺仍然依赖高温冶炼,即在冶金过程中,需要达到一两千摄氏度的温度,因此,获取高温并保持高温是金属冶炼的前提条件。一般将获得高温的设备叫高温炉,如生产中常见的高炉、转炉、电弧炉、加热炉等,以及实验研究中应用的各式电阻炉、马弗炉、感应电炉等都可统称为高温炉。按照供热方式的不同,高温炉通常可以分为两类——燃烧炉和电炉。燃烧炉利用固体、液体或气体燃料在炉内的燃烧进行供热,电炉则在炉内将电能转化为热量进行供热。在冶金实验室中,主要使用电炉获取高温。

按照加热元件的不同,电炉可以分为电阻炉、电磁感应炉、电弧炉及等离子炉等。按照炉腔形状的不同,电炉又可以分为箱式炉、管式炉(竖式、卧式)、井式炉、气氛炉(真空炉)等。本书将主要介绍实验室常用的两种电炉——电阻炉和电磁感应炉。

1. 高温电阻炉

电阻炉是将电能转换成热能的装置,即把具有一定阻值的金属或非金属发热元件作为电能向热能转换的载体,即当电流 I 通过具有电阻 R 的导体时,经过时间 t 便可产生热量 Q $(Q=0.24I^2Rt)$。当电热体产生的热量与炉体热量的散失达到平衡时,炉内即可达到恒温。图 1.1 为实验室常见的电阻炉。

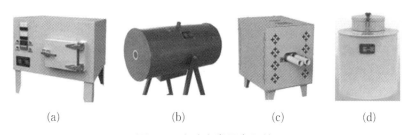

| (a) | (b) | (c) | (d) |

图 1.1 实验室常见电阻炉

实验室常见的电阻炉由于用途不同而形状各异,但基本结构大同小异,如图 1.2 所示,其主要由以下几部分组成:电热体、炉管、炉壳、炉衬及耐火材料、温度采集及温度控制系统(控制柜)、电源引线以及支撑系统。某些电阻炉由于特殊需求,还会配加密封系统(真空或气氛保护等)、水冷系统等。

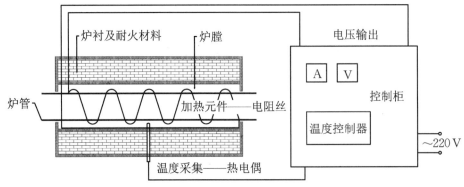

图 1.2 常见电阻炉结构

电热体是电阻炉的发热元件,可分为金属和非金属两类。金属电热体通常制成丝状,缠绕在炉管上作为加热元件,非金属电热体则通常制成棒状,均匀地插在炉膛中。实验室常用电阻炉电热材料的化学成分和主要性能如表 1.1 所示。

表 1.1 常见电热材料的化学成分和主要性能

种类	化学成分	主要性能
金属	铬镍合金	塑性好、绕制容易,在 1000 ℃ 以下的空气环境条件下长期使用
	铁铬铝合金	耐热性能好;在 1200 ℃ 以下、氧化气氛下,塑性较差,绕制比较困难
	铂、铂铑	铂多用于 1400 ℃ 以下的小型电阻炉,如炉渣熔点测定炉;铂铑则可达 1600 ℃,氧化气氛下升温快,不能在还原气氛下实验
	钼丝	熔点高,长期使用,温度可达 1700 ℃;仅能在高纯氢、氨分解气或真空中使用,在高温氧化气氛下会生成氧化钼升华
非金属	硅碳(SiC)	在氧化气氛下能在 1400 ℃ 以下长期工作,棒状 SiC 常用于箱式电阻炉(马弗炉),管状 SiC 用于管式电阻炉
	硅钼($MoSi_2$)	在氧化气氛下能在 1700 ℃ 以下长期工作
	石墨	工作温度在保护气氛(Ar、N_2)中可达 1800 ℃,在真空或惰性气氛中可达 2200 ℃,易加工成管状,也可做成板状或其他形状

炉管、炉壳、炉衬一般都由高温耐火材料制成。高温耐火材料是指耐火度(材料在高温无荷重条件下,不熔融软化的性能,一般低于熔点)不小于 1580 ℃ 的无机非金属材料。实验室常见的耐火材料有耐火砖(白云石制、莫来石制、黏土制、硅制)、耐火棉(莫来石)、耐火泥、坩埚(刚玉、氧化镁、氧化锆等)、炉管(刚玉、氧化镁等),等等。

温度采集及温度控制系统一般集成在控制柜上,其主要作用是采集温度、控制温度以及为炉体提供可变电流电压。温度采集一般通过热电偶实现,温度控制一般通过 PID 控制器或 PLC 控制器等实现。

2. 感应电炉

电阻炉具有控温精度高、恒温带稳定的特点,但受限于电热体,其加热速度往往较慢,且能耗较高。感应电炉是目前对金属材料加热效率最高、速度最快,低耗节能环保型的感应加热设备。

感应电炉加热基本原理是:变频的电流流向被绕制成环状的加热线圈(通常用紫铜管制作,内通冷却水),在线圈内产生极性瞬间变化的强磁束。将被加热物体(一般为金属)放置在线圈内,磁束就会贯通整个被加热物体,在被加热物体的内部与加热电流相反的方向,便会产生相对应的涡电流。由于被加热物体内存在着电阻,所以会产生焦耳热,使其自身的温度迅速上升而被加热。

感应电炉的主体简化图和工作原理如图 1.3 所示,在耐火材料制成的坩埚外面套着螺旋形的感应线圈,坩埚内盛有金属炉料,感应线圈通交流电时,交流电的电磁感应作用使金属炉料内部产生涡流,由于金属炉料自身具有电阻而产生热量加热和熔炼。

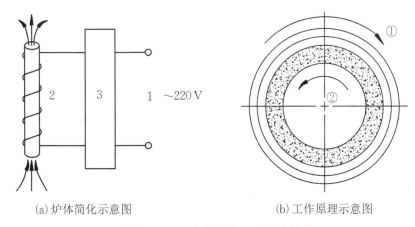

(a) 炉体简化示意图　　　　　　　　(b) 工作原理示意图

1. 加热电源;2. 感应线圈;3. 金属发热体。

① 通入感应器电流方向;② 在炉料中产生的感应电流方向。

图 1.3　感应电炉简化示意图

1.1.2　高温耐火材料简介

高温耐火材料是指耐火度不低于 1580 ℃ 的一类无机非金属材料。耐火材料广泛应用于钢铁冶金、有色金属、玻璃、水泥、陶瓷、石化、机械、锅炉、轻工、电力、军工等国民经济的各个领域,是保证上述产业生产运行和技术发展必不可少的基本材料,在高温工业生产发展中起着不可替代的重要作用。其中,在冶金工业中用量最大,要占总产量的 50%～60%。

耐火材料品种繁多、用途各异,有必要对耐火材料进行科学分类,以便于科学研究、合理选用和管理。耐火材料的分类方法有很多,其中主要有化学属性分类法、化学矿物组成分类法、生产工艺分类法、材料形态分类法等。

1. 化学属性分类法

根据制品的形状及尺寸可以分为标准型、异型、特异型和特殊制品等。根据耐火度的高低可以分为普通耐火材料、高级耐火材料和特级耐火材料。普通耐火材料:耐火度为 1580～1770 ℃,相当于 SiO_2 - Al_2O_3 二元系中 Al_2O_3 含量 15%～45% 耐火制品,组成原料的主要矿物是高岭石。高级耐火材料:耐火度为 1770～2000 ℃,常见的高级耐火材料有高铝砖、莫来石砖、普通镁质制品、镁铝砖、普通镁铬砖、橄榄石砖等。特级耐火材料:耐火度大于 2000 ℃,

例如纯氧化物制品、熔铸制品、高纯直接结合镁铬砖、尖晶石砖、非氧化物制品等。根据耐火材料的制造方法可以分为烧成制品、不烧成制品、不定形耐火材料。

2．化学矿物组成分类法

根据耐火材料的化学矿物质组成可以分为硅质（氧化硅质）、硅酸铝质、刚玉质、镁质、镁钙质、铝镁质、镁硅质、碳复合、锆质及特种耐火材料等，此种分类法能够很直接地表征各种耐火材料的基本组成和特性，在生产、使用、科研上是常见的分类法，具有较强的实际应用意义。

表 1.2 实验室常用的几种高温氧化物耐火材料

名称	熔点(℃)	最高使用温度(℃)	耐热冲击性能	用途
Al_2O_3	2030	1900	良	坩埚、炉管、热电偶保护管、垫片等
MgO	2800	1900	较差	坩埚
ZrO_2	2550	2220	较好	坩埚、固体电解质定氧探头
SiO_2	1710	1110	优	坩埚、炉管等

3．生产工艺分类法

根据使用方法不同不定形耐火材料又可以分为浇注料、喷涂料、捣打料、可塑料、压住料、投射料、涂抹料、干式振动料、自流浇注料、耐火泥浆等。不定形耐火材料是由合理级配的粒状和粉状料与结合剂共同组成的不经成型和烧成而直接供使用的耐火材料，依其使用要求，可由各种材质制成。为了使这些耐火物料结合为整体，除极少数特殊情况外，一般皆加入适当品种和数量的结合剂。为改进其可塑性或减少用水量，可适当加入少量增塑减水剂。为满足其他特殊要求，还可分别适当加入少量其他外加剂。通常，将构成此种材料的粒状料称为骨料，将粉状料称为掺和料，将结合剂称为胶结剂。这类材料无固定的外形，可制成浆状、泥膏状和松散状，因而也通称为散状耐火材料。用此种耐火材料可构成无接缝的整体构筑物，故还称为整体耐火材料。经常使用的不定形耐火材料有补炉料、捣打料、浇注料、可塑料、耐火泥、耐火喷补料、耐火投射料、耐火涂料、轻质耐火浇注料、炮泥等。

4．材料形态分类法

根据耐火材料制备材料的化学属性可以分为酸性耐火材料、半酸性耐火材料、中性耐火材料和碱性耐火材料。

（1）酸性耐火材料

酸性耐火材料以氧化硅为主要成分，常用的有硅砖和黏土砖、石英、鳞石英、方石英、玉髓、燧石、蛋白石、石英岩、白硅砂、硅藻土等，这些硅质原料中所含氧化硅（SiO_2）一般在 90% 以上，纯净原料所含氧化硅高达 99%，甚至更高。硅砖是含氧化硅 94% 以上的硅质制品，使用的原料有硅石、废硅砖等，其抗酸性炉渣侵蚀能力强，荷重软化温度高，重复煅烧后体积不收缩，甚至略有膨胀；但其易受碱性渣的侵蚀，抗热震性差。硅砖主要用于焦炉、玻璃熔窑、酸性炼钢炉等热工设备。黏土砖以耐火黏土为主要原料，含有 30%～46% 的氧化铝，属弱酸性耐火材料，抗热震性好，对酸性炉渣有抗蚀性，应用广泛。硅质原料在高温化学动态中具有酸性性质,当有金属氧化物存在时,或与其接触时即起化学作用,并结合而成易熔的硅酸盐类。因此,当硅质原料中含有少量的金属氧化物时,将严重影响它的抗热性。

（2）半酸性耐火材料

半酸性原料主要是耐火黏土。在过去的分类中,黏土都是被列在酸性原料中,但实际上这是不合适的。判断耐火原料是否酸性是以其游离的硅石(SiO_2)为主体为依据的,就好于耐火黏土与硅质原料的化学成分而言,耐火黏土中的游离硅石比硅质原料要少得多。在一般耐火黏土中有 30%～45% 的氧化铝,而氧化铝很少是游离状态的,必然与硅石结合而成高岭石($Al_2O_3 \cdot 2SiO_2 \cdot 2H_2O$),即使有多余的硅石,量也很少、作用也很小。因此,耐火黏土的酸性性质较硅质原料要弱得多。有些人认为,耐火黏土在高温下分解成游离硅酸、游离氧化铝,但并不是就此不变,在继续受热时游离硅酸与游离氧化铝将结合成英莱石($3Al_2O_3 \cdot 2SiO_2$)。英莱石对碱性矿渣有很好的抗酸性能,同时由于耐火黏土中氧化铝成分的增高,其酸性物质渐渐变弱,当氧化铝成分达到 50% 时,便出现碱性或中性性质,特别是在超高压力下制成的黏土砖,密度大、细致紧密、气孔率低,在高温条件下对碱性矿渣的抵抗性比硅石要强。就其侵蚀性而言,英莱石也是非常迟缓的,因此我们认为把耐火黏土列为半酸性原料是比较合适的。耐火黏土是耐火材料工业中最基本而且用途最广的一种原料。

（3）中性耐火材料

中性原料主要是铬铁矿、石墨、碳化硅（人工制造）,在任何温度条件下都不与酸性或碱性矿渣发生化学反应。目前在自然界中有两种这样的原料,即铬铁矿和石墨。除天然的石墨以外,还有人造石墨。这些中性原料对矿渣均有显著的抵抗性能,最适合用作碱性耐火材料和酸性耐火材料的隔层。

中性耐火材料以氧化铝、氧化铬或碳为主要成分。含氧化铝 95% 以上的刚玉制品是一种用途较广的优质耐火材料。以氧化铬为主要成分的铬砖对钢渣的耐蚀性好,但抗热震性较差,高温荷重变形温度较低。

碳质耐火材料有碳砖、石墨制品和碳化硅质制品,其热膨胀系数很低,导热性高,抗热震性能好,高温强度高,抗酸碱和盐的侵蚀,尤其对弱酸碱具有较好的抵抗能力,不受金属和熔渣的润湿,质轻。碳砖是用高品位的石油焦为原料,以焦油、沥青做黏合剂,在 1300 ℃ 隔绝空气条件下烧成的。石墨制品（除天然石墨外）用碳质材料在电炉中经 2500～2800 ℃ 石墨化处理制得。碳化硅制品则以碳化硅为原料,加黏土、氧化硅等黏结剂在 1350～1400 ℃ 下烧成。也可以将碳化硅加硅粉在电炉中氮气氛下制成氮化硅-碳化硅制品。碳质制品的热膨胀系数很低,导热性高,抗热震性能好,高温强度高。在高温下长期使用也不软化,不受任何酸碱的侵蚀,有良好的抗盐性能,也不受金属和熔渣的润湿,质轻,是优质的耐高温材料。缺点是在高温下易氧化,不宜在氧化气氛中使用。碳质制品广泛用于高温炉炉衬（炉底、炉缸、炉身下部等）、熔炼有色金属炉的衬里。石墨制品可以做反应槽和石油化工的高压釜内衬。碳化硅与石墨制品还可以制成熔炼铜及其合金用的坩埚。

（4）碱性耐火材料

碱性耐火材料以氧化镁、氧化钙为主要成分,主要包括菱镁矿（菱苦土）、白云石、石灰、橄榄石、蛇纹石、高铝氧（有时呈中性）等。这些原料对碱性矿渣有较强的抵抗力,多用于砌筑碱性熔炉,但是特别容易和酸性矿渣起化学反应而成为盐类。例如常用的镁砖,含氧化镁 80%～85% 或更高的镁砖,对碱性渣和铁渣有很好的抵抗性,耐火度比黏土砖和硅砖高。

在特殊场合应用的耐火材料有高温氧化物材料,如氧化铝、氧化镧、氧化铍、氧化钙、氧化锆等;难熔化合物材料,如碳化物、氮化物、硼化物、硅化物和硫化物等;高温复合材料,主要有金属陶瓷、高温无机涂层和纤维增强陶瓷等。

在高温实验中,为减少热损失和保证炉温稳定,常需要在炉壳内填充保温材料。保温材料要求导热系数小,具有一定的耐火度,容重应小些。表1.3列出了几种常见的保温材料,其中硅酸铝纤维填充方便、导热系数低、容重小、价格较便宜,因而使用较多。

表1.3 几种常用的保温材料

名称	容重(kg/m)	体积密度(g/cm)	最高使用温度(℃)	主要用途
硅酸铝纤维	130～250		1000～1200	保温层填料
空心氧化铝球	500～900		1800	保温层填料
轻质高铝砖		0.7～1.0	<1300	高温炉保温层
轻质黏土砖		0.5～1.0	1200～1400	高温炉保温层

1.1.3 课程实验——高温炉简介及恒温带检测

1. 实验目的

① 了解实验室获得高温的常用方法,了解常用高温炉的工作原理,熟悉高温设备的结构和组成。

② 学会检测高温炉的恒温带,了解高温炉内实际温度和设定温度的差异及产生差异的原因。

2. 实验内容及原理

前文已对高温炉做了详细介绍,不再赘述。

3. 高温炉恒温带检测

高温炉恒温带是指炉管内轴向和径向温度分布都达到控温精度要求的区域,此区域的位置和尺寸随电热体各部分尺寸、电炉工作温度和炉管内保温条件改变而变化。恒温带过窄或与设定温度温差过大都将严重影响控温精度,因此在高温炉设计和制造时就应特别注意对恒温带的控制。在使用过程中,热电偶的热端应接触或尽可能靠近被加热的试样,三者都应在恒温带内。

测恒温带时,准备两支热电偶:一支热电偶的热端放在炉管外壁中央,冷端连接控温仪,把炉温控制在实验常用温度;另一支热电偶做测量用,从炉管一端插入炉管内,由中央开始向一个方向逐步移动,每隔5～10 mm读取一个稳定的温度值,直到温度降低10～20 ℃,表示已出恒温带。再从炉内取出热电偶,从另一端插入炉管内,仍从炉管中央开始,逐步向另一个方向移动,也是每隔5～10 mm读取一个稳定的温度值,直到温度降低10～20 ℃,表示已出恒温带。把所测定的温度 T(℃)与相应距离 X(m)数据,绘制成 T-X 图,这就是温度分布曲线,从中找出恒温带的位置与尺寸。

4. 实验装置

检测高温炉的恒温带实验装置如图1.4所示。

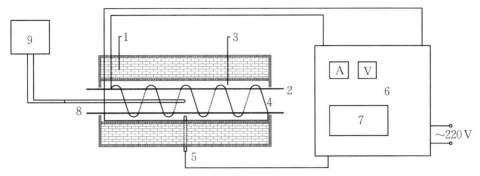

1. 炉衬及耐火材料；2. 炉管；3. 炉膛；4. 加热元件——电阻丝；5. 控温热电偶；
6. 控制柜；7. 温度控制器；8. 校温热电偶；9. 温度巡检仪。

图 1.4　恒温带检测设备图

5. 实验步骤

(1) 电阻炉结构观察

① 将废旧电阻炉的炉壳打开，由外至内仔细观察其外形、耐火材料、炉膛、炉管、热电偶插入位置等。

② 仔细观察其电热体，并判断其电热体种类。

③ 仔细观察电阻炉控制柜的结构，观察其组成部分。

(2) 高温炉恒温带检测

① 将待测高温炉升温至设定温度，并保温半个小时以上。

② 将较温热电偶从炉管一端插入炉管内，由中央开始向一个方向逐步移动，每隔 5～10 mm 读取一个稳定的温度值，直到温度降低 10～20 ℃，表示已出恒温带。

③ 从炉内取出热电偶，从另一端插入炉管内，仍从炉管中央开始，逐步向另一个方向移动，也每隔 5～10 mm 读取一个稳定的温度值，直到温度降低 10～20 ℃，表示已出恒温带。

④ 绘制温度 T(℃) 与相应距离 X(m) 温度分布曲线，判定恒温带的位置与尺寸。

⑤ 实验完成，取出热电偶，关闭高温炉，打扫实验现场。

6. 实验记录及数据处理

① 画出所观察高温炉并标注主要元件。

② 检测高温炉恒温带，并将检测数据记入表 1.4。

表 1.4　实验数据记录表

设定温度(℃)	X(mm)	
	T(℃)	
设定温度(℃)	X(mm)	
	T(℃)	
设定温度(℃)	X(mm)	
	T(℃)	

设定温度(℃)	X(mm)	
	T(℃)	
设定温度(℃)	X(mm)	
	T(℃)	
设定温度(℃)	X(mm)	
	T(℃)	

根据表 1.4 中的数据,绘制 T-X 表,并计算恒温带长度,填入表 1.5。

表 1.5 实验结果

设定温度(℃)	实际温度(℃)	恒温带长度(mm)

7. 思考题

① 请选择合适的设备熔炼少量钢水(5～10 kg),简述需要的实验设备并绘制简图。

② 简述高温炉恒温带检测的意义。

1.2 温度测量技术

在冶金工程实验研究中,没有准确的温度测量是不可想象的。在许多情况下,温度测量的精度决定了整个实验的误差大小。

1.2.1 温度及温标

1. 温度的基本概念

温度是表示物体冷热程度的物理量。温度的宏观概念是建立在热平衡基础上的。任意两个相互接触的温度不同的物体,只要有温度差存在,热量就会从高温物体向低温物体传递,直到两物体温度相等,达到热平衡为止。

温度的微观概念表明:物体温度的高低标志着组成物体的大量分子无规则运动的剧烈程度,也是对其分子平均动能大小的一种量度。显然,温度与物体的物理化学特性密切相关。

2. 温标

温标是温度的数值表示方法。各种温度计的数值都是由温标决定的。为了统一国际间的温度量值,从 1927 年第七届国际计量大会起,大多数国家采用了 ITS-27"国际温标",它是根据热力学温标制定的。国际温标是以一些纯物质的相平衡点(即定义固定点)为基础建立起来的。曾经采用的温标还有 ITS-48 及 IPTS-68 国际温标,经修改完善后,目前各国采用的是 1990 年国际温标。1990 年国际温标(ITS-90)仍以热力学温度作为基本温度。为了区别以前的温标,用"T_{90}"代表新温标的热力学温度,单位为开尔文(符号为 K)。与此并用的摄氏温度计为 t_{90},单位为摄氏度(符号为℃),T_{90} 与 t_{90} 的关系为

$$T_{90} = t_{90} + 273.15 \tag{1.1}$$

3. ITS-90 国际温标的特点

ITS-90 国际温标具有如下特点:

① 固定点总数较 1968 年国际实用温标 IPTS-68 增加 4 个,而且其数值几乎被全部修改,变得更准确。

② 取消了水沸点、氧沸点等,新增加氖、汞等三相点及镓等的熔点和凝固点。

③ 低温下限延伸至 0.65 K。

④ 原来作为温标标准值的铂铑 10-铂热电偶被取消,代之为铂电阻温度计。

1.2.2　冶金工程实验中测温计的选择

测温方法可分为接触式(如液体膨胀式温度计、热电偶温度计、热电阻温度计等)与非接触式(如光学高温计、辐射高温计、红外探测器等)两大类。接触式测温法是用测温元件与被测物体良好接触时,两者处于相同温度,由测温元件得知被测物体的温度,测温元件需要与被测介质直接接触,该方法测温简单、可靠,测量精度高,但由于达到热平衡需要一定时间,因而会产生测温的滞后现象。此外,测温元件往往会破坏被测对象的温度场,并有可能受到被测介质的腐蚀。非接触式测温法是利用物体的热辐射或电磁波性质来测定物体的温度,测温元件不必与被测介质直接接触,测温速度一般比较快,多用于测量高温,但由于受物体电磁波的发射率、热辐射传递空间的距离、烟尘和水蒸气等的影响,因此测温误差较大。除此之外,近 20 年来高温测量技术有了新的发展,如红外温度计,它是一种非接触式的测温计,与热电偶相比,其寿命长、性能可靠、反应快,适用于移动的物体、腐蚀性的介质及不能接触的场合,与光导纤维和微处理机配套成为现代的热像仪,是钢铁冶金研究及过程控制的有力工具。

表 1.6 列出了冶金工程实验中常用的测温计的种类、特性及使用场合。

选择测温计应考虑的原则是:

① 合适的使用温度范围和准确度,合适的使用气氛,符合耐蚀、抗热震性的要求。

② 响应速度、误差、互换性及可靠性能否符合要求。

③ 读数、记录、控制、报警等性能是否能达到要求。

④ 价格要低,寿命要长,维护使用方便。

本节仅介绍冶金工程实验中常用的几种测温计。

表 1.6 冶金工程实验中常用的测温计的种类、特性及使用场合

原理	种类	使用温度范围(℃)	准确度(℃)	线性*	响应速度	记录与控制	价格	使用场合
膨胀	水银温度计	−50～650	0.1～2	可	中	不适合	低廉	测冷却水、蒸气温度,示值直观,箱式炉控温用
	有机液体温度计	−200～200	1～4	可	中	不适合		
	双金属温度计	−50～500	0.5～5	可	慢	适合		
压力	液体压力温度计	−30～600	0.5～5	可	中	适合	低廉	测冷却介质,环境温度5～60 ℃,相对湿度小于80%
	蒸气压力温度计	−20～350	0.5～5	非	中			
电阻	铂电阻温度计	−260～1000	0.01～5	良	中	适合	贵	测冷却介质、砖衬温度,作为标准温度计用
	热敏电阻温度计	−50～350	0.3～5	非	快		中	
热电势	铂铑30-铂铑6(B)	0～1600	2～10	可	快	适合	贵	测定冶金熔体及高于1100 ℃的物料温度,适用于氧化气氛
	铂铑10-铂(S)	0～1400	2～10	可			贵	测定冶金熔体及高于1100 ℃的物料温度,适用于氧化气氛
	镍铬-镍硅(K)	−200～1200	2～10					适用于氧化气氛,测炉气、砖衬及物料温度
	镍铬-康铜(E)	−200～800	3～5	良				热电动势大,灵敏度高
	铁-康铜(J)	−200～800	3～10					适用于真空还原性、氧化气氛
	铜-康铜(T)	−200～350	2～5				中	
热辐射	光学高温计	700～3000	3～10	非		不适合	中	冶金熔体、高炉风口测温
	光电高温计	200～3000	1～10	非	快	适合	贵	
	辐射高温计	100～3000	5～20		中			
	比色高温计	180～3500	5～20		快			

*"线性"是指线性相关的程度。

1.2.3 液体玻璃温度计

1. 液体玻璃温度计的工作原理

液体玻璃温度计是基于液体体积随温度升高而膨胀的原理制成的。最常见的有水银玻璃温度计、有机液体玻璃温度计等。这种温度计的优点是直观、测量准确、结构简单、造价低廉、使用简便,故广泛应用于工业的各个领域和实验室。但这种温度计有易碎、热惯性大、不能远传和自动记录,只能在测点处就地读数等缺点。

普通水银玻璃温度计的测量范围在−30～300 ℃。如果在水银面上的空间充以一定压力的氮气,玻璃材质用硅硼玻璃或石英玻璃,则测温范围为 500～750 ℃,甚至高达 1200 ℃。有机液体玻璃温度计主要用于低温测量。常用的酒精玻璃温度计的测量范围为 −100～75 ℃,以戊烷为工作液体时测量范围为 −200～20 ℃。

2. 液体玻璃温度计的分类

玻璃温度计按其用途可分为标准温度计、实验室温度计、工业用温度计和特殊用途温度计四类。

标准水银温度计按等级可分为一等和二等两种,其最小分度值分别为 1/20 ℃ 和 1/10 ℃。通常一等标准水银温度计用于检定和校验,也可用作实验室精密测量。这种温度计共由 −30～20 ℃、0～50 ℃、50～100 ℃、100～150 ℃、150～200 ℃、200～250 ℃ 及 250～300 ℃ 等组成一套,成套供应。其中,除前两支外,其余各支都必须有中间膨胀包和定位标记。

实验室用温度计的最小分度一般为 1/10 ℃,测温范围为 −30～300 ℃。它与标准水银温度计相似,也分为若干支,它适合科研单位使用。

实验室中常用到的特殊用途的玻璃温度计有电接点温度计和贝克曼温度计两种,分别如图 1.5 和图 1.6 所示。

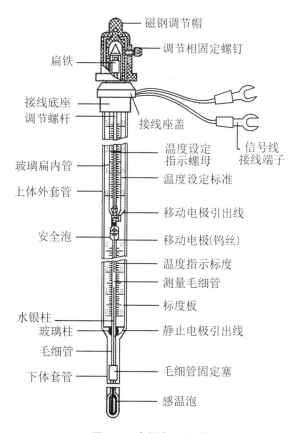

图 1.5　电接点温度计

电接点温度计内部有两条金属丝:一条为铂丝,另一条为钨丝(带有螺旋状的铂丝引线)。用温度计顶端的磁钢旋动温度计内的螺杆,以调整电接点的给定值。当温度升到给定值时,两金属丝借助水银柱形成闭合回路,并通过两引线使受控继电器等动作,从而达到自动控制的目的。实验室中经常使用的恒温器就是用这种电接点温度计来控温的。

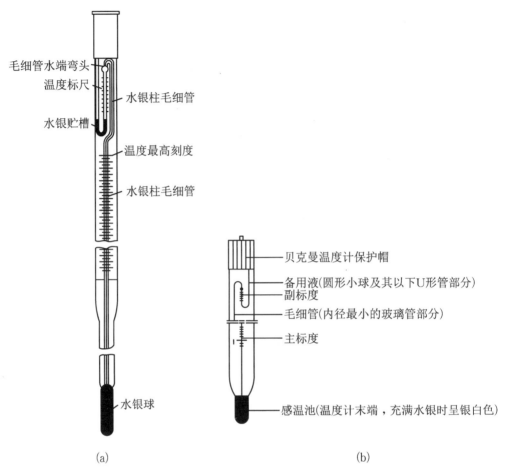

毛细管水端弯头
温度标尺
水银柱毛细管
水银贮槽
温度最高刻度
水银柱毛细管

贝克曼温度计保护帽
备用液(圆形小球及其以下U形管部分)
副标度
毛细管(内径最小的玻璃管部分)
主标度

水银球

感温池(温度计末端，充满水银时呈银白色)

(a) (b)

图 1.6　贝克曼温度计

贝克曼温度计多用于燃料发热量的测定。图 1.6(a)所示为温度计全貌,图 1.6(b)为温度计上端的放大。这是一种测量精度很高的水银玻璃温度计,能测量微小的温度变化。标尺的整个量程范围只有 5～6 ℃或更小,分度值为 0.002～0.01 ℃。这种温度计的毛细管下端有一主水银包,上端有一备用 U 形水银包,主水银包中的水银储存量可根据待测温度的不同与备用水银包进行相互转注,所测温度愈高,从主水银包中转注到备用水银包中的水银量应愈多(即主水银包中的水银储量应愈少)。因此,它具有用一支温度计即可以精确测量 $-30～200$ ℃范围内某一区间的微小温度变化的优点,但它不能测出温度的绝对值,仅可得到相对温差值。

3. 液体玻璃温度计的选择与安装

对于液体玻璃温度计的量程范围和最小分度值,应根据被测介质的温度范围和所要求的测量精度来选取。然后,在有关管道或设备上选择有代表性的位置来安装温度计。

视被测介质的温度、压力等情况,温度计有带保护套和不带保护套的两种安装方法,但无论哪种都必须特别注意温度计的安插方式。

安装方式主要考虑的因素有:

① 力求减少温度计和保护套的对外散热。为此,温度计插入介质中要有足够的深度,装保护套的管段应该保温,套管不宜露出保温层。

② 为了改善被测介质对温度计的传热,最好是迎介质流向插入,并使温包位于管中心处。

1.2.4 热电偶温度计

1. 热电偶温度计的工作原理

热电偶温度计是以热电偶作为测温元件,以测得与温度相对应的热电动势,再通过仪表显示温度。热电偶温度计是由热电偶、测量仪表及补偿导线构成的,常用于测量 $300\sim 1800\ ℃$ 范围内的温度,在特殊情况下,可测至 2800 ℃ 的高温或 4 K 的低温。热电偶温度计具有结构简单、准确度高、使用方便,以及适合远距离测量与自动控制等优点。因此,热电偶温度计是实验室的主要测温工具。

热电偶是热电高温计中的敏感元件。它的工作原理是基于 1821 年塞贝克发现的热电现象。在一个由两种不同金属导体(或非金属)A 和 B 组成的闭合回路中,当此同路的两个接点保持在不同的温度 t_1 和 t_2 时,只要能保持两接点有温度差,回路中就会产生电流,即回路中存在一个电动势,这就是著名的"塞贝克温差电动势",简称"热电势",记为 E_{AB}。热电偶就是利用这个原理测量温度的。

图 1.7 所示为塞贝克效应示意图。图中导体 A、B 称为热电偶的热电极。其中一个接点通常是用焊接法连接在一起的。工作时将它置于被测温的场所,故称为工作端(测量端或热端)。另一个接点要求恒定在某一温度下,称为参考端(自由端或冷端)。对于一定的金属来说,电势是温度的函数。如果热电偶的一端保持恒温 t_0,热电偶的热电势将随另一端的温度 t_1 而变化,一定的热电势对应一定的温度,所以用测量热电势的办法,可达到测温的目的。实验证明:当热电极材料选定后,热电偶的热电势仅与两个接点的温受有关,即

$$dE_{AB}(t_1,t_2) = S_{AB} \cdot dt \tag{1.2}$$

图 1.7 塞贝克效应示意图

比例系数 S_{AB} 称为赛贝克系数或热电动势率,它是一支热电偶最重要的特征量,其大小与符号取决于热电偶的相对特性。当两接点的温度分别为 t_1、t_2 时,则回路的热电势为

$$E_{AB}(t_1,t_0) = \int_{t_0}^{t_1} S_{AB}dt = e_{AB}(t_1) - e_{AB}(t_0) \tag{1.3}$$

式中,$e_{AB}(t_1)$、$e_{AB}(t_0)$ 为接点的分热电动势。角标 A、B 均按正电极在前和负电极在后的顺序书写。当 $t_1 > t_2$ 时,$e_{AB}(t_1)$ 与总热电势方向一致,而 $e_{AB}(t_2)$ 与总热电势方向相反。热电偶总的热电势即为两接点分热势之差,它仅与热电偶的电极材料和两接点温度有关。对于已选的热电偶,当自由端温度恒定时,$e_{AB}(t_2) = C$ 为常数,则总的热电势就变成工作温度 t_1 的单值函数,即

$$E_{AB}(t_1,t_0) = e_{AB}(t_1) - C = f(t_1) \tag{1.4}$$

(1.4)式说明,当 t_0 恒定不变时,热电偶所产生的热电势只随工作端温度的变化而改变,即一定的热电势对应着一定的温度。如前所述,用测量热电势的办法,可以达到测温的目的。

2. 热电偶的类型

在常用热电偶中又分为标准化热电偶与非标准化热电偶两类。

(1) 标准化热电偶

这类热电偶是指生产工艺成熟、能成批生产、性能优良并已列入国家标准的热电偶。这类热电偶发展早,性能稳定,应用广泛,具有统一的分度表,可以互换,并有与其配套的显示仪表可供使用。目前,国际电工委员会(IEC)向全世界推荐的标准化热电偶共 8 种。

1) 铂铑 10 -铂热电偶(S 型热电偶)

该种热电偶的正极为含铑 10% 的铂铑合金,负极为纯铂。它的特点是热电性能稳定,抗氧化性强,宜在氧化性、中性气氛中使用。在实验室和工厂中,多采用这种热电偶作为标准热电偶和工业用热电偶。它的长期使用温度为 1400 ℃(我国规定 1300 ℃),短时间使用温度为 1600 ℃。这种热电偶的不足之处是价格昂贵,所以电极丝的直径往往被拉得很小,通常为 0.35~0.5 mm,因此,它的机械强度较低。与其他热电偶相比,该种热电偶的热电势比较小,热电势平均为 9 μV/℃,故需配有灵敏度高的显示仪表。这种热电偶不适合在还原性气氛或含有金属蒸气的场合下使用,在真空下只能短期使用,对测量环境要求严格。

2) 铂铑 13 -铂热电偶(R 型热电偶)

该种热电偶的正极为含铑 13% 的铂铑合金,负极为纯铂。同 S 型热电偶相比,它的热电动势率高 15% 左右,其他性能几乎完全相同。

3) 铂铑 30 -铂铑热电偶(B 型热电偶)

该种热电偶的正极为含铑 30% 的铂铑合金,负极为含铑 6% 的铂铑合金,因两极均为铂铑合金,故简称双铂铑热电偶。该种热电偶的特点是:在室温下热电势极小(25 ℃时,为 -2 μV;50 ℃时,为 3 μV),故在测量时一般不用补偿导线,也可不进行自由端的温度修正。它的长期使用温度为 1600 ℃,短时间使用温度为 1800 ℃。双铂铑热电偶的热电动势率很小,需配用灵敏度高的显示仪表。

4) 镍铬-镍硅(镍铝)热电偶(K 型热电偶)

该种热电偶的正极为含铬 10% 的镍铬合金,负极为含硅 0.3% 的镍硅合金。该负极亲磁,故用磁铁可以方便地鉴别出热电偶的正负极。它的特点是:使用温度范围宽,高温下性能稳定,热电动势与温度的关系近似线性,价格便宜。因此,它是目前用量最大的一种热电偶,它适宜在氧化性及中性气氛中使用。长期使用温度为 1000 ℃,短时间使用温度为 1200 ℃。我国已基本上用镍铬-镍硅热电偶取代了镍铬-镍铝热电偶,国外仍然使用镍铬-镍铝热电偶。两种热电偶的化学成分虽然不同,但其热电特性相同,使用同一分度表。

K 型热电偶不适宜在真空、含硫气氛及氧化与还原交替的气氛下裸丝使用。在含硫气氛中使用,不仅热电动势会降低,而且很容易变脆。当氧分压较低时,镍铬极中的铬将优先氧化,使热电动势发生很大变化,但金属蒸气对其无影响,因此,K 型热电偶多采用金属或合金保护管。

5) 镍铬硅-镍硅镁热电偶(N 型热电偶)

N 型热电偶是 20 世纪 70 年代研制出来的一种新型镍基合金测温材料。它的正极为含铬与硅的镍铬硅合金,负极为含硅的镍基合金。作为目前应用最为广泛的 K 型热电偶的取代产品,它正在引起人们的高度重视。它的主要特点是:在 1300 ℃ 以下,高温抗氧化能力强,热电动势的长期稳定性及短期热循环的复现性好,耐核辐照性能强。因此,在 -200~1300 ℃ 范围内,它有全面取代贱金属热电偶,并部分取代 S 型热电偶的趋势。这将给热电偶测温及测温仪表的生产、管理与使用带来更多的方便和明显的经济效益。

6) 铜-康铜热电偶(T 型热电偶)

该种热电偶的正极为纯铜,负极为铜镍合金(康铜)。它也是贱金属热电偶,测温范围为 -200~350 ℃。其特点是:在低温下,测温精确度高,灵敏度高,稳定性好,价格低。因铜易氧化,故在氧化性气氛中使用时,一般不超过 300 ℃。

7) 镍铬-康铜热电偶(E 型热电偶)

该种热电偶的正极为镍铬合金,负极为铜镍合金。在常用热电偶中,它的热电动势率最大,即灵敏度最高(在 700 ℃ 时为 $80\mu V/℃$),比 K 型热电偶高一倍,长期使用测温上限为 600 ℃ 左右,它适用于中性和还原性介质,抗氧化及硫化的能力差。

8) 铁-康铜热电偶(J 型热电偶)

该种热电偶的正极为纯铁,负极为铜镍合金。它的特点是价格便宜,既可用于氧化性气氛(使用温度为 750 ℃),也可用于还原性气氛(使用温度上限为 950 ℃)。J 型热电偶耐 CO、H_2 腐蚀,在含铁或含碳条件下使用也很稳定,多用于化工厂。

(2) 非标准化热电偶

标准化热电偶因其良好的技术特性而得到广泛应用,但它们的测温上下限受热电极材料的限制,而且所有的标准化热电偶的使用介质气氛也都有限制。非标准化热电偶就是为适应更高或更低的温度以及特殊的介质气氛而出现的,可以说是标准化热电偶的补充。这些热电偶虽然没有统一的国家标准和统一的分度号,但每一种往往都适用于某一特殊测量条件与气氛。根据材料的差异,非标准化热电偶有金属与非金属两大类。

这类热电偶中应用较广的是铂铑系及钨铼系两种,其中钨铼系热电偶是较成功的难熔金属热电偶,测温上限可达到 2500 ℃。国产的钨铼式热电偶有钨铼 5 -钨铼 20 及钨铼 3 -钨铼 25 两种。它们适用于惰性气氛、高纯氢气和真空中,不能用于氧化性和碳氢化合物介质。铂铑系的两个电极均为铂与铑的合金材料,只是两者的含量不同,这类热电偶在 1600 ℃ 以下测量温度时,热电性质稳定。温度更高时主要因铑的蒸发会使其热电性质改变。

3. 热电偶的制作与校验

(1) 热电偶的制作

用作热电偶的材料应具有以下条件:

① 热电势与温度呈线性关系。

② 产生的热电势数值要高且稳定,并有重现性。

③ 热电偶材料要有抗腐蚀性和一定的机械强度,易于加工。

热电偶制作质量的优劣,直接影响到温度测量的准确性。通常,优质的热电偶工作端结点应当满足:

① 热电偶结点头部呈小球形,球的直径略大于两倍热电偶丝的直径。

② 头部光亮,无氧化黑斑,金相结构致密,无砂孔。

③ 热电偶头部应有足够的机械强度。

④ 热电偶丝不发生扭曲、打结,否则,不但会引进寄生电势,而且会影响使用寿命。

⑤ 两线之间除头部接点以外应相互绝缘。

在实验室,热电偶结点的焊接方法有下列三种:

1) 熔焊(电弧焊)

将两根待焊接的热电偶丝的端部清洁后并在一起,在硼砂溶液中浸一下,接到直流电源(也可用交流电,但效果较差)正极,电源负极接一根炭棒(干电池芯子)。选用适当的电压(与热电偶丝的材料和粗细有关),用绝缘工具将热电偶丝和正极引线夹住,在炭棒上点焊,瞬间产生的电弧可使两根热电偶丝形成光亮的球形结点,利用惰性气体保护焊接,则效果更好。

2) 电容冲击焊

利用一定容量的电解电容,在适当的电压(几十伏)下,使电容放电,可以成功地焊接热电偶,尤其是它可以很方便地将热电偶直接焊在设备的金属壁面上或深孔壁上。由于装置简单,操作方便,所以使用得很广泛。

焊接时,电偶丝的预处理与熔焊相同,将热电偶丝并在一起接在正极上,因为正极的发热量较大,所以将金属箔(铝箔或锡箔)接在负极上。当热电偶丝与金属箔相碰时,由于电容放电,两极之间形成电弧而将热电偶丝熔接成结点。由于金属箔在电弧作用下迅速熔化,因此会形成小孔而自动切断电弧。炭棒也可以用作负极。对于不同种类的热电偶以及不同直径的热电偶丝,电解电容以及充电电压都需要进行调整,否则无法得到质量好的热电偶接点。

3) 锡焊

用锡焊的方法也可以形成热电偶结点。可以利用普通的电烙铁,但是为了保证测温时锡焊部分温度均匀,焊点应尽可能小。此外,只能用松香等中性助焊剂,以免引起腐蚀或引进寄生电势。

(2) 热电偶的校验

热电偶在测温过程中,由于测量端受到氧化、腐蚀、污染等影响,使用一段时间后,它的热电特性会发生变化,增大了测温误差,为了保证测量准确,热电偶不仅在使用前要进行校验,而且在使用一段时间后也要进行周期性校验。

影响热电偶校验周期的因素有:

① 热电偶使用的环境条件。对于环境条件恶劣的,校验周期明显短些;对于环境条件较好的,校验周期可长些。

② 热电偶使用的频繁程度。对于连续使用的,校验周期要短些;反之,可长些。

③ 热电偶本身的性能。对于稳定性好的,校验周期长;对于稳定性差的,校验周期短。

热电偶的校验项目主要有外观检查和允许误差校验两项。外观质量通过目测进行观察,短路、断路可使用万用表检查。

允许误差校验一般采用比较法,即将被校热电偶与比它精确度高一等级的标准热电偶同置于检定用的恒温装置中,根据被校热电偶测温范围,将恒温装置温度分高、中、低三级,对热电偶的热电势值逐级进行比较。这种方法的校验准确度取决于标准热电偶的准确度等级、电测仪器仪表的误差、恒温装置的温度场均匀性和稳定程度。比较法的优点是:设备简单,操作方便,一次能检验多支热电偶,工作效率高。比较法又分为双极法、同名极法和微差法。

1) 双极法

双极法是将被校验的热电偶和标准热电偶的工作端捆扎后,置于检定炉内温度均匀的温域。冷端分别插入 0 ℃的恒温器中,在各检定点比较标准与被检热电偶的热电势值,线路示意如图1.8所示。

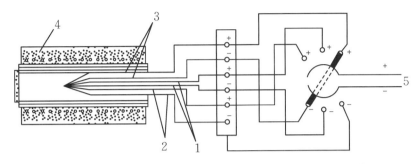

1、2. 被校验热电偶;3. 标准热电偶;4. 检定炉;5. 接电位差计。

图 1.8　双极法校验线路示意图

当被校验热电偶与标准热电偶型号相同时,将被校验的热电偶与标准热电偶的热电势相减,即为偏差。

$$\Delta e = e_{被} - e_{标} \tag{1.5}$$

式中,Δe 为热电势值偏差;$e_{被}$ 为被校验热电偶在某分度点上热电势读数的算术平均值;$e_{标}$ 为标准热电偶在同一分度点上热电势读数的算术平均值。

双极法的优点是:标准与被检热电偶可以是不同型号的热电偶,操作简便。缺点是:检定炉炉温控制要求严格,否则,由于炉温波动将引起较大的测量误差,在通常情况下,测量时间较长,难以自动化检定。

2) 同名极法

同名极法是将同种型号的标准与被检热电偶的测量端捆扎在一起,置于检定炉内温度均匀的温域,自由端分别插入 0 ℃的冰水内,在各分度点分别测出标准热电偶正极与被检热电偶正极、标准与被检热电偶负极之间的微差热电动势,然后用下式计算偏差。

$$\Delta e = e_{PR} - e_{P} \tag{1.6}$$

式中,Δe 为热电势值的偏差;e_{PR} 为被检与标准热电偶的正极在某分度点上的微差热电势;e_{P} 为被检与标准热电偶的负极在同一分度点的微差热电势。

同名极法又称"单极法",其测量线路示意图如图1.9所示。同名极法的优点是:测量精度高,校验允许检定炉温度在检定点附近有±10 ℃的波动,不影响校验的准确性,标准与被

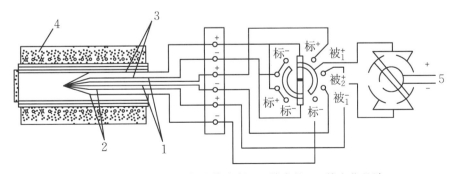

1、2. 被校验热电偶;3. 标准热电偶;4. 检定炉;5. 接电位差计。

图 1.9　同名极法校验线路示意图

检热电偶自由端只要恒定在相同温度下(不一定为 0 ℃),就可不必修正。它的缺点是:标准与被检热电偶必须是相同型号的热电偶,消耗铂丝捆头,接线较双极法复杂,读数比微差法多一倍。

3) 微差法

微差法是将同型号的被检与标准热电偶反向串联,直接测量两支热电偶的热电势差值,测量线路示意图如图 1.10 所示。

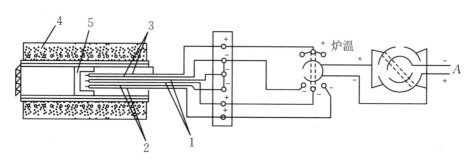

1、2. 被校验热电偶;3. 标准热电偶;4. 接直流电位差计;5. 合金块。

图 1.10　微差法校验线路示意图

微差法校验的优点是:接线简单,连接导线的组数较同名极法少一半;读数也减少一半,计算方便;可以自动化校验,校验时允许炉温在 ±10 ℃ 内波动,不影响校验的准确性,热电偶自由端只要都恒定在同一温度下,就不必修正。它的缺点是:标准与被检热电偶必须是相同型号的热电偶,各支热电偶的测量端既不能相互接触,又必须处于相同的温场内,因而对检定的径向温度均匀性要求严格,为此,常在炉内装入耐热合金块,使其温度分布均匀。

下面重点介绍铠装热电偶。

铠装热电偶是由热电极、氧化镁绝缘粉末和金属套管三部分组合,由粗到细逐步拉制到一定直径的组合体,其外形像一根电缆线,能自由弯曲。使用时可根据需要的长度将它截断,并对测量端与参比端(冷端)分别加工处理,即形成一支完整的铠装热电偶。铠装热电偶截面有圆形与椭圆形两种,其测量端有露头型、接触型(即带帽碰底型)和不露头型(即带帽不碰底型)三种,如图 1.11 所示。除要求高速响应和测非腐蚀性介质外,通常用工作端为不露头型。

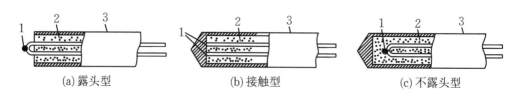

(a)露头型　　　　　(b)接触型　　　　　(c)不露头型

1. 热电偶工作端;2. MgO 绝缘材料;3. 金属套管。

图 1.11　铠装热电偶工作端结构形式

铠装热电偶的套管是金属薄壁管,其材料常用不锈钢,在高温下则用镍基合金钢。由于氧化镁粉末易吸水,吸水后其绝缘性能会下降,所以应注意密封与防潮。

铠装热电偶具有以下特点:

① 动态性能好、反应快,例如露头型铠装热电偶的测温时间常数仅为 0.01 s 左右,比普通热电偶的 10～100 s 要小得多。

② 铠装热电偶可做得很细(最细直径为 0.25 mm),体积小,重量轻,热容量小,因此对被测对象原有温度场影响小。

③ 绕性好,可随意弯曲,适合于结构复杂的对象。

④ 长度与直径可根据需要制作和选择,长度可超过 100 m,外径范围为 0.25~8 mm,统一设计的直径系列为 1.0 mm、1.5 mm、2.0 mm、3.0 mm、4.0 mm、5.0 mm、6.0 mm 和 8.0 mm。

4. 热电偶的使用

(1) 热电偶的选择

在实际测温时,被测对象极其复杂,应在熟悉被测对象和掌握各种热电偶特性的基础上,根据使用气氛、温度的高低正确地选择热电偶。

1) 根据使用温度选择

当 $T<1000$ ℃时,多选用廉价金属热电偶,如 K 型热电偶。它的特点是,使用温度范围宽,高温下性能较稳定。当 T 为 $-200\sim300$ ℃时,最好选用 T 型热电偶,它是廉价金属热电偶中准确度最高的;也可选择 E 型热电偶,它是廉价金属热电偶中热电势变化率最大、灵敏度最高的。当 T 为 $1000\sim1400$ ℃时,多选用 R 型、S 型热电偶。当 $T<1\ 300$ ℃时,可选用 N 型或者 K 型热电偶。当 T 为 $1400\sim1800$ ℃时,多选用 B 型热电偶。当 $T<1600$ ℃时,短期可用 S 型或 R 型热电偶。当 $T>1800$ ℃时,多选用钨铼热电偶。

2) 根据被测介质选择

① 氧化性气氛:当 $T<1300$ ℃时,多选用 N 型或 K 型热电偶,因为它们是廉价金属热电偶中抗氧化性最强的;当 $T>1300$ ℃时,选用铂铑系热电偶。

② 真空、还原性气氛:当 $T<950$ ℃时,可选用 J 型热电偶,它既可以在氧化性气氛下工作,又可以在还原性气氛下工作;当 $T>1600$ ℃时,应选用钨铼热电偶。

3) 根据冷端温度的影响选择

当 $T<1000$ ℃时,可选用镍钴一镍铝热电偶,其冷端温度在 $0\sim300$ ℃时,可忽略其影响;当 $T>1000$ ℃时,常选用 B 型热电偶,一般可忽略冷端温度的影响。

4) 根据热电偶丝的直径与长度选择

热电极直径与长度的选择是由热电极材料的价格、电阻、测温范围及机械强度决定的。对于快速反应,必须选用直径较细的电极丝,测量端越小,越灵敏,但电阻也越大。如果热电极直径选择过细,会使测量线路的电阻值增大。若选用粗直径的热电极丝,虽然可以提高热电偶的测温范围和寿命,但响应时间相对延长。热电极丝长度的选择与安装条件有关,但主要是由热电偶的插入深度决定的。热电偶丝的直径与长度,虽不影响热电势的大小,但是它却直接与热电偶的使用寿命、动态响应特性及线路电阻有关,所以它的正确选择也是很重要的。

(2) 热电偶的冷端处理

热电偶的热电势随热端温度(即被测温度)及冷端温度变化,只有冷端温度恒定不变,热电势才与被测温度间有单值关系。实际测量中冷端温度大多是变化的,其变化直接使热电势改变,最终使测温产生误差。

冷端温度的影响与处理是热电偶测温的特殊问题,由于影响大,必须正确处理。常用的方法有恒温法与补偿法两大类。下面介绍实验室的几种常用方法:

1) 恒温法

该法是人为制成一个恒温装置,把热电偶的冷端置于其中,保持冷端温度恒定。常用的恒温装置有冰点槽和电热式恒温箱两种。

冰点槽的原理结构如图 1.12 所示。冰点槽的容器中充满蒸馏水与碎冰块的混合物,其温度保持为 0 ℃。为了保证热电偶冷端插入时两热电极之间绝缘,可以把两电极的冷端分别置于两个试管中,试管中充有变压器油,用来改善传热性能。这种恒温装置恒温精确度高,但使用麻烦,一般限于实验室精确测温或热电偶检定时使用。

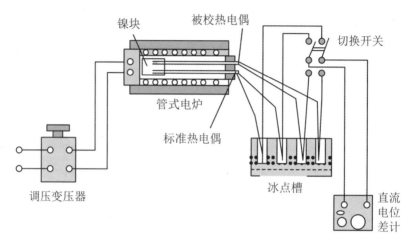

图 1.12　冰点槽法

2) 示值修正法

热电偶测温仪表的显示部分是电势测量仪表,它测量热电偶输出的热电势信号,根据热电势与温度的对应关系,显示仪表可用温度值直接分度,因此,测温时能直接读出温度示值。考虑到冷端温度的影响,分度是在冷端温度恒定的条件下进行的,一般此恒定值选定为 0 ℃。由此分度条件决定,当显示仪表的温度示值为 t ℃时,无论热电偶的冷端与被测温度如何,显示仪表对应的输入电势数值必然等于 $E(t,0)$,使用中假设被测温度为 t ℃,如果冷端温度 $t_0 = 0$ ℃,由于符合分度条件,仪表的示值就是被测温度,如冷端温度 $t_0 \neq 0$ ℃,输入电势变为 $E(t,t_0)$,而 $E(t,t_0) \neq E(t,0)$,输入电势的变化必然使示值改变,因此,示值与被测温度将不一致。

示值修正法之一是计算修正,它依据表的温度示值经修正计算求出被测温度值。假设被测温度为 t ℃,冷端温度 $t_0 \neq 0$ ℃。如此时仪表的示值温度为 t',由分度条件可知,显示仪表输入电势数值上应该等于 $E(t',0)$,考虑到热电偶的工作条件,其实际热电势 $E(t,t_0)$,也就是说,显示仪表实际输入电势为 $E(t,t_0)$。显然,存在 $E(t',0) = E(t,t_0)$,由此可得出计算修正的公式,即

$$E(t,0) = E(t,t_0) + E(t_0,0) = E(t',0) + E(t_0,0) \tag{1.7}$$

计算修正的步骤是:由表的示值 t' 和冷端温度 t_0 分别查分度表求得 $E(t',0)$ 和 $E(t_0,0)$,由式(1.7)计算出 $E(t,0)$,最后由 $E(t,0)$ 值直接查分度表求出被测温度 t。

3) 补偿导线

由于热电偶长度较短,冷端距被测对象很近,其温度不可能为 0 ℃,而且波动也较大,在实际温度测量系统中,往往希望把热电偶的冷端迁移到某个适当的地方。要做到冷端迁移,

可采用以下两种办法:一是用与热电偶材料成分相同的导线作延长线,二是选用其他材料的导线(即两种不同材料的导线)替代热电极材料作为延长线,并保证同样的冷端迁移的效果。对于贱金属热电偶,由于热电极材料价格便宜,用热电极本身材料的导线作延长线是可行的;而对于贵金属热电偶,用本身材料作延长线就不经济,因而应另选其他材料作延长线。这两种能将热电偶冷端迁移的延长线均称为补偿导线,前者称为延伸型补偿导线,后者称为补偿型补偿导线。补偿导线在结构上均制成单股或多股细软导线形式。

补偿型补偿导线(以下简称补偿导线)是两种不同金属导线的组合,它们均为贱金属材料,对它们的热电特性有这样的要求:在冷端温度变化的可能范围内(一般取为 $0 \sim 200 \ ℃$)这两种导线组成的热电偶必须与原热电偶有相同的热电性质,即两者的热电势应相等,用公式表达为

$$E_{CD}(t_1, t_2) = E_{AB}(t_1, t_2) \tag{1.8}$$

式中,A、B 为热电偶两个热电极;C、D 为补偿导线的两种材料;t_1,t_2 为 $0 \sim 200 \ ℃$ 范围内的任意温度。

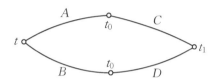

图 1.13　补偿导线作延长线

采用补偿导线作为热电偶的延长线,其效果相当于把热电偶的冷端从原冷端迁移到补偿导线的终端。例如,在图 1.13 中,用补偿导线(C 和 D)作延长线,决定热电势值的冷端就不再为 t_0,而迁移到 t_1 了。应该明确,采用补偿导线只能改变冷端位置,并不能消除冷端温度变化的影响。

使用补偿导线的注意事项如下:

① 补偿导线必须与热电偶配套,不同型号的热电偶应选用不同的补偿导线。常用的几种热电偶的补偿导线的技术特性见表 1.7。

② 补偿导线两种材料也有正、负电极之分,与热电偶连接时,应正极接正极,负极接负极。

③ 补偿导线与热电偶连接的两个接点必须同温,否则会产生附加误差。

(3) 热电偶的实用测温线路

1) 热电偶测温的基本线路

如图 1.14 所示,热电偶测温线路由热电偶,中间连接部分(补偿导线、恒温器或补偿电桥、铜导线等)和显示仪表(或计算机)组成。连接时应注意:热电偶冷端和补偿导线接点的两个端子必须保持在同一温度上,否则将引起误差。

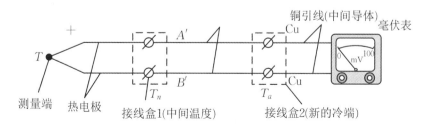

图 1.14　热电偶测温的基本线路

2) 热电偶的串联

① 热电偶的正向串联:正向串联就是各同型号热电偶异名极串联的接法,如图 1.15 所示。图中 n 支同型号的热电偶 A、B 的正负级相连接,C、D 为补偿导线,其余均为铜导线。

表 1.7 常用补偿导线的性能

型号	热电偶分度号	正极 绝缘层颜色	正极 线芯成分（%）	负极 绝缘层颜色	负极 线芯成分（%）	补偿导线的热电势与允许误差 E(100.0) 精密级标志:A	补偿导线的热电势与允许误差 E(100.0) 普通级标志:B	补偿导线的热电势与允许误差 E(200.0) 精密级标志:A	补偿导线的热电势与允许误差 E(200.0) 普通级标志:B
SC	S	红	100Cu	绿	99.4Cu+0.6Ni	0.645±0.023(3 ℃)	0.645±0.037(5 ℃)	—	1.440±0.057(5 ℃)
KC	K	红	100Cu	蓝	60Cu+40Ni	4.095±0.063(1.5 ℃)	4.095±0.105(2.5 ℃)	—	—
KX	K	红	90Cu+10Cr	黑	97Cu+3Si	4.095±0.063(1.5 ℃)	4.095±0.105(2.5 ℃)	8.137±0.060(1.5 ℃)	8.137±0.100(2.5 ℃)
EX	E	红	90Cu+10Cr	棕	55Cu+45Ni	6.317±0.102(1.5 ℃)	6.317±0.170(2.5 ℃)	13.419±0.111(1.5 ℃)	13.419±0.183(2.5 ℃)
JX	J	红	100Fe	紫	55Cu+45Ni	5.268±0.135(1.5 ℃)	5.268±0.135(2.5 ℃)	10.777±0.083(1.5 ℃)	10.777±0.138(2.5 ℃)
TX	T	红	100Cu	白	55Cu+45Ni	4.277±0.023(0.5 ℃)	4.277±0.047(1.0 ℃)	4.286±0.027(0.5 ℃)	9.286±0.053(1.0 ℃)

注：型号中第二个字母 C 表示补偿型补偿导线，X 表示延伸型补偿导线。

如果有若干个同型号的热电偶正向串联起来,称为热电堆,其总电势为

$$E_x = E_1 + E_2 + \cdots + E_n = \sum_{i=1}^{n} E_i \tag{1.9}$$

采用热电堆来测量同一温度,可使输出电势增加,进而提高仪表的灵敏度。其缺点是:当一支热电偶烧断时,整个仪表回路呈开路状态。

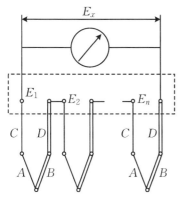

图 1.15　热电偶的正向并联

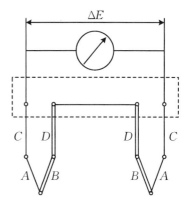

图 1.16　热电偶的反向串联

② 热电偶反向串联:热电偶反向串联是将两支同型号热电偶的同名极相串联,这样组成的热电偶称为微差热电偶。如图 1.16 所示。其输出热电势 ΔE 反映了两个测量点 T_1 和 T_2 的温度之差,即

$$\Delta E = E_{(T_1,T_0)} - E_{(T_2,T_0)} = E_{(T_1,T_2)} \tag{1.10}$$

3) 热电偶的并联

将 n 支热电偶的正极和负极分别连接在一起的线路称为热电偶的并联线路,如图 1.17 所示。如果 n 支热电偶的电阻值均相等,则并联测量线路的总电势等于 n 支电偶热电势的平均值,即

$$E = \frac{E_1 + E_2 + \cdots + E_n}{n} \tag{1.11}$$

(4) 热电偶的使用与安装

1) 热电偶的使用

① 为减小测量误差,热电偶应与被测对象并联线路常用来测量温度场的平均温度。与串联线路相比,并联线路的电势小,但其相对误差仅为单支热电偶的 $1/\sqrt{n}$,且当某支热电偶短路时,测温系统仍可照常工作。充分接触,使两者处于相同温度。

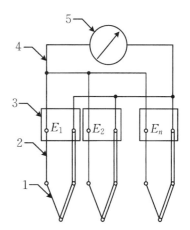

1. 热电偶;2. 补偿导线;3. 恒温器;
4. 铜导线;5. 显示仪表。

图 1.17　热电偶的并联

② 保护管应有足够的机械强度,并可承受被测介质的腐蚀。保护管的外径越粗,耐热、耐腐蚀性越好,但热惰性也越大。

③ 当保护管表面附着灰尘等物质时,将因热阻增加,使指示温度低于真实温度而产生误差,故应定期清洗。

④ 如果热电偶长期工作在最高使用温度下,将因热电偶材质发生变化而引起误差。

⑤ 因测量线路绝缘电阻下降而引起误差。例如:

a. 在高温下使用的热电偶,其绝缘性能的降低主要是由于绝缘物或填充物的绝缘电阻降低,致使热电势泄露而引起热电势下降。例如,用热电偶测量电炉温度时,当炉温升至800 ℃以上时,炉体耐火砖的绝缘电阻急剧下降,导致炉体带电;另外,通过炉体耐火砖而插入炉中的热电偶的保护管与上述耐火砖类似,在高温下绝缘电阻也急剧下降,于是,炉体所带的电就通过此保护管而窜入热电极,使热电偶带电达几伏至几十伏,称为对地干扰电压,此时,若传输导线或仪表内也有接地点的话,就会形成回路,把干扰电流输入仪表而产生影响。

消除方法:把热电偶悬空,即热电偶与炉体不接触;在热电偶瓷保护管外再加一金属套管,然后把金属套管接地,这可以把由炉体漏至热电偶的干扰电压导向大地;采用三线热电偶,即从热电偶热端再引出一根线接地,把由炉体漏至热电偶的干扰电压在进入仪表输入回路前短路掉。

b. 在低温下使用的热电偶,其绝缘性能下降主要是由于空气中水分凝结造成的,因此,应将保护管内充满干燥空气后加以密封,切断与外界的联系。

⑥ 磁感应的影响。热电偶的信号传输线在布线时应尽量避开强电区(如大功率的电机、变压器等),更不能与电网线近距离平行敷设。如果实在避不开,也要采用屏蔽措施或采用铠装线,并使之完全接地。若担心热电偶受影响,可将热电极丝与保护管完全绝缘,并将保护管接地。

⑦ 冷端温度的补偿与修正。热电偶的冷端必须妥善处理,保持恒定,补偿导线的种类,注意正、负极不要接错。补偿导线不应有中间接头,补偿导线最好与其他导线分开敷设。

2)热电偶的安装

热电偶的安装应遵循如下原则:

① 对于安装方向,热电偶应与被测介质形成逆流,亦即安装时热电偶应迎着被测介质的流向插入,至少需与被测介质成正交;对于安装位置,热电偶工作端应处于管道中流速最大的地方;对于插入深度,实践证明,在最大的允许插入深度条件下,随着插入深度的增加,测温误差将减小,将测温元件斜插或沿管道轴线方向安装便可达到要求,常见的安装方式如图1.18所示。

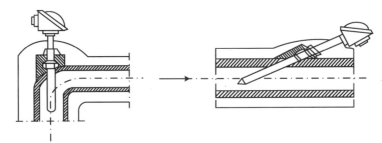

图 1.18 常见的安装方式

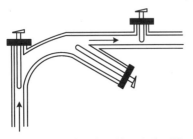

图 1.19 细管道内流体温度的测量

② 细管道内流体温度的测量。在细管道内测温,往往因插入深度不够而引起测量误差,安装时应选择适宜部位安装,以减少或消除此项误差,如图1.19所示。

③ 负压管道中流体温度的测量。热电偶安装在负压管道中,必须保证其密封性,以防外界冷空气吸入,使测量值偏低。

④ 如果被测物体很小,在安装时应注意不要改变原来的热传导及对流条件。

1.2.5 辐射温度计

所有温度高于 0 K 的物体表面都会辐射出电磁波,辐射温度计就是以物体辐射的这种电磁波为测量对象来进行温度测量的。与利用热传导的温度计(热电偶等)相比,它可进行非接触测温和快速测温。

1. 光学高温计

这是一种以光谱辐射原理为依据的测温仪表,已经过长期使用,现仍广泛地应用。在可见光的波长($0.35\sim0.75\ \mu m$)范围内,高温物体的热辐射以光的形式表现出来,辐射的强度与光的亮度之间有一定的关系,在某一波长下的光谱辐射亮度(又称单色亮度)与同一波长下的光谱辐射的强度成正比,对全辐射体其关系为

$$L_{0\lambda} = cM_{0\lambda} = \frac{1}{\pi}M_{0\lambda} \tag{1.12}$$

对实际物体有

$$L_{\lambda} = \frac{1}{\pi}M_{\lambda} \tag{1.13}$$

通用的关系式为

$$L_{\lambda} = \frac{1}{\pi}M_{\lambda} = \frac{1}{\pi}\varepsilon_{\lambda}c_1\lambda^{-5}\mathrm{e}^{-\frac{c_2}{\lambda T}} \tag{1.14}$$

式中,$L_{0\lambda}$、L_{λ} 分别为全辐射体和实际物体在波长 λ 下的光谱辐射亮度(单色亮度)。公式(1.12)表明,在可见光波长范围内的某一波长下,对一个确定的物体(可近似认为 ε_{λ} 固定不变),其光谱辐射亮度(即单色亮度)与温度之间存在单值对应关系。利用这个性质即可测量,但直接测光谱辐射亮度较难实现,光学高温计采用了下面所述的亮度比较的方法。在光学高温计中装一只比较亮度用的灯泡,流过灯丝的电流可人为调整,以改变其亮度。该灯泡的光谱辐射亮度与其灯丝的电气参数(电流、电压降或电阻)之间有已知的确定关系,因此测出其电气参数即知其亮度,进而可知温度值。工作时,在某一波长下用灯丝的光谱辐射亮度与被测物体的光谱辐射亮度进行比较,通过改变灯丝电流,人工调整灯丝的亮度,使两者亮度相等,最终实现温度测量,这种方法称为隐灭法。

由于光学高温计的测量精度要受到多种因素的影响,因此,它们实际的测量精确度比热电偶、热电阻温度计要低。工业光学高温计根据其精确度和量程范围不同,基本误差有不同的数值。精确度较低的一种光学高温计的基本误差:测量范围为 800~2000 ℃的光学高温计,在 800~1500 ℃标尺刻度范围,误差为±22 ℃,在 1200~2000 ℃时,误差为±30 ℃;量程范围为 1200~3200 ℃的光学高温计,在 1200~2000 ℃时,误差为±30 ℃,在 1800~3200 ℃时,误差为±80 ℃。精确度较高的一种光学高温计的基本误差:量程范围为 800~2000 ℃的光学高温计,在 800~1400 ℃时,误差为±14 ℃,在 1200~2000 ℃时,误差为±20 ℃;量程范围为 1200~3200 ℃的光学高温计,在 1200~2000 ℃时,误差为±20 ℃,在 1800~3200 ℃时,误差为±50 ℃。

2. 光电高温计

光电高温计是在光学高温计基础上发展起来的能自动连续工作的测温仪表,它依据的

也是光谱辐射亮度的原理。其传感器是能感受光谱辐射亮度变化的光电检测器件,它把亮度信号转换成电信号,将电信号放大后即可被测量,最后显示温度。它依靠特殊的单色滤光片(单色器)保证仪表在一定的波长下工作。为了提高仪表的性能,仪表可采用负反馈的工作原理。随着光电检测元器件及光谱滤光片、单色器等材料性能的提高与技术的进步,光电高温计已能很准确地测量物体的温度。因此,《1990 年国际温标》规定在 961.78 ℃以上温度,采用它代替光学高温计作为测温基准器。

光电高温计具有以下优点:

① 既可在可见光下工作,又可在红外光波长下工作,有利于用辐射法测低温。

② 分辨率高。光学高温计最高分辨率为 0.5 ℃,而光电高温计的分辨率可达 0.01~0.05 ℃。

③ 精确度高。由于采用性能良好的干涉滤光片(或单色器),提高了仪表的单色性,因而不确定度减小。例如,2000 ℃时的不确定度可小到±0.25 ℃。

④ 可连续自动测量,响应快。

3. 红外测温仪

前面介绍的几种辐射式测温仪表适于测量 700 ℃以上的高温。随着光学材料及光敏检测元件材料的发展,辐射式测温仪的测温范围已扩展到较低的温度。红外测温仪是一种测温上限较低的仪表,可测 0~400 ℃范围的温度,红外测温仪依据的是光谱辐射原理。根据光谱辐射的维恩定律,当物体温度较低时,光谱辐射出的强度最高点向波长较长的红外线波长区迁移。红外测温仪就工作在这个红外线波长区,因此,可测较低的温度。

红外测温仪由光学系统、红外探测器、信号处理放大部分及显示仪表等部分组成。其中光学系统与红外探测器是整个仪表的关键,而且它们具有特殊的性质。红外光学材料又是光学系统中的关键器件,该材料对红外辐射透过率很高,而其他波长辐射不易透过。红外光学材料应采用能透过相应波段辐射的材料。测量 700 ℃以上高温时,工作波段主要在 0.76~3.0 μm 范围的近红外区,可采用一般光学玻璃或石英透镜;测中温(100~700 ℃)时的波段主要是在 3~5 μm 的中红外区,多采用氟化镁、氧化镁等热压光学透镜;测低温(低于 100 ℃)时工作波段主要是 5~14 μm 的中远红外区,多采用锗、硅、热压硫化锌等材料制成的透镜。另外,由于新型红外探测器、光导纤维和微处理机的发展,形成了多种热像仪。例如,用 HgCdTe 探测器的热像仪,温度范围可达 -50~2000 ℃,温度分辨率 0.1 ℃(30 ℃)。热像仪已广泛用于各类材料和物体的热分布及其随时间和条件变化的分布规律测试等。

1.2.6 课程实验——热电偶的焊接与校验

1. 实验目的

① 掌握常用高温测量与控温技术。

② 熟悉不同规格的热电偶及其工作原理,掌握实验室常用的热电偶焊接方法,焊制热电偶一支并校验。

③ 学会选择合适的热电偶测温。

2. 实验原理

热电偶的工作原理前文已述。热电偶的焊接方法有很多种,如用热电偶点焊机、盐水焊接、水银焊接等,出于安全考虑,消除实验室汞污染,本次实验采用点焊机和饱和食盐水两种焊接法。

一支合格的热电偶应焊接牢固,结点成球形,表面具有金属光泽圆滑无毛刺,无沾污变质和裂纹,焊点直径约为偶丝直径的 2 倍,电极不允许有折损、扭曲现象。焊接完成的热电偶一般不能直接使用,需要对其进行校验。热电偶的校验就是将热电偶置于给定温度下测定其热电势,确定热电势与温度的关系。实验室常用的检测方法是双极法(比较法)。

3. 实验装置

实验装置包括废旧高温管式炉一台,标准热电偶若干支,热电偶点焊机、调压器、烧杯、电位差计、热电偶校验装置等若干套,钳子、剪刀、导线、鳄鱼夹、食盐、冰块、镍铬丝、镍硅丝等若干。热电偶焊接示意图和热电偶校验装置示意图如图 1.20、图 1.21 所示,图 1.22 为实物图。

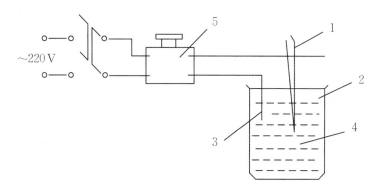

(a) 饱和食盐水焊

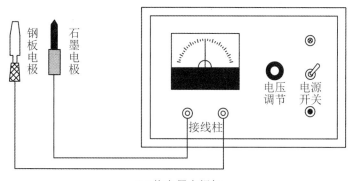

(b) 热电偶点焊机

1. 热电偶丝;2. 烧杯;3. 电极;4. 氯化钠水溶液;5. 调压器。

图 1.20　热电偶焊接示意图

4. 实验步骤

热电偶饱和食盐水焊接方法如下,如采用点焊机焊接,直接从步骤④开始即可。

① 按照图 1.20 所示连接实验装置,将烧杯内放入适量的水和食盐,搅拌使食盐在水中充分溶解。

② 将调压器的旋钮调零,调压器两根输出线中的一极放到烧杯内的盐水中,另一极接鳄鱼夹。

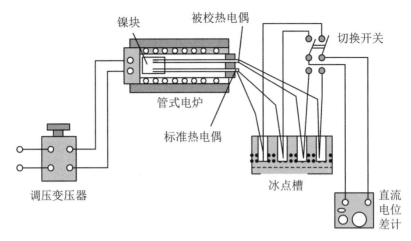

图 1.21　热电偶校验装置示意图

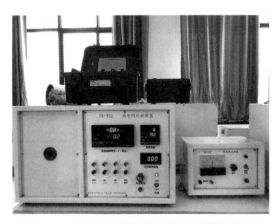

图 1.22　热电偶的焊接与校验实验装置实物图

③ 将两根待焊接热电偶丝的顶端去掉绝缘层,拧紧并剪齐,用鳄鱼夹夹紧。

④ 调压器通电,旋钮转到适当位置。

⑤ 将鳄鱼夹上的热电偶丝顶端插入盐水中一段时间使其短路产生高温,直至顶端产生一个光滑明亮的小圆球,即完成焊接(注意:焊接过程中勿触摸金属部分,当心触电)。

⑥ 焊接完成后,将调压器调零,关闭电源开关并拨去电源插头,检查焊制的热电偶是否合格。

热电偶的校验:

① 将标准热电偶与制作的热电偶捆扎成束,工作端置于炉子的恒温带中同一位置。冷端插在 0 ℃的同一恒温器中,若冷端不能满足 0 ℃,则需进行修正。

② 考虑到实验时间,检定温度设定为 50 ℃、100 ℃、150 ℃、200 ℃,测量时炉内温度与固定点偏差不得超过±10 ℃。

③ 升温,待炉温至设定温度后保温一段时间,运用电位差计测量校验热电偶的电势值,并根据二次仪表读出 2 支热电偶的温度值。

④ 记录实验数据,升温,重复步骤③,测量其他温度点,关闭所有设备,实验完成。

5. 实验记录与数据处理

将实验结果填入表 1.8 中。

实验材料：_____

标准热电偶类型：_____

表 1.8　实验结果

炉温(℃)	热电偶$_标$温度(℃)	热电偶$_校$温度(℃)	热电偶$_校$电势(mV)	查表理论温度(℃)
50				
100				
150				
200				

根据实验所得热电势值查表得到理论温度,将其和实验测得的温度值进行对比,绘制曲线并对误差进行分析、校正。

6. 思考题

① 热电偶测温时的影响因素有哪些?

② 简述热电偶焊接时的注意事项有哪些?

1.3　流量/流速的测量技术

流体的流量是实验研究中常被检测的量。由于流体的种类较多,而且在对各种流体进行测量时其状态(压力、温度)、性质也不相同,因此,与之相适用的流量测量方法和使用的仪表也不尽相同。目前,流量测量的方法和流量仪表种类很多,很难找出一种分类方法能把目前所有的流量仪表全部包括进去。实验室常用流量仪表可大致简单地分为以下几类:

1. 容积式流量计

容积式流量计在进行流量测量时相当于一个标准容器,在测量的过程中,它连续不断地对流体进行度量,流量的大小与仪表度量的次数成正比。典型仪表有椭圆齿轮流量计、腰轮(罗茨)流量计等。

2. 速度式叶轮流量计

速度式叶轮流量计都有一个能旋转的叶轮,当流体流过叶轮时,叶轮受流体冲击产生旋转,流量的大小与叶轮旋转的速度有确定的关系。这类流量表有水表、涡轮流量计等。

3. 差压式流量计

它是在管道中安装节流装置或动压测量装置,而这些装置输出反映流量或流速的差压信号。这类流量计有孔板节流装置、毕托管、均速管等。

4. 流体阻力式流量计

流体阻力式流量计有转子流量计、靶式流量计等。

5. 漩涡式流量计

漩涡式流量计是利用流体的振荡进行流量测量,流体的振荡频率与流量有确定的关系,它的频率信号由流量计的检测元件输出,涡街流量计即属此类。

除此之外,在进行小流量测量时,还有毛细管流量计。下面介绍实验室常用的几种典型流量计。

1.3.1 涡轮流量计

涡轮流量计是应用较为广泛的一种流量仪表,它适用于水、轻质油、空气及氧气的流量测量。它的特点是:测量范围宽,量程比可达 6∶1~10∶1;测量精确度高,变送器基本误差可达$\pm(0.2\%\sim1.0\%)$;输出线性度好,测水流量时,其时间常数在几毫秒到几十毫秒之间;压力损失小,一般为 5~75 kPa,是一种较好的流量仪表。

1. 涡轮流量计的组成及流量测量原理

涡轮流量计由两部分组成:变送器和指示积算器。变送器将被测流量转换成一定频率的脉冲信号输出,指示积算器接受变送器输出的脉冲信号,将其转换、放大、运算、逻辑计数,显示瞬时流量和累积总量。

涡轮流量计的变送器结构如图 1.23 所示。当被测流体通过变送器时,流体冲击涡轮叶片,使涡轮旋转。在一定的流量范围内和一定的流体黏度下,涡轮转速与流速成正比。当涡轮转动时,涡轮上的导磁不锈钢制成的螺旋形叶片轮流接近处于管壁上的检测线圈,周期性地改变检测线圈磁电回路的磁阻,使通过线圈的磁通量发生周期性变化,进而使检测线圈发出与流量成正比的脉冲信号。此信号经前置放大器放大后,可远距离传送至显示仪表。

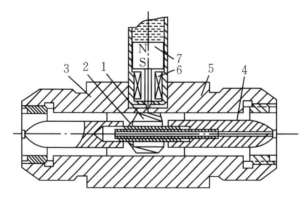

1. 涡轮;2. 石墨轴承;3. 轴;4. 支架;5. 外壳;6. 感应线圈;7. 永久磁铁。

图 1.23 涡轮流量计变送器结构

当涡轮匀速转动时,其运动公式为

$$\omega = \frac{v_0 \tan\alpha}{r} \tag{1.15}$$

式中，ω 为涡轮的角速度；v_0 为作用在涡轮上的流体速度；r 为叶轮片上的平均半径；α 为叶片对涡轮轴线的倾角。

检测线圈输出的脉冲频率为

$$f = nZ = \frac{\omega}{2\pi}Z \tag{1.16}$$

式中，n 为涡轮的转速，r/min；Z 为涡轮上的叶片数。

$$v_0 = \frac{q_v}{A} \tag{1.17}$$

式中，q_v 为被测流体的瞬时体积流量，m^3/s；A 为流量计的有效流通面积，m^2。

将(1.15)式和(1.17)式代入(1.16)式，得

$$f = \frac{Z\tan\alpha}{2\pi rA} \cdot q_v \tag{1.18}$$

令 $\xi = \dfrac{Z\tan\alpha}{v_0 2\pi rA}$，$\xi$ 称为仪表常数，即单位体积流量所对应的脉冲数。理论上仪表常数 ξ 仅与仪表的结构有关，但实际上它受很多因素的影响。仪表出厂时，由制造厂标定后给出其允许流量测量范围的 ξ 平均值，则

$$q_v = f/\xi \tag{1.19}$$

流量指示积算器是涡轮流量计的显示器，它完成瞬时流量的显示和总量显示。它的电路主要有两部分：瞬时流量显示电路和总量显示电路。显示瞬时流量的电路包括频率-电流转换电路、微安表（或毫安表）。总量显示电路是一数字计数电路，它包括：十进计数器，仪表常数设定器，复零单稳、双稳、"与"门、"或"门，电磁计数器及其驱动电路等。它完成对串联输入脉冲数的单位换算（减法、除法、乘法等运算），最后由电磁计数器显示相应总量。

2．涡轮流量计的使用

（1）变送器的清洗

涡轮流量变送器在使用一段时间后需进行清洗，清洗时应尽量不动感应线圈，特别是对小口径的变送器，感应线圈移动后对流量系数影响很大。

（2）变送器的安装

① 变送器应水平安装，变送器前后要有一定的直管段，一般入口直管段的长度取管道内径的 10 倍以上，出口取 5 倍以上。

② 流体的流动方向应与变送器外壳的箭头方向一致。

③ 变送器的感应线圈应防止被水浸湿。

④ 被测液体应清洁，不含杂质，否则，应在变送器前加装过滤网。

（3）介质密度和黏度的变化对示值的影响

由于变送器的仪表常数 ξ 一般是在常温下用水标定的，所以密度改变时应该重新标定。特别对于气体介质，由于密度受温度、压力影响较大。除影响仪表常数外，还直接影响仪表的灵敏度。黏度的影响，一般是随黏度的增加，最大流量和线性范围都减小。涡轮流量计出厂标定是在一定黏度下校验的，因此，黏度变化时需重新标定（一般在 5×10^3 Pa·s 以下不需重新标定）。

1.3.2 涡街流量计

涡街流量计是实验室常见的流量测量仪表,它适于液体、气体、蒸气和部分混相流体等多种流体流量的测量。它的特点是:量程比宽,可达 10∶1 或 25∶1;精度较高,不受流体的温度、压力、成分、黏度以及密度的影响;结构简单,装于管道内的漩涡发生体坚固耐用,可靠性高,易于维护;压损小,约为孔板流量计的 1/4;输出是与流速(流量)成正比的脉冲频率信号,抗干扰能力强,容易进行流量计算。

1. 工作原理

在管道里装设柱状阻挡物,迫使流体流过柱状物之后形成两列漩涡,根据漩涡出现的频率测定流量。因为漩涡呈两列平行状,并且左右交替出现,犹如街道旁的路灯,故有"涡街"之称。

管道中设置柱状阻力件后,漩涡形成的情况如图 1.24 所示。若两列平行漩涡相距为 h,同一列里先后出现的两个漩涡的时间间隔为 l,当比值 h/l 为 0.281 时,漩涡的形成是稳定的周期性现象。这时的单侧漩涡产生频率 f 和流体速度 v_l 之间有如下关系:

$$f = S_t \frac{v_l}{d} \tag{1.20}$$

式中,v_l 为柱体两侧处的流速,m/s;d 为柱体迎流面最大宽度,m;S_t 为量纲 1 的量。在柱体形状确定以后,在一定的雷诺数范围内为常数,称为斯坦顿(Stanton)数。

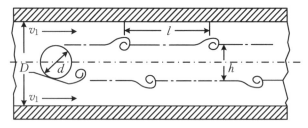

图 1.24 漩涡的形成

根据流动的连续性,可知

$$S_l v_l = S v \tag{1.21}$$

式中,S_l 为柱体两侧流通面积,m²;S 为管道整个流通面积,m²;v 为管道内流体的平均流速,m/s。

设流通面积比为 n,则 $n = \dfrac{S_l}{S} = \dfrac{v}{v_l}$,即 $v_l = \dfrac{v}{n}$,代入(1.20)式后有

$$\begin{cases} f = S_t \dfrac{v}{nd} \\ v = f \dfrac{nd}{S_t} \end{cases} \tag{1.22}$$

对于直径为 D 的管道,其体积流量 q_v 为

$$q_v = \frac{\pi}{4} D^2 v = \frac{\pi}{4} D_2 \frac{nd}{S_t} f \tag{1.23}$$

在管道尺寸及柱体尺寸都确定时,上式 f 前的各量皆为常数,则 q_v 与 f 成正比,可写为

$$q_v = Kf \tag{1.24}$$

可见,只要测出频率 f,就能知道体积流量。

涡街频率的检测方法有热学法、电容法和差压法等。

图 1.25 所示是一种热学法。它采用铂丝作为涡街频率的转换元件,在圆柱形涡街发生体上有一段空腔(检测器),被隔板分成两侧;中心位置有一根细铂丝,它被加热到比所测流体温度略高 10 ℃左右,并保持温度一定。在产生漩涡的一侧,流速降低,静压升高,于是,在有漩涡的一侧和无漩涡的一侧之间产生静压差。流体从空腔上的导压孔进入,向未产生漩涡的一侧流出。流体在空腔内流动将铂丝上的热量带走,铂丝温度下降,电阻值变小。显然,铂丝电阻值变化的频率与漩涡产生的频率相对应,故可通过测量铂丝阻值变化的频率来推算流量。

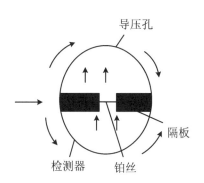

图 1.25 涡街频率的测定原理

上述推导的前提是漩涡稳定,实验表明,在 $h/l = 0.281$ 的条件下,无论阻力体是圆柱、方柱、三角柱都能达到稳定状态。

在一定的雷诺数范围内,S_t 为一常数。圆柱体为 0.21,三角柱为 0.16,方柱为 0.12,矩形柱为 0.17 等。

对于方柱,雷诺数的范围是 $2 \times 10^4 \sim 7 \times 10^6$。在 $5 \times 10^3 \sim 2 \times 10^4$ 间,虽然 S_t 不是常数,但有 R_e 和 S_t 的对应数据,仍然可用(1.23)式求 q_v。

2. 涡街流量计的使用

涡街流量计是速度式流量计,涡街的规律性易受上游流体的湍流、流速分布畸变等因素的影响,所以,安装流量计时,为了保证测量精度,应有必要长的直管段,如上游有缩径阻力件,要有 15D 长的直管段,下游侧应有 5D 以上的直管段。

传感器在管道上可以水平、垂直或倾斜安装,但测量液体时,如果是垂直安装,应使液体自下向上流动,以保证管路中总是充满液体。安装地点应注意避免机械震动,尤其要避免管道震动。

1.3.3 转子流量计

转子流量计适用于多种介质的流体(气体、液体)流量测量。它特别适用于实验室中小管径、低雷诺数的中小流量测量,如测量 $(0.6 \sim 2) \times 10^6$ L/h 的气体,$(0.04 \sim 4) \times 10^6$ L/h 的液体;它的测量范围宽,量程比大,可达 10:1;精确度高,可达 $\pm (1.0\% \sim 2.0\%)$;压力损失小而且恒定,对直管段的要求不高,价格便宜。

1. 工作原理

转子流量计由一根垂直的带有刻度的锥形玻璃管和放入管中的一个浮子所构成。当被测流体从流量计下端流入锥形管后,流体作用于浮子,其作用力与浮子上下游两侧的压力差及有效作用面积有关。浮子上下游两侧的压差又取决于浮子所在锥管位置处的流通面积和流量大小,浮子本身有重力,同时,在流体中又受到浮力的作用,因而当一定流量的流体流入

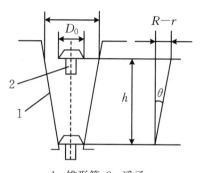

1. 锥形管；2. 浮子。

图 1.26 转子流量计原理

转子流量计时,浮子在上述力的作用下将会在垂直方向上发生上下移动。当浮子移动到适当位置的时候,作用在浮子上的力相互平衡,浮子的位置就一定了。在仪表结构和流体一定的情况下,浮子的位移的多少就代表被测流量的大小。转子流量计的工作原理如图 1.26 所示。

流体对浮子的向上作用力 F 的大小与流体的密度 ρ、黏度 μ、平均流速 $\bar{v}$ 以及浮子的最大横截面积 A_z 有关,即

$$F = \xi \frac{1}{2} \rho \bar{v}^2 A_z \tag{1.25}$$

式中,ξ 为与浮子形状、流体黏度有关的系数。

浮子受到的沉降力为重力和浮力的合力,即

$$f = V_z (\rho_z - \rho) g \tag{1.26}$$

式中,ρ_z、ρ 分别为浮子和流体的密度;V_z 为浮子的体积;g 为当地重力加速度。

在上述两个力的作用下,浮子在垂直方向位移到适当位置受力平衡时有

$$F = \xi \frac{1}{2} \rho \bar{v}^2 A_z = f = V_z (\rho_z - \rho) g \tag{1.27}$$

$$\bar{v} = \sqrt{\frac{2V_z(\rho_z - \rho)g}{\xi \rho A_z}} \tag{1.28}$$

流体流量有

$$q_v = \bar{v}A = A\sqrt{\frac{2V_z(\rho_z - \rho)g}{\xi \rho A_z}} = \frac{1}{\sqrt{\xi}}A\sqrt{\frac{2V_z(\rho_z - \rho)g}{\rho A_z}}$$

$$= \alpha A \sqrt{\frac{2V_z(\rho_z - \rho)g}{\rho A_z}} \tag{1.29}$$

式中,A 为流通面积,即

$$A = \pi D_0 h \tan\theta \tag{1.30}$$

α 为转子流量计的流量系数,与浮子的形状、流量计结构及流体的黏度有关,只能由实验来确定。

将流通面积 A 代入(1.29)式得转子流量计的流量公式为

$$q_v = \alpha \pi D_0 h \tan\theta \sqrt{\frac{2V_z(\rho_z - \rho)g}{\rho A_z}} = \alpha K h \sqrt{\frac{(\rho_z - \rho)}{\rho}} \tag{1.31}$$

式中,K 为常数,h 为浮子的高度。其中,

$$K = \pi D_0 h \tan\theta \sqrt{\frac{2V_z g}{A_z}} \tag{1.32}$$

由式(1.31)可知,流体流量越大,浮子上移的高度越高;根据浮子位置的高低,可由链形玻璃管的刻度上读出相应的流量。

2. 转子流量计的使用

玻璃转子流量计根据它的用途和适应范围可分为:普通型、带筋维管型、微小流量及小

外形型、耐腐型、耐高压型等系列。普通型和小外形型的结构如图 1.27 和图 1.28 所示。

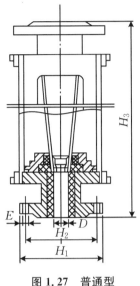

图 1.27　普通型

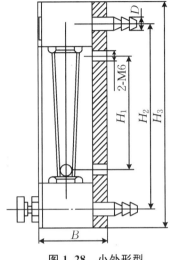

图 1.28　小外形型

玻璃转子流量计的刻度是生产厂在本厂条件下用近于理想流体的水和干燥空气作介质标定得到的。但在流量计的使用现场，有两种情形不能直接使用它的刻度值：一是测量介质不是水和空气，二是测量介质虽为水和空气，但其状态（温度、压力）与标定刻度状态下的温度、压力有别。这样，在使用流量计时，为了获得正确测量结果，就出现了需要把刻度值进行修正的问题。

（1）测量非水液体时的修正

$$\frac{q_{v_1}}{q_{v_2}} = \frac{\alpha_1}{\alpha_2} \sqrt{\frac{(\rho_z - \rho_1)\rho_0}{(\rho_z - \rho_0)\rho_1}} \tag{1.33}$$

式中，q_{v_1}、q_{v_2} 分别为流量计示值和实际流量值；ρ_0、ρ_1 分别为水在标定状态下的密度和实际液体的密度；a_0、a_1 分别为水在标定状态下的流量系数和实际液体的流量系数，当被测介质的黏度与水在标定状态下的黏度差别较小时，可以认为 $a_0 = a_1$。

（2）测量非空气气体时的修正

对气体来说，$\rho_z \gg \rho_0$，$\rho_z \gg \rho_1$ 如果仪表工作时的温度、压力与标定时相同，仅仅是被测介质的密度与空气密度不同，(1.33)式可简化为

$$\frac{q_{v_1}}{q_{v_2}} = \sqrt{\frac{\rho_0}{\rho_1}} \tag{1.34}$$

如果被测气体工作时的温度、压力与标定时不同，则有

$$\frac{q_{v_1}}{q_{v_2}} = \sqrt{\frac{\rho_0 \, T_1 \, p_0}{\rho_1 \, T_0 \, p_1}} \tag{1.35}$$

式中，p_0、p_1 分别为标定状态下的绝对压力和工作时被测气体的绝对压力；T_0、T_1 分别为标定状态下的绝对温度和工作时被测气体的绝对温度。

（3）黏度的影响

当被测介质的黏度发生变化时，也将对流量计的示值产生影响，导致测量误差。实验表明，尤其对小口径的转子流量计，浮子沿流体流动方向的长度较长，黏度变化引起的测量误

差较大。对设计已定的某一口径和流量范围的转子流量计,也就有一个黏度上限值,低于黏度上限值流量示值将不受流体黏度的影响,选用时要考虑流体黏度是否超过上限值。

1.3.4 毛细管流量计

毛细管流量计如图 1.29 所示。

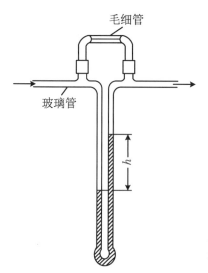

图 1.29 毛细管流量计

它用玻璃管弯制而成,构造简单,精确度高,在实验室得到广泛应用。其原理是:当气体流过毛细管时,在通路中有很大的阻力,故在毛细管两端产生压降 Δp,由流体力学可知,当毛细管的直径和长度一定时,气体的流速与 Δp 成正比,与气体的黏度 μ 成反比,即

$$v = k \frac{\Delta p}{\mu} \tag{1.36}$$

在示差压力计上读到的液面差 h 与 Δp 成正比,通过毛细管内的气体流量 V 与流速成正比,故有

$$V = k' \frac{h}{\mu} \tag{1.37}$$

上式表明,气体流量与液面差成正比,故可用液面差 h 的大小来指示流量,式中常数 k'/u 可由实验来标定。

毛细管流量计的量程与毛细管内径和长度有关。欲测量较小的流量,就应该选用内径较细的毛细管。例如,要测量 10 cm³/min 的流量,可采用汞温度计的毛细管,或在毛细管中塞入细的金属丝来增加气流阻力。示差压力计使用的工作液要选用低蒸气压、低黏度的液体,如邻苯二甲酸乙丁酯。

毛细管流量计在使用时的温度与其标定时的温度不宜相差太大。一般说来,如果相差 5～6 ℃,就会对流量测量产生约 1% 的误差。流量 V 与液面差 h 的正比关系与气体黏度 μ 有关。在标定时应该用待测气体来标定,如果待测气体具有易燃、易爆、有毒等危险性质,不宜用来标定时,可用不具有危险性质且黏度与之相近的气体来标定。例如,CO 是有毒气体,测定 CO 流量的毛细管流量计可用氮气(其黏度与 CO 的黏度十分相近)来标定。

毛细管流量计的校定方法有好几种。下面介绍两种行之有效的方法,如图 1.30 所示。气路中有一"T"形三通分流管 10 插入稳压管 4 内,当毛细管流量计进气端的压强超过稳压管 4 内液柱的静压强时,过多的气体就经过分流管 10 在稳压管 4 内鼓泡而排走。稳压管内液面的高低应根据流量的大小来调节,最好调节到分流管 10 下口有少量气泡慢慢鼓出为宜。标定时,先让气体经过流量计后由三通活塞 7 排出进入大气中,待流量计的液面差稳定后,旋转三通活塞 7,使气体经过三通管 6 而进入排水瓶 2 中,同时,要打开并调节排水瓶 2 下面的活塞 8,将水放出,以使水瓶 2 中流出水的体积流量与进入水瓶 2 的气体体积流量相等,这可以由压力计 3 指示的压力不变来判定。达到上述要求后,就可以收集一定时间的排水量来测出气体流量。此法成败的关键在于:瓶 2 排水时,一定要注意使压力计 3 所指示出的水瓶 2 内气压保持不变。如此校正若干个点,就可以得到气体流量 V 与示差计液面差 Δp 之间的关系直线。

此外,还有一种简单可行的校正流量方法——皂沫上升法,如图 1.31 所示。将一根带有体积刻度的玻璃管(如滴定管)下部接一软橡皮管,橡皮管内装肥皂水,此玻璃管下部还开一个支管。标定时将经过流量计后的气体由此支管引入量气管,待稳定后,压迫橡皮管使少量肥皂水上升到支管口而产生肥皂泡。测量此肥皂泡在量气管内上升的速度,换算为气体体积,即可测得气体流量。此法简便易行,尤其是在流量较小时,可得到较精确的结果。

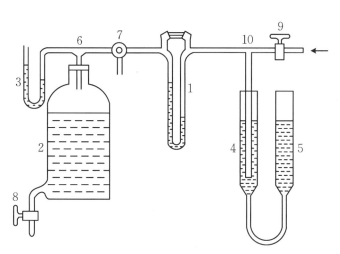

1. 毛细管流量计;2. 排水瓶;3. 压力计;4、5. 稳压管;
6. 三通管;7. 三通活塞;8、9. 活塞;10. 三通分流管。

图1.30　毛细管流量计校正装置示意图

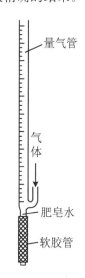

图1.31　皂沫上升法

1.4　压力的测量技术

实验室使用的压力仪表种类很多,对压力仪表可以从不同的角度进行分类,按被测压力可分为:压力表、真空表、绝对压力表、真空压力表等。按压力表使用的条件可分为:普通型、耐震型、耐热型、耐酸型、禁油型等压力表。按压力表的功能可分为:指示式压力表、压力变送器。按压力表的工作原理可分为:液柱式压力计、弹性式压力计、物性式压力计、活塞式压力计等。下面主要介绍液柱式压力计和弹性式压力计。

1.4.1　液柱式压力计

液柱式压力计是利用一定高度的液柱所产生的压力来平衡被测压力,而用相应的液柱高度去显示被测压力。由于这类压力计结构简单、显示直观、使用方便、精确度较高、价格便宜,所以,液柱式压力计成为计量测试和生产过程中使用较早而且广泛的一类压力计。其缺点是:量程受液柱高度上限的限制,一般其测压上限可达到2000 mmHg柱,液柱式压力计适用于小压力、真空及差压的测量;此外,液柱式压力计的玻璃管易损坏,示值只能就地指示,不能远传。

液柱式压力计的种类较多,有U形管压力计、单管压力计、多管压力计、斜管微压计、补偿式微压计、水银气压计等。

1. U 形管压力计

(1) 工作原理

图 1.32 为用 U 形管测量压力的原理图。它的两个管口分别接压力 p_1 和 p_2。当 $p_1 = p_2$ 时,左右两管的液体高度相等;当 $p_1 > p_2$ 时,U 形管两管内的液面便会产生高度差。

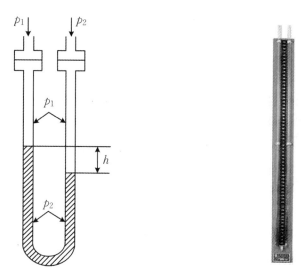

图 1.32　U 形管压力计测量原理

根据流体静力学原理有

$$p_1 = p_2 + \rho g h \tag{1.38}$$

式中,ρ 为 U 形管内所充工作液的密度;g 为 U 形管所在地的重力加速度;h 为 U 形管左右两管的液面高度差。

如果将 p_2 管通大气压 p_0,即 $p_2 = p_0$,则所测为表压,即

$$p = p_1 - p_2 = \rho g h \tag{1.39}$$

由此可见:

① 用 U 形管可以检测两个被测压力之间的差值(即差压),或检测某个表压。

② 若提高 U 形管内工作液的密度 ρ,则可扩大仪表量程,但灵敏度降低,即在相同压力的作用下,h 值变小。

(2) 误差分析

用 U 形管进行压力测量,其误差主要有:

1) 温度误差

这是指由于环境温度的变化而引起刻度标尺长度和工作液密度的变化,一般前者可忽略,后者应进行适当修正。例如,当水从 10 ℃变化到 20 ℃时,其密度从 999.8 kg/m^3 减小到 998.3 kg/m^3,相对变化量为 0.15%。

2) 安装误差

安装时应保证 U 形管处于严格的铅垂位置,否则,将产生安装误差。例如,U 形管倾斜 5°时,液面高度差相对于实际值要偏大约 0.38%。

3) 重力加速度误差

由原理可知,重力加速度也是影响测量准确度的因素之一。当对压力测量要求较高时,

应准确测出当地的重力加速度,使用地点改变时,也应及时进行修正。

4)传压介质误差

在实际使用时,一般传压介质就是被测压力的介质。当传压介质为气体时,如果与U形管两管连接的两个引压管的高度差相差较大而气体的密度又较大时,必须考虑引压管内传压介质对工作液的压力作用;若温度变化较大,还需同时考虑传压介质的密度随温度变化的影响。当传压介质为液体时,除了要考虑上述各因素外,还要注意传压介质和工作液不能产生溶解和化学反应等。

5)读数误差

读数误差主要是由于U形管内工作液的毛细作用而引起的。由于毛细现象,管内的液柱可产生附加升高或降低,其大小与工作液的种类、工作液的温度和U形管内径等因素有关。当管内径大于或等于 10 mm 时,U形管的单管读数的最大绝对误差一般为 1 mm。

2. 斜管微压计

斜管微压计是一种测量微小压力的测量仪表。它可以测量微小正压、负压及差压。它的压力显示玻璃管,可根据被测介质压力的大小倾斜,使用方便。

斜管微压计结构与工作原理如下:

斜管微压计由筒形容器、支管、弧形支架、标尺、封液等组成,如图 1.33 所示。其工作原理与U形管压力计相同,当被测压力与封液液柱产生的压力平衡时,有

$$p_1 = p_2 + \rho g (h_1 + h_2) \tag{1.40}$$

式中

$$h_2 = l\sin\alpha \tag{1.41}$$

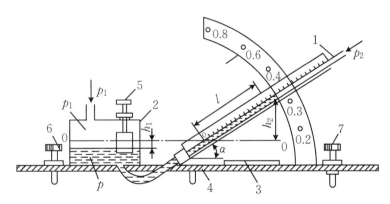

1. 斜管;2. 大容器;3. 水平仪;4. 底座;5. 调零装置;

6、7. 底座调水平螺丝;8. 调斜管倾角支架。

图 1.33　斜管微压计

由于

$$lA_1 = h_1 A_2 \tag{1.42}$$

式中,A_1 为倾斜支管内截面积(内径为 d);A_2 为杯形容器内截面积(内径为 D);l 为倾斜支管液柱长度。

所以

$$h_1 = \frac{A_1}{A_2}l = \frac{d^2}{D^2}l \tag{1.43}$$

将式(1.41)和式(1.43)代入式(1.40)中得到

$$p_1 = p_2 + \rho g \left(\frac{d^2}{D^2} + \sin\alpha \right)l \tag{1.44}$$

由式(1.44)可以看出，$\left(\frac{d^2}{D^2} + \sin\alpha \right)l$ 就是被测压差值 $\Delta p = p_1 - p_2$ 或被测压力 p_1（p_2 为大气压力）的液柱高度值。由于 $\left(\frac{d^2}{D^2} + \sin\alpha \right) < 1$，显然，液柱长度 $l > \left(\frac{d^2}{D^2} + \sin\alpha \right)l$，即仪表示值 l 比竖直高度的液柱增大了 $1/\left(\frac{d^2}{D^2} + \sin\alpha \right)$ 倍，从而可使读数灵敏度提高。

支管的倾斜角是可调节的，为了使用方便，弧形支架板上设计了一些固定支管的孔，每个孔对应着一定的倾斜角度。在每个孔处刻有一数字 A_i，使用时读出液柱长度 l(mm)，则 $\Delta p = A_i l$。由原理可知，弧形支架板上的数字 A_i 是在分度条件下刻出的。

斜管微压计的分度条件是：标准重力加速度 g 和 20 ℃时确定密度（$\rho = 808.38\ \text{kg/m}^3$）的酒精溶液。显然，刻在弧形支架板上的数字 A_i 为

$$A_i = \frac{\rho_{20}}{\rho_B} \left(\frac{d^2}{D^2} + \sin\alpha \right) \tag{1.45}$$

式中，ρ_B 为 4 ℃时纯水的密度。

不同的 α 值对应着不同的 A_i 值。α 角度不宜太小，因为 α 角太小时，l 的读数困难且准确性差。一般 α 角在 20°～60°之间。

1.4.2　弹性式压力计

弹性式压力计是实验室使用最为广泛的一类压力计。它的结构简单，操作方便，性能可靠，价格便宜，可以直接测量气体、油、水等介质的压力。其测量范围很宽，可以从几十帕到数兆帕；它可以测量正压、负压和差压。

目前金属弹性式压力计的精确度可达到 0.16 级、0.25 级、0.4 级，实验室中使用的弹性压力计，其精确度大都是 1.5 级、2.0 级、2.5 级。

1. 工作原理

弹性式压力计是基于各种形式的弹性元件，在被测介质的表压或真空度作用下产生的弹性变形与被测压力成一定函数关系的原理制成的。弹性元件受外部压力作用后，通过受压表面表现为力的作用，其力 F 的大小为

$$F = Ap \tag{1.46}$$

式中，A 为弹性元件承受压力的有效面积。

根据胡克定律，弹性元件在一定范围内弹性变形与所受外力成正比，即

$$F = Cx \tag{1.47}$$

式中，C 为弹性元件的刚度系数；x 为弹性元件在外力 F 作用下所产生的位移（即形变）。

由(1.46)式和(1.47)式得

$$x = \frac{A}{C}p \tag{1.48}$$

式 (1.48) 中弹性元件的有效面积 A 和刚度系数 C 与弹性元件的性能、加工过程和热处理等有较大关系。当位移量较小时,它们可视为常数,压力与位移成线性关系;否则,不为常数,应分段线性或进行修正;使用时还应注意温度对其的影响。比值 A/C 的大小确定了弹性元件的压力测量范围,比值越大,可测压力越大。

2. 弹性元件

弹性元件是弹性式压力计的测量元件。常用的有膜片、波纹管和弹簧管。

(1) 膜片

膜片是一种沿外缘固定的片状测压弹性元件,按剖面形状分为平膜片和波纹膜片。膜片的特性一般用中心的位移和被测压力的关系来表征。波纹膜片是一种压有环状同心波纹的圆形薄膜,其波纹的数目、形状、尺寸和分布均与压力测量范围有关。若将两块金属膜片沿周边对焊起来,可制成一薄膜盒子,称为膜盒。

膜片可直接带动传动机构就地显示,但是,由于膜片的位移较小,灵敏度低,更多的是与压力变送器配合使用。

(2) 波纹管

波纹管是一种具有等间距、等轴环状波纹且能沿轴向收缩的测压弹性元件。波纹管在受到外力作用时,其膜面产生的机械位移量主要不是靠膜面的弯曲形变,而是靠波纹柱面的舒展或压屈来带动膜面中心作用点的移动来实现。波纹管有单波纹管和双波纹管之分。

由于波纹管的位移相对较大,一般可直接带动传动机构就地显示。其优点是灵敏度高(特别是在低压区),但波纹管迟滞误差较大,准确度最高仅为 1.5 级。

(3) 弹簧管

弹簧管是一根弯成 270° 圆弧的具有椭圆形(或扁圆形)截面的空心金属管子。管子的自由端 B 封闭,管子的另一端开口且固定在接头上。

当被测介质从开口端进入并充满弹簧管的整个内腔时,椭圆截面在被测压力 p 的作用下将趋向圆形,使弹簧管随之产生向外挺直的扩张变形,结果改变弹簧管的中心角,使其自由端产生位移。中心角改变量和所加压力的关系如下:

$$\frac{\Delta \theta}{\theta_0} = p \frac{1-\mu^2}{E} \frac{R^2}{bh} \left(1 - \frac{b^2}{a^2}\right) \frac{\alpha}{\beta + k^2} \tag{1.49}$$

式中,θ_0 为弹簧管中心角的初始角;$\Delta \theta$ 为受压后中心角的改变量;a 为弹簧管椭圆形截面的长半轴;b 为弹簧管椭圆形截面的短半轴;h 为弹簧管椭圆形截面的管壁厚度;R 为弹簧管弯曲圆弧的外半径;k 为几何参数,$k = \dfrac{Rh}{a^2}$,α、β 为与此比值有关的参数;μ 为泊松系数;E 为弹性系数。

式 (1.49) 仅适用于薄壁(h/b 为 0.7~0.8)的弹簧管。由式 (1.49) 可知,如 $a=b$,则 $\Delta \theta = 0$,这说明具有圆形截面的弹簧管不能用作压力检测敏感元件。对于单圈弹簧管,中心角变化量 $\Delta \theta$ 一般较小。要提高 $\Delta \theta$,可采用多圈弹簧管,圈数一般为 2.5~9。

弹簧管位移量与中心角初始值和改变量的关系如下:

$$x = \frac{\Delta \theta}{\theta} R \sqrt{(\theta - \sin\theta)^2 + (1 - \cos\theta)^2} \tag{1.50}$$

弹簧管既可以直接带动传动机构就地显示,又可以接转换元件将信号远传。

3. 弹簧管压力表

弹簧管压力表是生产过程中和实验室应用非常普遍的测压仪表。它可以测量压力,也可以测量真空。按照适用的条件可分为耐震型、耐热型、耐腐蚀型、抗冲击防爆型以及专用压力表等。

单圈弹簧管压力表的结构组成如图 1.34 所示。它主要由弹簧管、传动机构、游丝、指针、表盘等组成。游丝安装在扇形齿轮和中心齿轮彼此平行的夹板之中。中心齿轮和扁形齿轮能以各自的轴转动并相互啮合。指针固定在中心齿轮上,夹板固定在仪表的支架上,从自由端到扇形齿轮的尾端由拉杆连接。连接拉杆和扇形齿轮的销钉是可调节的,以此来改变连接点到扇形齿轮支点 O 处的距离 r。拉杆、扇形齿轮、中心齿轮即构成压力表从弹性位移 Δl 到指针转角 Φ 的传动机构。被测压力从导压接口导入弹簧管后,其自由端产生相应的弹性位移 Δl,通过拉杆 3、扇形齿轮 4、中心齿轮 6 等对 Δl 进行变换放大,最后由指针的转角指示出被测压力值。游丝用于消除传动机构中的间隙的影响。由弹性位移 Δl 到指针转角 Φ 的传动关系,从理论上分析,经过多次近似,在 Δl 不很大的情况下(一般有 $2\sim5$ mm))有以下近似关系,即

$$\Phi = \frac{r_1}{r_0} \cdot \frac{180}{\pi} \cdot \frac{\cos\alpha}{r\sin\theta}\Delta l = i\Delta l \tag{1.51}$$

式中,r_1 为扇形齿轮的半径;r_0 为中心齿轮的半径;Φ 为指针转角;R 为扇形齿轮转动轴到扇形齿轮与拉杆接点 B 的距离;α 为自由端位移方向与拉杆初始方向的中心夹角;θ 为测量状态下拉杆与曲柄间的夹角;i 为传动比。

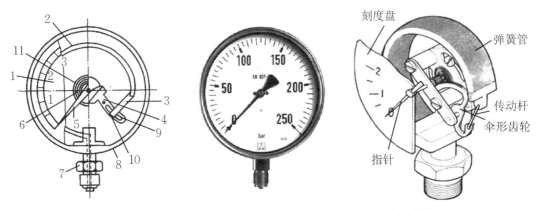

1. 表盘面;2. 弹簧管;3. 拉杆;4. 扇形齿轮;5. 指针;6. 中心齿轮;
7. 接头;8. 表壳;9. 调整螺钉;10. 曲柄;11. 游丝。

图 1.34　单圈弹簧管压力表

显然,在全量程上,因 α、θ 不为常数,所以从 Δl 到 Φ 的传动比 i 不为常数。在测量中,α 从 0°开始变化(增大)其值不大。θ 角是从一个初始角 θ_2 开始变化(增大),如果不考虑 α 的影响,则传动比 i 与 θ 的关系如图 1.35 所示。显然,把 θ 的变化设计在 90°附近,可较好地改善传动关系的非线性。

由于 r 与 θ_2 的相关性,通常不采取调整 r 的值以改变 i,而是采取通过调节平行夹板相对基架的位置来改变 θ_2 的方法。

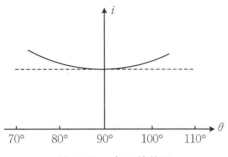

图 1.35　i 与 θ 的关系

1.4.3　压力表的选择与测压系统

一个测压系统是由导压信号管路、压力仪表及必要的附件等组成的。作为压力测量系统,要能准确地测量压力大小,必须要考虑系统中的各个环节对压力测量的影响。因此,除了根据被测介质、测量环境、测量要求等正确地选择压力表外,对取压口的开取、导压管路的设计、敷设以及必要附件的选择都有一定的要求。

1. 压力表的选择

压力表的种类、形式、规格很多,测压系统中使用的压力表根据被测介质、测量环境等进行选择。对于被测介质,主要是指介质的性质(如气体还是液体)、介质的温度高低、有无腐蚀性以及介质的流动状态等;对于测量要求,主要是指测量绝对压力还是表压力,是高压测量还是低压测量,是显示记录还是信号输出等;对于测量环境,主要是指压力表安装现场有无震动、温度、湿度情况以及是否有可燃性、爆炸性、腐蚀性气体等情况。压力表对于以上要求都有一定的适用范围,除此之外,在选择压力表时,还应考虑到使用中的可靠性、经济性等因素。

(1) 压力表量程范围和精确度的选择

如果被测压力的测量范围要求已经确定,原则上根据压力表的适用量程范围,再考虑一定的富余量程范围即可确定。对于弹性压力表被测压力的额定值一般选择为压力表满量程的 2/3。如果被测压力经常有脉动变化的情况,被测压力的额定值应选择为压力表量程范围的 1/2 左右为好。

对于压力表精确度的选择,除了考虑测量误差要求以外,还应考虑到测压系统各环节,以及测量条件的干扰所产生的附加误差的影响,经过适当综合后,选择满足测量要求的压力表的精确度。比如,弹性压力表对其环境温度适用的范围就不大,1.0～4.0 级弹性压力表适用的温度范围为 15～25 ℃。当压力表的环境温度不在 15～25 ℃ 范围内时,压力表将产生附加误差。

(2) 压力表特殊条件的选择

目前使用的压力表有普通型、耐震型、耐高温型、防爆型、耐腐蚀型等。如果测压没有特殊要求,选择普通型压力表即可。如果测量有一定的特殊要求,就按要求选择合适的压力仪表。测量氧气压力时,应选择有禁油标记的压力表,以防止氧气接触油脂发生氧化反应而引起爆炸。测量变化剧烈的脉冲压力时,应选择带有缓冲装置的压力表,以减少压力表指示机构的磨损和弹性元件的疲劳。

2. 测压系统导压信号管路及附件

(1) 取压口的位置和形状

在此所指的取压口的位置是指在压力检测点的开口布置。在压力检测点,取压口位置的布置取决于管道或容器内流体的种类。流体为气体时,取压口应在管道水平中心线以上,以防止凝结液体造成水塞。流体为蒸气或液体时,取压口应在管道水平中心线以下45°范围,以防止积气造成气塞。对于取压口各种情况的实验证明,取压口的形状、口径、取压口轴线与流体流线的垂直度都会影响压力测量的准确性,如图1.36所示。若要得到理想的测量结果,不可忽视取压口形状、口径大小及取压口轴线的选取。

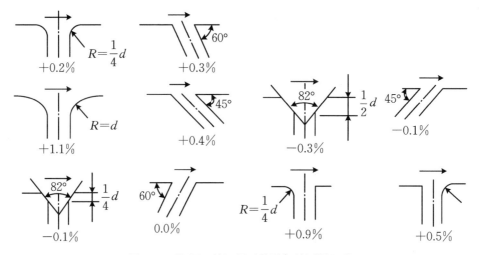

图 1.36 取压口的不同形状引起的测量误差

(2) 导压信号管路

被测压力信号是由导压管路传输的,导压信号管路会影响压力测量的精确度。当被测压力不变化时,感压元件输出的压力信号反映被测压力。当被测压力变化时,由于系统体积的变化、介质的可压缩性等都将会引起导压信号管路内介质的流动,将影响测压系统的动态性能,这些都与导压管路的长度、管径有关。如果设计的导压管路的长度、管径不适当,比如长度过长,管径过小,使测压系统的动态特性变坏,就会使压力的测量具有动态误差。所以,对导压管路的长度、管径都有规定的要求,详见表1.9。

表 1.9 导压管路的长度与内径

被测介质	导管最小内径(mm)		
	导管长度<16 m	导管长度 16~45 m	导管长度 45~90 m
水、水蒸气、干气体	7~9	10	13
湿气体	13	13	13
低、中黏度油品	13	19	25
脏气体、脏液体	25	23	38

导压信号管路敷设应尽量直行,少急弯,以减少能量的损失,保证测量的精确度。

1.5　气体成分的分析技术

冶金实验中常用的气体有 CO、CO_2、H_2、C_xH_y、SO_2 和 O_2 等。对 CO、CO_2 气体的成分往往需要进行连续检测,使用的仪表是红外线气体分析仪,它是一种光学式分析仪器。它的特点是:灵敏度和分辨率较高,待分析气体浓度测量范围 0 ~ 50%,仪器的精确度等级为 1.5 级。对 H_2 的成分进行分析的仪表是氢气分析仪。除此,实验室还有能同时测定 O_2、CO、CO_2、SO_2、NO_x、温度、压力、烟黑、燃烧效率、排烟热损失、过量空气系数的便携式烟气分析仪。下面简要介绍红外线气体分析仪的原理及组成。

1.5.1　红外线气体分析仪原理

红外线气体分析仪是利用红外线进行气体分析。它基于待分析组分的浓度不同,吸辐射能不同,剩下的辐射能使得检测器里的温度升高不同,动片薄膜两边所受的压力不同,从而产生一个电容检测器的电信号。这样,就可间接测量出待分析组分的浓度。

红外线气体分析仪由两个独立的光源分别产生两束红外线。该射线束分别经过调制器,成为 3~5 Hz 的射线。根据实际需要,射线可通过一滤光镜减少背景气体中其他吸收红外线的气体组分的干扰。红外线通过两个气室:一个是充以不断流过的被测气体的测量室,另一个是充以无吸收性质的背景气体的参比室。工作时,当测量室内被测气体浓度变化时,吸收的红外线光量发生相应的变化,而基准光束(参比室光束)的光量不发生变化。从两室出来的光量差通过检测器,使检测器产生压力差,并变成电容检测器的电信号。此信号经信号调节电路放大处理后,送往显示器以及总控的 CRT 显示。该输出信号的大小与被测组分浓度成比例。

常用的检测器有选择性和非选择性两类。选择性的检测元件常用的有膜片式电容检测器,目前大部分工业红外气体分析仪采用这种接收器。膜片式电容检测器的原理结构如图 1.37 所示。

检测器内充以样气中的待测组分,两个接收室中间用一个薄的金属膜隔开。当两侧压力不同时,膜片可以变形产生位移,膜片的一侧放一个固定的圆盘形电极。可动膜片与固定电极构成了一个电容变送器的两极。整个结构保持严格的密封,两接收气室内的气体被动片薄膜隔开,但要在结构上安置一个直径大小为百分之几毫米的小孔,以使两边的气体静态平衡。辐射光束通过参比室和测量室后,进入检测器的

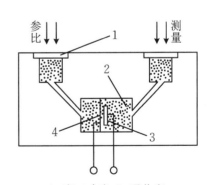

1. 窗口玻璃;2. 吸收室;
3. 固定电极;4. 可动膜片。

图 1.37　膜片式电容检测器的原理结构

接收室。被接收室里的气体吸收,气体温度升高,气体分子的热运动加强,产生的热膨胀形成的压力增大。当测量室内通入零点气(N_2)时,来自两气室的光能平衡,两边的压力相等,动片薄膜维持在平衡位置,检测器输出为 0。当测量室内通入样气时,测量边进入接收室的光能低于参比边的,测量边的压力减小,薄膜发生位移,故改变了两极板间的距离,也改变了电容量 C,于是,输出一个与待测组分浓度成比例的电信号。

1.5.2 取样系统

常压运行下的红外线气体分析仪气样的出口都是通大气的,由于待分析气样中的灰尘、水汽等在测量气室中的沉积和冷凝,会给仪表的测量精确度、零位稳定性带来不利的影响,更有甚者会严重污染分析仪的测量池和窗口,使仪器不能正常工作。因此,取样系统包括气体减压、净比、干燥、流量监测等部分,对于高温气样还需要冷却装置,取样系统的组成如图1.38所示。

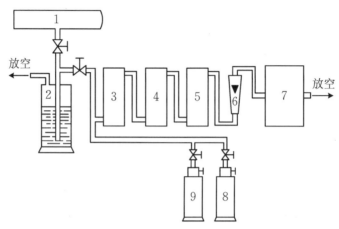

1. 管道;2. 水封;3. 机械杂物过滤器;4. 化学杂物过滤器;
5. 干燥器;6. 流量计;7. 分析器;8. 量程气;9. 零气。

图 1.38　取样系统的组成

1.6　冶金实验数据采集与数据处理概述

1.6.1 冶金实验中数据采集的重要性

冶金实验过程中需要检测各种不同类型物理参数,而数据采集技术的基本任务是获取有用的信息。首先是检测出被测对象的有关信息,然后加以处理,最后将其结果提供给观察者或输入其他信息处理装置和控制系统。因此,掌握数据采集的基本原理和方法对实现冶金实验过程中参数的准确检测具有重要的意义。

在冶金实验过程中,要从被分析的实验对象中提取出有用的信息,首先应对其主要实验参数进行数据采集。数据采集技术是集传感器、信号采集与转换、信号分析与处理、计算机等技术于一体,是获取信息的重要工具和手段。随着计算机的应用和普及,这一技术在科学研究、产品开发、生产监督、质量控制、性能试验和生产过程领域中发挥着越来越重要的作用。在冶金实验过程中应用数据采集技术,将提高科技人员对实验过程的瞬态现象进行研究的能力,实现实验过程的自动控制。因此,数据采集技术是冶金工程等相关专业必备的专业知识。

1.6.2　数据采集过程与数据采集系统的组成

在实验过程中,信息和规律总是蕴涵在某些物理量当中,并依靠它们来传输,这些物理量就是信号。就具体物理性质而言,信号有电信号、光信号、力信号等,其中电信号在转换、处理、传输和运用等方面都有明显的优点,因而成为目前应用最广泛的信号。各种非电量信号也往往被转换为电信号,而后传输、处理和应用。

在实验中进行数据采集,有时并不考虑信号的具体物理性质,而是抽象为变量之间的函数关系,特别是时间函数和空间函数,从数学上加以分析研究。一般说来,数据采集的全过程包含许多环节:以适当的方式激励被测对象、信号的检测与转换、信号调理、分析和处理、显示和记录,以及必要时以电量形式输出测量结果等。因此,数据采集系统的大致框图如图1.39 所示。

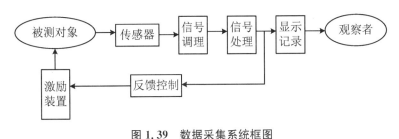

图 1.39　数据采集系统框图

1. 传感器

直接作用于被测量,并能按一定的规律将被测量转换为同种或另一种量值输出,这种输出通常是电信号。

2. 信号调理

将传感器感应到的模拟信号转换成适合于传输和处理的形式,这时的信号转换在大多数情况下是电信号的转换。例如,幅值放大,将阻抗的变化转换为电压的变化,或将阻抗的变化转换为频率的变化等。

3. 信号处理

它是从数字信号中提取各种有用信息的过程,是计算机采集系统的核心。按所使用的处理器可分为:专用微机型和通用微机型。专用微机型的微处理器按仪器的特定功能设计或选用,以减少成本和满足专用要求。通用微机型以 PC 机为主来进行数字信号处理。理论上,使用者可以任意扩充通用微机型的功能。

4. 显示记录

分析结果可用数据、图表、图形、报警等方式显示,也可以记录在磁盘上或用打印机输出。计算机数据采集与处理系统还可以通过通信口与其他计算机或仪器通信。在所有这些环节中,必须遵循的基本原则是各环节的输出量与输入量之间应保持一一对应和尽量不失真的关系,并尽可能地减少或消除各种干扰。

在冶金实验过程中,往往需要检测的参数有可能已载于某种可检测的信号中,也可能尚未载于可检测的信号中。对于后者,数据采集就包含着选用合适的方式激励被测对象,使其产生既能充分表征其相关信息又便于检测的信号。事实上,许多系统的特性参量在系统的某些状态下,可以充分地显示出来;而另外一些状态下却可能没有显示出来,或者显示得很不明显。因此,在后一种情况下,要采集某些特征参量时,就需要激励该系统,以便检测出载有这些信息的信号。

数据采集技术是一种综合性技术,对新技术特别敏感。要做好数据采集工作,需要运用多学科的知识,注意新技术的应用。

1.6.3 数据采集基本原理

在冶金实验中,需要检测的信号主要有位移、速度、温度、应力、应变、压力等物理参数。对于简单的原始信号,往往只能提供十分有限的信息。因此,信号必须经过适当的加工处理,才能够表现出人们所感兴趣的特征信息。信号处理方法和技术就是用来对原始信号进行适当的转换,从而形成特征更加明显和易于分析的"新信号"的一种技术。

1. 信号的分类

按照实验过程中所描述信号的数学关系式的独立变量取值是否连续,可将信号分为模拟信号和数字信号。

模拟信号是指随时间连续变化的信号,例如,正弦信号 $x(t) = A\sin(wt + \varphi)$。模拟信号有两种类型:一种是由各种传感器获得的低电平信号,另一种是由仪器、变送器输出的电流信号。这些模拟信号经过采样和 A/D 转换以后,常常要进行数据的正确性判断、标度变换、线性化等处理。虽然模拟信号便于传输,但是它抗干扰能力差,在传输过程中信号的幅值和相位往往容易发生畸变。

数字信号是指在有限的离散瞬时上取间断的信号。在二进制系统中,数字信号是由有限字长的数字组成,其中每位数字不是"0"就是"1",这可根据脉冲信号的有无来实现。数字信号可以由某些类型的传感器输出,如扭矩传感器,它在线路上的传送可以是并行方式传送,也可以是串行方式传送。数字信号对线路上的干扰信号不敏感,因为只需要检测脉冲信号的有无来确定信息。数字信号进入计算机以后,常常需要进行码制转换的处理,如 BCD 码转换成 ASCII 码,以便显示数字信号。

也可从另外一个角度将信号分为确定性信号和非确定性信号。确定信号是指能以时间函数表示的信号,在其定义域内的任意时刻都有确定的数值。确定性信号又可分为周期信号和非周期信号。非确定性信号也称随机信号,它所描述的是一个随机过程,它的变化过程无法用确定的时间关系式来描述,不能预测其未来任何瞬时值,但其值的变化服从统计规律,借助概率统计的方法可以找出其统计特征。

2. 模拟信号的数字化

(1) 信号采样与量化误差

模拟信号转换为数字信号的过程称为模/数(A/D)转换过程。如图 1.40 所示,该过程包含了采样、量化、编码等步骤,这是数字信号分析的必要过程。

采样也称抽样,是利用采样脉冲序列 $\delta(t)$ 从模拟信号 $x(t)$ 中抽取一系列的离散样值,使之成为采样信号 $x(n\Delta t)(n=0,1,2,\cdots,n)$ 的过程。Δt 称为采样间隔,$1/\Delta t = f_s$,f_s 称为采样频率。采样实质上是将模拟信号 $x(t)$ 按一定的时间间隔 Δt 逐点取其瞬时值。它可以描述为采样脉冲序列 $\delta(t)$ 与模拟信号 $x(t)$ 相乘的结果。量化又称幅值量化,把采样信号 $x(n\Delta t)$ 经过舍入的方法变为只有有限个有效数字的过程称为量化。若信号 $x(t)$ 可能出现的最大值

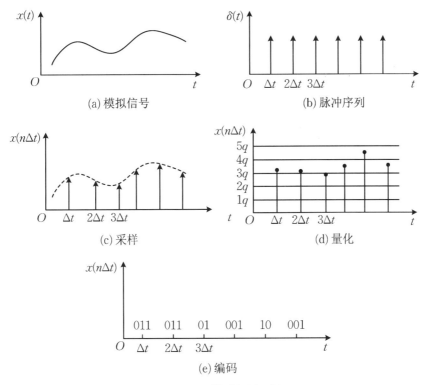

图 1.40 采样过程原理图

为 A,若将其分为 D 个间隔,则每个间隔长度为 q,q 称为量化步长或量化增量。当采样信号落在某一个小间隔内,经过舍入方法的量化以后,必然会产生量化误差。可见,量化误差的最大值为 $\pm 0.5q$。一般量化误差的大小取决于 A/D 转换的位数,其位数越高,量化增量就越小,量化误差也越小。采样的基本问题是如何确定合理的采样间隔 Δt 以及取样长度 T,以保证采样所得的数字信号能真实地代表原来的连续信号 $x(t)$。一般来说,采样频率 f_s 越高,采集的离散点越密集,所获得的数字信号就越逼近原始信号。然而,当采样长度 T 一定时,f_s 越高,数据量 $N\Delta t$ 就越大,所需的计算机存储量和计算量就越大;反之,当采样频率降低到一定程度时,就会丢失或歪曲原来信号的信息。采样定理指出,带限信号不丢失信息的最低采样频率为

$$f_s \geqslant 2f_m \tag{1.52}$$

式中,f_m 为原始信号中最高频率成分的频率。若采样频率不满足此定理,将会产生频率混叠现象。

(2) 采样控制方式

在实验过程中,获取实验参数的准确性直接关系到实验结果的正确性,因此,根据参数的特征,要求选择合适的采样控制方式。数据采集的控制方式有:程序查询方式、中断控制方式、存储器直接存取(DMA)方式。

1) 程序查询方式

程序查询方式就是在其运行过程中 CPU 不断地询问模/数转换器的状态,判断模/数转换是否已经完成。它的工作原理是:在需要采样时,CPU 发出启动模/数转换的命令,等到模/数转换结束后,由第一输入通道将结果存入内存;然后 CPU 再向模/数转换器发出命令,

等到模/数转换结束后由第二输入通道将结果存入内存;以此类推,直到所有的输入通道采样完毕。如果模/数转换未结束,则 CPU 等待,在等待时定时查询,直到模/数转换结束。该方式的优点是软件的开发和调试比较容易,缺点是浪费 CPU 的时间。

由于这种方式始终占据 CPU 运行,所以在采样时 CPU 不能运行其他的相关程序,本系统在数据采样时另外要进行其他的一些操作,如果使用该采样控制方式,将影响这些功能的使用;同时在其他的功能使用时不可能保证采样的实时性和连续性。

2) 中断控制方式

CPU 首先发出启动模/数转换的命令,然后继续执行主程序。当模/数转换结束时,则通过接口向 CPU 发出中断请求,请求 CPU 暂时停止工作,读取转换结果;当 CPU 响应模/数转换器的请求时,便暂停正在执行的主程序,自动转移到读取转换器结果的服务子程序中,执行完子程序后,CPU 又回到原来被中断的主程序继续执行下去,这样就提高了 CPU 的效率。该方式具有很强的实时处理能力,可充分发挥 CPU 的效率。但这种方式的程序开发和调试比较复杂,如果中断源过多,将造成频繁申请中断,使 CPU 没有时间处理其他运算,这样就与查询方式没有什么两样了。所以,中断控制方式通常应用于:主程序要同时处理其他任务,不宜接受查询,以及一个或多个模拟信号源在采集时要求高度保存实时性的情况。由于 Windows 2000 是通过两个层次的管理机制实现中断的,在第一层次,由系统定义的中断占用,它占用了高优先级;而用户自定义的中断一般工作在第二个层次,即使达到第一层次,信号采集必然要受其他中断影响,从而影响实时性,并且以中断控制方式进行数据传输,仍要占用 CPU,所以会影响对数据的实时处理。另外,要有效保证数据实时采集,对数据处理、打印、用户消息分配的时间一定要恰当,这给软件开发带来了较高的难度。

3) DMA 方式

DMA 方式是一种由硬件完成的数据传送方式,数据通过 DMA 控制器直接与存储器进行数据交换。其与中断控制方式的主要区别(图 1.41 实线部分为中断方式的数据流程,虚线部分是 DMA 方式的数据流程)是中断控制方式必须由 CPU 通过程序把采集的数据从 I/O 端口传送至累加器,然后才送到内存,数据的传输速度为 10 Kbit/s。所以,高速数据采集采用中断控制方式是不合适的;DMA 方式的数据直接在外设和存储器之间进行传输,而不通过 CPU 和 I/O,因而数据传输的速度远远大于中断方式。

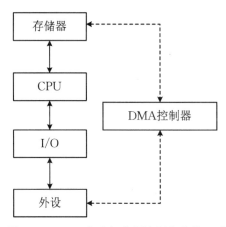

图 1.41 DMA 方式与中断控制方式的区别

根据以上的分析和比较,选用 DMA 方式既可以满足数据采集实时性、准确性和高速性,又不影响 Windows 2000 操作系统的正常运行和软件的其他功能的使用。

1.6.4　数据采集技术的发展

现代数据采集技术的发展,既是促进科技发展的重要技术,又是科技发展的结果。现代科技的发展不断地向数据采集技术提出了新的要求,推动数据采集技术的发展。与此同时,数据采集技术吸取和综合各个科技领域的新成就,开发出新的方法和装置。近年来,新技术的兴起促使数据采集技术迅速发展,尤其在以下两个方面特别突出:一方面,电路设计的改进:广泛采用运算放大器和各种集成电路,大大简化了数据采集系统,提高了系统的特性。另一方面,新型传感器层出不穷,可测参数迅速增多。传感器是各种信息的来源,只有拥有良好和多样的传感器,才能在非电量的自然界有效地使用这些技术和设备。能不能开发出上乘的数据采集装置,关键在于传感器的开发与应用。

当今传感器开发中,以下列三个方面的发展最引人注目:

1. 物性型传感器大量涌现

物性型传感器是依靠敏感材料本身的物性随被测量的变化来实现信号的转换的。因此,这类传感器的开发实质是新材料的开发。目前发展迅速的新材料半导体、陶瓷、光导纤维、磁性材料以及所谓的"智能材料"(如形状记忆合金、具有自增殖的生物体材料等),这些材料的开发可测量不仅大量增多,而且使力、热、光、磁、湿度、气体、离子等方面的一些参量的数据采集成为现实。

2. 集成、智能传感器的开发

随着微电子、微细加工技术和集成化工艺等方面的发展,出现了多种智能化传感器。这类传感器或是同一功能的敏感材料排列成线形的、面形的传感器;或是多种不同功能的敏感材料元件集成一体,成为可同时进行多种参数采集的传感器;或是传感器与放大、运算、温度补偿等电路集成一体的器件。近年来,已研制出将部分信号处理电路和传感器集成一体,使传感器具有部分智能的智能型传感器。

3. 化学传感器的开发

近 20 年来,工农业生产、环境监测、医疗卫生和日常生活等领域广泛使用化学传感器。化学传感器把化学量转为电量。大部分化学传感器是在被测气体或溶液分子与敏感元件接触或被吸附之后才开始感知的,而后产生相应的电流和电位。

目前,市场上供应的化学传感器以气体传感器、湿度传感器、离子传感器和生物化学传感器为主。从发展的趋势上看,预计在未来一段时期内,化学传感器将蓬勃发展,必将出现一些智能化学传感器。

(1) 广泛应用信息技术

信息技术特别是计算机技术和信息处理技术,使数据采集技术产生了巨大变化,大幅度地提高了数据采集系统的精度、测量能力和工作效率;引进新的分析手段和方法,使数据采集系统具有实时分析、记忆、逻辑判断、自校、自适应控制和某些补偿能力,向着智能化发展。

（2）参量测量系统的开发

各种廉价传感器和实时处理装置为开发多传感器和多种参量数据采集系统提供了可能。这种数据采集系统可实现多自变量函数的测量，是自动控制必不可少的装置。它也广泛应用于设备的监测和组成线形或面形传感器阵列进行图像或场量测量。

第2章　物理化学实验(冶金类)

2.1　燃烧热的测定

2.1.1　实验目的

① 巩固冶金类燃料燃烧热的概念。

② 了解和掌握固体燃料或沸点大于 250 ℃重质液体燃料发热量的测定方法。

③ 掌握氧弹式量热计的构造、安装及实验技术。

2.1.2　实验原理

目前国内外均采用氧弹法测定固体、液体类燃料的热值,其原理是把一定量的分析试样放置在氧弹中,在氧弹中充入氧气,然后使试样在氧弹中完全燃烧,氧弹预先放在一个盛满水的容器中,根据试样燃烧后水温的升高,计算出试样的发热量。由于实际情况并不如此简单,所以需要考虑各种影响测定的因素,进行各种校正,然后才能获得正确的结果。

目前通用的量热计有绝热式和恒温式两种类型。

绝热式量热计:把盛有氧弹的水筒放在一个双壁水套中间,这个水套称外筒。当试样点火后,内筒水温度在上升过程中,外筒水温度通过自动控制加热跟踪而上,当内筒水温度达最高点且平稳时,外筒水温度也达到这个水平,并保持恒定。在整个实验过程中,内、外筒水温度保持一致,因而消除了热交换。用这种绝热式量热计测定时,可以省略许多繁琐的计算。这种方法叫绝热式量热计法。

恒温式量热计:恒温式量热计是在保持外筒水温恒定不变的情况下,采用雷诺作图法或计算公式来校正热交换的影响,因此使用这种仪器时要有严格的实验室,以减少外界对实验结果的影响,这种方法叫恒温式量热计法。

本实验采用恒温式量热计法,仪器型号为 SHR-15 氧弹式量热计,该量热计操作方便,设备简单,用标准苯甲酸进行标定,不需附加设备。在设计与制造中,已使量热计环境与体系之间的热交换作用减到最小,剩余的热交换作用,在体系与环境不大于 3 ℃的情况下,可用一定的热交换校正公式进行校正。

在测定中,先用已知重量的标准苯甲酸(26460 J/g)在量热计中燃烧,求出量热计的水当量(即在数值上等于量热体系温度升高 1 ℃所需的热量)。接着把被测燃料(试样)在同样条件下,在量热计内燃烧,测量量热体系温度升高,根据所测温度升高及量热体系的水当量,即可求出所测燃料的燃烧热。

设在测量量热计水当量时,发生的热效应为 Q_e,体系温度升高为 ΔT_e,则量热计的水当

量 K 可以表示成

$$K = Q_e / \Delta T_e \tag{2.1}$$

又设被测物质发生的热效应为 Q_x（即未知热效应），体系温度升高为 ΔT，则体系温度每升高 1℃ 所需的热量仍应为 $K = Q_e / \Delta T_e$，两式相比得

$$Q_x = (Q_e / \Delta T_e) \Delta T = K \cdot \Delta T \tag{2.2}$$

由此式即可计算所测物质的燃烧热，式中 K 为量热计的水当量，ΔT 为在量热计中发生未知热效应时所测得的体系温升。

2.1.3 实验仪器及装置

SHR-15 型氧弹式量热计结构如图 2.1、图 2.2 所示。

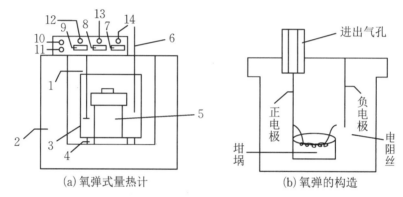

(a) 氧弹式量热计　　　　(b) 氧弹的构造

1. 搅拌棒；2. 外筒；3. 内筒；4. 垫脚；5. 氧弹；6. 传感器；7. 点火按键；
8. 电源开关；9. 搅拌开关；10. 点火输出负极；11. 点火输出正极；
12. 搅拌指示灯；13. 电源指示灯；14. 点火指示灯。

图 2.1　SHR-15 型氧弹式量热计结构图

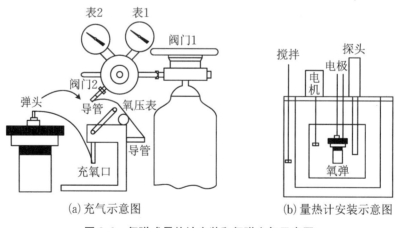

(a) 充气示意图　　　　(b) 量热计安装示意图

图 2.2　氧弹式量热计安装和氧弹充气示意图

2.1.4　实验步骤与结果计算

1. 量热计水当量的测定

(1) 试剂和材料

苯甲酸(已知热值);作引火用的金属丝(已知燃烧热 3.138 J/cm,金属丝长约 120 mm);氧气;酚酞;0.1 mol 的氢氧化钠。氧弹式量热计 1 套;氧气钢瓶(带氧气表)1 个;台秤 1 台;电子天平 1 台(0.0001 g)。

(2) 准备工作

① 仪器预热:将量热计及全部附件清理干净,将有关仪器通电预热,打开计算机。

② 样品压片:压片前先检查压片用钢模是否干净,否则应进行清洗并使其干燥,用电子天平称 0.6～0.7 g 干燥苯甲酸(在 100～105 ℃烘箱中烘干 3～4 小时,冷却至室温)并压片,在电子天平上称重。

③ 装氧弹及充氧气:将氧弹的弹盖旋出,在氧弹中加入 10 mL 水,把氧弹的弹头放在弹头架上,把燃烧丝的两端分别紧绕在弹头上的两根电极上,其中一段放在苯甲酸片上。引火线切勿接触坩埚。把弹头放入弹杯中拧紧。

首先开启氧气钢瓶,观察减压阀和压力表,然后对氧弹充气约 1 min,充氧 1.5～2.0 MPa,迅速抬起充氧阀。将氧弹放入量热器放稳,并插稳电极。

④ 调节水温:首先观测外筒温度,用加冰或加热水的方法调整内外筒水温,测定开始时外筒水温与室温相差不得超过 0.5 ℃,内筒水温比外筒水温应低 0.7～1.0 ℃(使用水当量较大的量热计,如 3000 g 时),保证内筒水面盖过氧弹。盖好盖子调节好搅拌头位置。

⑤ 接上控制器上的点火电极,盖上盖子,将温度温差仪的探头插入内筒水中,将温度温差挡打向温差。控制器上各线路接好,开动搅拌马达,待温度均匀稳定后即可读取数据。

(3) 读取数据

① 初期:在试样燃烧之前,观测和记录周围环境与量热体系在实验开始温度下的热交换关系。每隔 30 s 读取温度一次,共读取 11 次。

② 主期:燃烧定量的试样,产生的热量传给量热计,使量热计装置的各部分温度达到均匀。在初期的最末一次读取温度的瞬间,按动点火电钮点火,然后开始读取主期的温度,每 30 s 读取温度一次,直到温度不再上升而开始下降的第一次温度为止。

③ 末期:观察在实验终了温度的热交换关系。在主期读取最后一次温度后,每隔 30 s 读取温度一次,约共读取 10 次温度,直至温度停止下降为止。

(4) 结尾

① 停止读取温度后,关上马达,停止搅拌,取出测温探头,打开外筒盖,取出氧弹,用泄气阀在 5 min 左右放尽气体,拧开并取下氧弹盖,量出未燃完的引火线长度。随后仔细检查氧弹,如弹中有烟黑或未燃完的试样微粒,则此实验应作废,若未发现上述情况,则用热蒸馏水 150～200 mL 洗涤弹内各部分,坩埚和进气阀,并将洗弹液和坩埚中的物质收集在洁净的烧杯中。

② 用干布将氧弹内外表面和弹盖拭净,并用电吹风吹干。

③ 将盛洗弹液的烧杯加盖微沸 5 min,加两滴 1%酚酞,以 0.1 mol 氢氧化钠溶液滴到粉红色,保持 15 s 不变为止。滴定的 0.1 mol 氢氧化钠溶液容积应记录备用。

（5）数据处理及测定结果计算

① 测试结果按下列公式计算：

$$K = \frac{Qa + gb + 5.98C}{(T - T_0) + \Delta t} \tag{2.3}$$

式中，K 为量热计的水当量(g)；Q 为苯甲酸的热值(J/g)；a 为苯甲酸的质量(g)；g 为引火线的燃烧热(J/cm)；b 为实际消耗的引火线长度(cm)；5.98 为相当于 1 mL 0.1 mol 氢氧化钠溶液的硝酸的生成热和溶解热(J/mL)；C 为滴定洗弹液所消耗的 0.1 mol 氢氧化钠溶液的体积(mL)；T 为直接观测到的主期的最终温度(℃)；T_0 为直接观测到的主期的最初温度(℃)；Δt 为量热计热交换校正值。

Δt 用奔特公式计算

$$\Delta t = (V_1 + V_2)m/2 + V_2 r \tag{2.4}$$

式中，V_1 为初期温度变率；V_2 为末期温度变率；m 为在主期中每30 s温度上升不小于0.3 ℃的间隔数，第一个间隔不管温度升多少都计入 m 中；r 为在主期中每30 s温度上升小于0.3 ℃ 的间隔数。

2. 萘恒容燃烧热的测定

称取 0.6 g 左右的萘，按上述操作步骤，压片、称重、燃烧等实验操作重复一次。测量萘的恒容燃烧热为

$$Q_v = [K(T - T_0 + \Delta t) - bg]/G \tag{2.5}$$

式中，Q_v 为萘的恒容燃烧热值(J/g)；G 为萘的质量；其余各物理量的意义同(2.3)式。

2.1.5　实验数据记录与处理

1. 实验基本数据

① 预实验的水当量 $K =$ ＿＿＿＿＿＿＿；室温 t（℃）：＿＿＿＿＿＿；实验室内大气压 p(kPa)：＿＿＿＿＿＿。

② 萘的测定：外筒温度：＿＿＿＿＿＿ ℃　内筒温度：＿＿＿＿＿＿ ℃

萘的质量 G：＿＿＿＿＿ g；燃烧丝原长 L_0：＿＿＿＿＿；燃烧丝剩余长度 L：＿＿＿＿＿。

2. 萘燃烧热的测定数据记录表

将萘燃烧热的测定数据记入表2.1。

表2.1　萘燃烧热测定数据记录表

初期组数	C_1	C_2	C_3	C_4	C_5	C_6	C_7	C_8	C_9	C_{10}	$C_{11}(T_0)$
萘温度差 ΔT(℃)											
主期组数	$1(T_0)$	2	3	4							$M(T)$
萘温度差 ΔT(℃)											
末期组数	$M(T)$	M_1	M_2	M_3	M_4	M_5	M_6	M_7	M_8	M_9	M_{10}
萘温度差 ΔT(℃)											

3. 实验数据处理

初期温度变率

$$V_1 = \frac{C_1 - C_{11}}{10} =$$

末期温度变率

$$V_2 = \frac{M(T) - M_{10}}{10} =$$

$m=\qquad r=\qquad b=L_0-L=\qquad T=\qquad T_0=$

量热计热交换校正值为

$$\Delta t = (V_1 + V_2)m/2 + V_2 r =$$

萘的恒容燃烧热为

$$Q_v = \left[K(T - T_0 + \Delta t) - gb \right]/G =$$

2.1.6　思考题

① 在环境恒温式量热计中,为什么内筒温度要比外筒温度低? 低多少合适?

② 在本实验的装置中,哪部分是测量体系? 测量体系的温度和温度变化能否被测定? 为什么?

③ 欲测定液体样品的燃烧热,你能想出测定方法吗? 固体样品为什么要压成片状?

④ 测量体系与环境之间有没有热量的交换?(即测量体系是否是绝热体系?)如果有热量交换的话,能否定量准确地测量出所交换的热量?

⑤ 在本实验的装置中,哪部分是燃烧反应体系? 燃烧反应体系的温度和温度变化能否被测定? 为什么?

附件 2.1.1　实验注意事项

① 充氧时,通过的调压阀、压力表及氧弹等不允许沾有油污,更不允许使用润滑油。且氧弹充氧压力要按规定值严格控制,以免充氧时发生意外爆炸。

② 温度温差仪安装时应特别小心,实验前最后装入,实验后最先取出并放妥。氧弹充完氧后一定要检查确定其不漏气,并用万用表检查两极间是否是通路。

③ 热值实验最好在不受阳光照射,无其他热源且室温变化不大的独立实验室进行。将氧弹放入量热计之前,一定要先检查点火控制键是否位于"关"的位置。点火结束后,应立即将其关上。

④ 因控制箱接 220 V 的交流电,所以在安装和操作过程中一定要认真细心,严禁用湿手去安装和操作,以免触电。

⑤ 试样点火燃烧后,内筒水温升高较快,所以实验时要思想集中,以免漏读数据造成计算结果误差较大。

附件 2.1.2　SWC-ⅡD 数字温度温差仪使用说明

1. 面板示意图

SWC-ⅡD 数字温度温差仪面板示意图如图 2.3 所示。

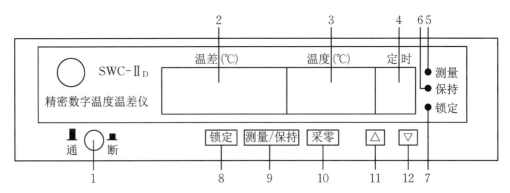

1. 电源开关;2. 温差显示窗口——显示温差值;3. 温度显示窗口——显示所测物的温度值;

4. 定时窗口——显示设定的读数时间间隔;5. 测量指示灯——灯亮表明系统处于测量工作状态;

6. 保持指示灯——灯亮表明系统处于读数保持状态;7. 锁定指示灯——灯亮表明系统处于基温锁定状态;

8. 锁定键——按下此键,基温自动选择和采零键都不起作用,直至重新开机;

9. 测量、保持功能转换键——此键为开关式按键,在测量功能和保持功能之间转换;

10. 采零键——用以消除仪表当时的温差值,使温差显示窗口显示"0.000";

11、12. 数字调节键——△键和▽键分别调节数字的大小。

图 2.3　SWC-ⅡD 数字温度温差仪面板示意图

2. 操作步骤

① 将传感器探头插入后盖板上的传感器接口(槽口对准)。

> ！　为了安全起见,请在接通电源以前进行上述操作!
> 注意

② 将～220 V 电源接入后盖板上的电源插座。

③ 将传感器插入被测物中(插入深度应大于 50 mm)。

④ 按下电源开关,此时显示屏显示仪表初始状态(实时温度),如:

温差(℃)	温度(℃)	定时	
−7.224	12.77	00	●测量 ○保持 ○锁定

⑤ 当温度显示值稳定后,按一下采零键,温差显示窗口显示"0.000"。稍后的变化值为采零后温差的相对变化量。

⑥ 在一个实验过程中,仪器采零后,当介质温度变化过大时,仪器会自动更换适当的基温,这样,温差的显示值将不能正确反映温度的变化量,故在实验时,按下采零键后,应再按一下锁定键,这样,仪器将不会改变基温,采零键也不起作用,直至重新开机。

⑦ 需要记录读数时,可按一下测量/保持键,使仪器处于保持状态(此时"保持"指示灯亮)。读数完毕,再按一下测量/保持键,即可转换到"测量"状态,进行跟踪测量。

⑧ 定时读数:

a. 按下△或▽键,设定所需的报时间隔(应大于 5 s,定时读数才会起作用)。

b. 设定完后,定时显示将进行倒计时,当一个计数周期完毕时,蜂鸣器鸣叫且读数保持约 5 s,"保持"指示灯亮,此时可观察和记录数据。

c. 若不想报警,只需将定时读数置于 0 即可。

2.2　液体饱和蒸汽压测定

2.2.1　实验目的

① 明确饱和蒸汽压的定义,了解纯液体的饱和蒸汽压与温度的关系和克劳修斯-克拉珀龙(Clausius-Clapeyron)方程式的意义。

② 掌握静态法测定液体饱和蒸汽压的原理及操作方法。作 $\ln\dfrac{p}{[p]}-\dfrac{1}{T}$ 直线,由直线的斜率求出液体的摩尔气化焓。

③ 学会蒸汽压的测量技术和压力计的使用。

2.2.2　实验原理

通常温度下(距离临界温度较远时),密闭真空容器中的纯液体与其蒸汽达平衡时的蒸汽压称为该温度下液体的饱和蒸汽压,简称为蒸汽压。恒压条件下蒸发 1 mol 液体所吸收的热量称为该温度下液体的摩尔气化热。液体的蒸汽压随温度而变化,温度升高时,蒸汽压增大;温度降低时,蒸汽压降低。当蒸汽压等于外界压力时,液体便沸腾,此时的温度称为沸点,外压不同时,液体沸点将相应改变,当外压为 101.325 kPa 时,液体的沸点称为该液体的正常沸点。

单位物质的量的液体蒸发过程的焓变,即为该液体的摩尔气化焓 $\Delta_{\mathrm{vap}}H_m$。由热力学理论我们知道,液体饱和蒸汽压随温度变化的定量关系可由克劳修斯-克拉珀龙(Clausius-Clapeyron)方程给出

$$\frac{\mathrm{d}\ln p/[p]}{\mathrm{d}T}=\frac{\Delta_{\mathrm{vap}}H_m}{RT^2} \tag{2.6}$$

式中,P 为液体在温度 T 时的饱和蒸汽压;R 为气体常数,$R=8.314\ \mathrm{J/(K\cdot mol)}$。

在温度较小的变化范围内,$\Delta_{\mathrm{vap}}H_m$ 可视为与温度无关,对(2.6)式两边积分可得

$$\ln\frac{p}{[p]}=-\frac{\Delta_{\mathrm{vap}}H_m}{RT}+B \tag{2.7}$$

由(2.7)式可知,若以 $\ln\dfrac{p}{[p]}$ 对 $\dfrac{1}{T}$ 作图应得一直线,直线的斜率 $m=\dfrac{\Delta_{\mathrm{vap}}H_m}{R}$,由此得到

$$\Delta_{\mathrm{vap}}H_m=-Rm \tag{2.8}$$

由实验测定几个不同温度下饱和蒸汽压,用图解法求得直线的斜率 m,根据(2.8)式即可求出 $\Delta_{\mathrm{vap}}H_m$。

不同物质具有不同蒸汽压,有时相差很大,且大多数物质的蒸气分子组成与其凝聚态不完全相同。另外,因为各组分挥发性的不同,所以测定中很难长时间地维持成分稳定。鉴于以上这些特点,特别是压力大小的不同,必须对蒸汽压采用多种测定方法,以保证测量的准确度。一般当压力大于 130 Pa 时,采用直接测量法、相变法和气流携带法;当压力小于或等于 130 Pa 时,通常采用自由蒸发法、喷射法和克努森喷射——高温质谱仪联合法。

本实验采用静态法测定无水乙醇在不同温度下的饱和蒸汽压。即在一定的温度下,直

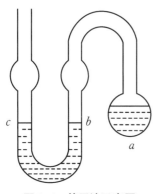

图 2.4 等压计示意图

接测定体系的压力,测定时要求体系内无杂质气体。为此用一个球管与一个 U 形管相连,构成了实验测定的装置,其外形如图 2.4 所示。

球 a 中盛有被测液体,故 a 称之为样品池,U 形管 bc 部分的被测液体作为封闭液,这一部分称为等压计。测定时先将 a 与 b 之间的空气抽净,然后从 c 的上方缓慢放入空气,使等压计 b、c 两端的液面平齐,且不再发生变化时,则 ab 之间的蒸汽压即为此温度下被测液体的饱和蒸汽压,因为此饱和蒸汽压与 c 上方的压力相等,而 c 上方的压力可由压力计直接读出。温度则由恒温槽内的温度计直接读出,这样可得到一个温度下的饱和蒸汽压数据。当升高温度时,因饱和蒸汽压增大,故等压计内 b 液面逐渐下降,c 液面逐渐上升。同样从 c 的上方再缓慢放入空气,以保持 bc 两液面的平齐,当恒温槽达到设定的温度且在 bc 两液面平齐时,即可读出该温度下的饱和蒸汽压。用同样的方法可测定其他温度下的饱和蒸汽压。

2.2.3 实验装置

本实验的实验装置如图 2.5 所示。

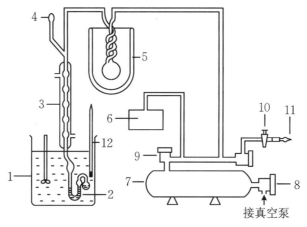

1. 搅拌;2. 等压计;3. 冷凝;4. 冷却水;5. 冷凝;6. 低压真空压力;
7. 缓冲瓶;8. 进气活塞;9. 真空活塞;10、11. 平衡活塞;12. 水银温度计。

图 2.5 纯液体饱和蒸汽压测定装置图

2.2.4 实验步骤

① 向冷阱的杜瓦瓶内加入冰水。取下磨口活塞,用滴管向等压计内加入无水乙醇,再用吸耳球挤压进样品池内,使其中的无水乙醇约为样品池的 4/5 即可,盖好磨口活塞。

② 接通等压计上部的冷凝水,将恒温槽的水温调节到初始温度(如 20 ℃),打开低压真空压力计 6 的开关,由精密数字压力计读取当天的大气压。

③ 将真空泵接到进气活塞 8 上,关闭平衡活塞 10,打开活塞 9(在整个实验过程中活塞 9 始终处于打开状态,无需再动)。启动真空泵,打开进气活塞 8 使体系中的空气被抽出,同时将看到低压真空压力计 6 的读数发生变化。当等压计内的乙醇沸腾 3～5 分钟后,关闭进

气活塞 8 和真空泵,旋转平衡活塞 10,使空气缓慢进入体系中,当等压计 U 形管两臂液面平齐时,关闭平衡活塞 10。若等压计液柱再变化,再旋转平衡活塞 10 使液面平齐,待液柱不再变化时,记下恒温槽温度和低压真空压力计 6 读数。若液柱始终变化,说明空气未被抽干净,应重新抽气。

④ 由上面的操作,得到了初始温度(如 20 ℃)时乙醇的饱和蒸汽压。在该温度下,重复操作步骤③,再进行一次测定,若两次测定的结果相差不小于 0.27 kPa(即 2 mmHg),即可进行下一步测定。注意:在第二次测定时,等压计内的乙醇可能被抽干,可以在抽气结束后,松开夹在冷凝管上的夹子,轻轻摇晃等压计,使样品池内的乙醇溅入等压计内,以保持等压计内有足够量的乙醇。

⑤ 调节恒温槽使水温升高一定温度(如 4 ℃),在温度升高过程中,等压计内的液柱将发生变化,应经常旋转平衡活塞 10,缓慢放入空气,使等压计的液面始终保持平齐。当温度达到 24 ℃时,在液面平齐且不再发生变化的情况下,记下此时的温度和压力计 6 的读数。

⑥ 重复操作步骤⑤,测定 28 ℃、32 ℃、36 ℃等不同实验温度的饱和蒸汽压。

⑦ 实验结束后,打开平衡活塞 10,使体系内外压力一致,将冷阱内的乙醇倒掉。

2.2.5　实验数据记录及其处理

将实验数据记入表 2.2。

表 2.2　实验数据记录

被测液体:_____		室温:_____℃		大气压:_____kPa	
恒温槽温度		$1/T(\times 10^3)$	压力计 Δp(kPa)	液体的蒸汽压 $p=p_{大气}+\Delta p$(kPa)	$\ln(p/[p])$
t(℃)	T(K)				

根据数据做出 $\ln(p/[p])$-$1/T$ 图,由图中直线的斜率求出乙醇在实验温度范围内的摩尔气化焓 $\Delta_{vap}H_m$ 和正常沸点。

$\ln(p/[p])$-$1/T$ 图像:

直线的斜率 $m=$

摩尔气化焓 $\Delta_{vap}H_m=Rm=$

2.2.6　思考题

① 试分析引起本实验误差的因素有哪些?

② 为什么 AB 弯管中的空气要排干净? 如何操作? 怎样防止空气倒灌?

③ 本实验方法能否用于测定溶液的饱和蒸汽压? 为什么?

④ 为什么实验完毕后必须使体系和真空泵与大气相通才能关闭真空泵?

附录 2.2.1　DP‐A 精密数字压力计

该压力计对大气压进行实时显示,其工作原理与低压真空压力计类似。其使用方法如下:

① 接通电源,按下电源开关,预热 5 分钟即可正常工作。

② "单位"键:当接通电源,初始状态为 kPa 指示灯亮,显示以 kPa 为计量单位的气压值;按一下"单位"键,mmHg 指示灯亮,显示以 mmHg 为计量单位的气压值。

③ 仪器采用 CPU 进行非线性补偿,电网干扰脉冲可能会出现程序错误,从而造成死机,此时应按"复位"键,程序从头开始。注意:一般情况下,不会出现此类错误,故平时不应按此键。

④ 实验结束后,电源开关置于关闭位置。

附录 2.2.2　注意事项

① 减压系统不能漏气,否则抽气时达不到本实验要求的真空度。

② 抽气速度要合适,必须防止平衡管内液体沸腾过剧,致使 b 管内液体快速蒸发。

③ 实验过程中,必须充分排除净 ab 弯管空间中全部空气,使 b 管液面上空只含液体的蒸气分子。ab 管必须放置于恒温水浴中的水面以下,否则其温度与水浴温度不同。

④ 测定中,打开进气活塞时,切不可太快,以免空气倒灌入 ab 弯管的空间中。如果发生倒灌,则必须重新排除空气。

⑤ 在停止实验时,应该缓慢地先将三通活塞打开,使系统通大气,再使抽气泵通大气(防止泵中油倒灌),然后切断电源,最后关闭冷却水,使装置复原,温度计读数需作零点校正。

2.3　金属二元相图绘制

2.3.1　实验目的

① 了解步冷曲线的测量原理和类型。

② 用测定步冷曲线的方法绘制 Bi‐Sn 二元合金相图。

③ 加深对物理化学的简单相图的分析和理解。

2.3.2 实验原理

1. 相图

相图是多相(二相或二相以上)体系处于相平衡状态时体系的某些物理性质(如温度或压力)对体系的某一变量(如组成)作图所得的图形,因图中能反映出相图平衡情况(相的数目及性质等),故称为相图。由于相图能反映出多相平衡体系在不同自变量条件下的相平衡情况,因此,研究多相体系相平衡情况的演变,例如钢铁及其他合金的冶炼过程,石油工业分离产品的过程等都要用到相图。由于压力对仅由液相和固相构成的凝聚体系的相平衡影响很小,所以二元凝聚体系的相图通常不考虑压力的影响,而常以组成为自变量,其物理性质则取温度。

2. 热分析法测绘步冷曲线

热分析法是绘制相图常用的基本方法。其原理是将体系加热融熔成一均匀液相,然后让体系缓慢冷却,用体系的温度随时间的变化情况来判断体系是否发生了相变化。记录体系的温度随时间的变化关系,再以时间为横坐标,温度为纵坐标,绘制成温度-时间曲线,称为步冷曲线(如图 2.6)。从步冷曲线中一般可以判断在某一温度时,体系有无相变发生。当系统缓慢而均匀地冷却时,若系统内无相的变化,则温度将随时间而均匀地改变,即在 T-t 曲线上呈一条直线;若系统内有相变化,则因放出相变热,使系统温度变化不均匀,在 T-t 图上有转折或水平线段,由此判断系统是否有相变化。对于二组分固态不互溶凝聚系统(A-B 系统),其典型冷却曲线形状大致有三种形态,如图 2.6 所示。

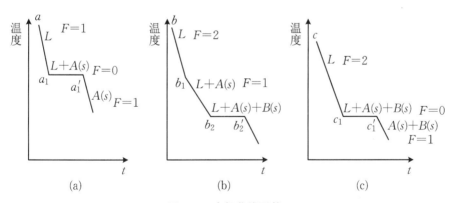

图 2.6 冷却曲线形状

3. 绘制二元合金相图

无论是平台还是转折,都反映了相平衡时的温度,把各种不同组成的体系的步冷曲线的转折点(拐点)和平台,在温度 T-t 组成图上标志出来连成曲线就得到相图。

严格地讲,Bi-Sn 合金是固态部分互溶凝聚系统,只是由于普通的热分析方法灵敏度较低,只能得出与 Bi-Cd 系统相仿的一幅相图,所以,我们通过本实验得到的是 Bi-Sn 二元合金的简化相图如图 2.7 所示。

本实验是利用"热分析法"测定一系列不同组成的 Bi-Sn 混合物的步冷曲线,从而绘制出此二组分体系的金属相图。利用程序升降温仪控制电炉的加热和降温,可以人为设定降温速率,通过热电偶采集温度数据使步冷曲线直接显示在微机屏幕上,同时在程序升降温控制仪上配有温度数值显示和定时报鸣时间,因此也可手工记录画出步冷曲线。

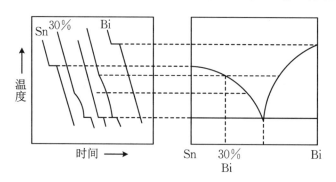

图 2.7　根据步冷曲线绘制相图

2.3.3　实验仪器与试剂

① 金属相图实验炉 KWL‐08(南京桑力电子设备厂);SWKY‐Ⅰ控温仪,带支硬质试管(内装有仪器玻璃套管)。

② 试剂有纯锡,纯铋,石墨粉。

2.3.4　实验步骤

1. 配制样品

用天平台秤分别配制含 Bi 20%、30%、38.1%、40%、58%或 80%的 Bi‐Sn 混合物各 60 g,以及纯 Bi、纯 Sn 各 50 g,将以上 8 个样品分别装入样品管中,再各加入少许石墨粉(减缓金属氧化),最后将带橡皮塞的玻璃套管插入样品管,注意使套管底部距样品管底部 8~12 mm 距离。样品成分如表 2.3 所示。

表 2.3　配制样品成分

样品编号	1	2	3	4	5	6	7	8
Bi(%)	0	20	30	38.1	40	58	80	100
Sn(%)	100	80	70	61.9	60	42	20	0

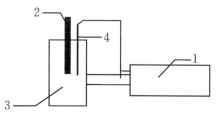

1. 电炉控制器;2. 试样管;3. 电炉;4. 热电偶。

图 2.8　金属相图测定实验装置

2. 实验装置

金属相图测定实验装置示于图 2.8。

3. 采用"外控"方式进行控温

① 阅读"WCY‐SJ 程序升降温控制仪"的使用方法。将一样品放入电炉中,并将热电偶小心地插入盛样品的玻璃套管中。将控制开

关置于"外控"位置,"加热量调节"和"冷风量调节"旋钮逆时针旋到底。

② 接通电源,控制器显示室温,调节"加热量调节"旋钮使电炉按所需的升温速度进行升温,此时炉体上电压表指示电压值。

③ 当炉内温度(即显示温度)达到所需温度时,关闭"加热量调节"旋钮(电压表指示"0"),停止加热。但由于炉丝在断电后热惯性的作用(实验中一定要注意考虑热惯性作用),将会使炉温上冲 100~160 ℃(冬天低夏天高),然后自动降温。

④ 设定鸣笛时间,一般 30~60 s 叫一次,记录一次温度值,过转折点后(合金有两个转折点)再读 4~5 次即停止。

⑤ 根据各样品步冷曲线确定的相变温度——"拐点"和"平阶",画出如图 2.7 所示的相图。

2.3.5　实验记录及数据处理

① 详细记录你所记录的一个样品的温度变化过程,并作出其步冷曲线。

样品编号:

温度变化过程:

步冷曲线:

② 根据 T-t 曲线(即步冷曲线),分析每个样品的转变温度,并将数据列入表 2.4 中。

表 2.4　样品转变温度数据记录

样品编号	1	2	3	4	5	6	7	8
转变温度 T_1(℃)	232							271
转变温度 T_2(℃)								

③ 以横坐标表示组成,纵坐标表示温度,根据样品转变温度数据记录作出 Sn-Bi 相图,并确定共晶点温度。

2.3.6　思考题

① 为什么在同样的降温条件下,不同组成的步冷曲线上的转折点明显程度不一样?

② 试用相律分析最低共熔点及液相线的自由度。

2.4 双液系沸点-成分图绘制

2.4.1 实验目的

① 用冷凝回流法测定不同浓度的环己烷-乙醇体系的沸点。
② 正确使用阿贝折射仪。
③ 绘制沸点-成分图,确定体系的最低恒沸点和相应的组成。

2.4.2 实验原理

1. 沸点-成分图

在恒压下,完全互溶双液体系的沸点与成分关系有三种情况(图 2.9、图 2.10、图 2.11):
① 溶液沸点介于二纯组分之间,如甲苯与苯。
② 溶液有最高恒沸点,如卤化氢和水,丙酮和氯仿等。
③ 溶液有最低恒沸点,如环己烷和乙醇,水和乙醇等。
图 2.11 表示有最低恒沸点的体系的沸点-成分图。图中,$A'LB'$ 代表液相线,AVB' 代表气相线。等温的水平线段和气、液的交点表示在该温度时互成平衡的两相成分。

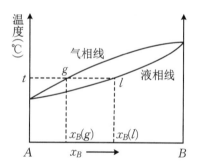

图 2.9 简单互溶双液体系的 T-x 图

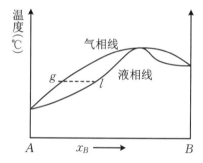

图 2.10 具有最高恒沸点的 T-x 图

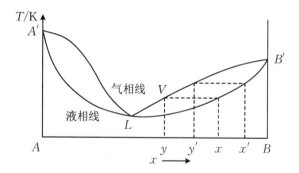

图 2.11 具有最低恒沸点的 T-x 图

绘制沸点-成分图的简单原理:当总成分为 x 的溶液开始蒸馏时,体系的温度沿虚线上升,开始沸腾时成分为 y 的气相生成,气相量很少,继续蒸馏,气相量增多,沸点沿虚线继续上升,当气相线与液相线沿箭头指示方向到达 x' 和 y' 时,体系气液两相达成平衡,两相的物质数量按杠杆原理分配。在实验装置中,利用回流的方法保持气、液两相的相对量一定,体系温度恒定。待两相平衡后,取出两相物质用阿贝仪测折射率,再用标准曲线取点的方法分析两相成分,给出该温度下气、液二相平衡成分的坐标点;改变体系总成分,再如上法找出另一对坐标点。将所有气相点和液相点连成气相线和液相线,即得 T-x 平衡图。

2. 阿贝仪的使用

阿贝仪利用了折射和全反射原理设计而成。将样品滴在棱镜上,旋转棱镜使目镜能看到半明半暗现象。旋转补偿棱镜消除色散,转动棱镜使明暗界线正好与目镜中的十字线交点重合,从标尺上直接读取折射率。

2.4.3　实验仪器及药品

1. 仪器

恒沸点仪(见图 2.12)、阿贝折射仪(WZS - I 940168)蒸馏瓶、电阻丝、变压器、水银温度计(50～100 ℃ ,分度值 0.1 ℃)。

恒温水浴装置、5 mL 移液管、20 mL 移液管、滴瓶、万分之一天平。

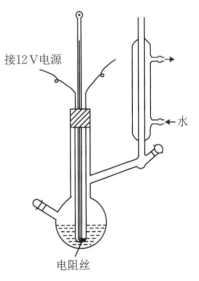

图 2.12　恒沸点仪

2. 药品

乙醇、环己烷。

2.4.4　实验内容

1. 沸点和两相成分的测定

① 洗净、烘干蒸馏瓶,加 20 mL 乙醇使温度升高并沸腾,每隔 30 s 记一次数据。

② 待温度稳定 3 min 后,记最终温度及大气压。

③ 断电,用两只滴管取支管口处气相冷凝液及蒸馏瓶中液体,用阿贝折射仪测折射率,气相冷凝液测 1 次,液相测 2 次。

④ 蒸馏瓶中依次加 2 mL、2 mL、3 mL、4 mL、5 mL 环己烷,按上述方法测沸点及气液两相折射率。

⑤ 回收母液,少量环己烷洗蒸馏瓶 3～4 次,注入 20 mL 环己烷,测纯沸点及气液两相折射率。

⑥ 再向蒸馏瓶中依次加 0.5 mL、0.5 mL、0.5 mL、2 mL、5 mL、5 mL 乙醇,分别测沸点及气、液两相折射率。

2. 标准工作曲线绘制

① 8 个滴瓶编号,分别准确称质量并记录,依次向各瓶加 5 mL、4 mL、3 mL、2.5 mL、2 mL、1.5 mL、1 mL、0.5 mL 乙醇,称质量并记录数据,再依次向各瓶加入 1 mL、2 mL、

3 mL、3.5 mL、4 mL、4.5 mL、5 mL、5.5 mL 环己烷,称质量并记录数据。

②恒温下测配置样品折射率(3次)。

③利用内插法,在标准工作曲线中找出各折射率对应成分,画 T-x 平衡图。

2.4.5 实验数据及处理

1. 初始为 20 mL 乙醇

表 2.5 向乙醇中加环己烷数据表

环己烷(mL)	0.00	2.00	4.00	7.00	11.00	16.00
沸点(℃)						
气相冷凝液的折射率						
液相折射率第一次测量						
液相折射率第二次测量						
液相折射率(平均值)						

2. 初始为 20 mL 环己烷

表 2.6 向环己烷中加乙醇数据

乙醇(mL)	0.00	0.50	1.00	1.50	3.50	8.50	13.50
沸点(℃)							
气相冷凝液的折射率							
液相折射率第一次测量							
液相折射率第二次测量							
液相折射率(平均值)							

3. 绘制标准工作曲线

表 2.7 标准成分数据表

滴瓶编号	1	2	3	4
空瓶质量 m_0(g)				
加入乙醇后质量 m_1(g)				
加入环己烷后质量 m_2(g)				
乙醇质量(m_1 − m_0)(g)				
乙醇环己烷总质量(m_2 − m_0)(g)				
乙醇质量分数(%)				
液体折射率第一次测量				

续表

滴瓶编号	1	2	3	4
液相折射率第二次测量				
液相折射率第三次测量				
液体折射率(平均值)				
滴瓶编号	5	6	7	8
空瓶质量 m_0(g)				
加入乙醇后质量 m_1(g)				
加入环己烷后质量 m_2(g)				
乙醇质量(m_1-m_0)(g)				
乙醇环己烷总质量(m_2-m_0)(g)				
乙醇质量分数(%)				
液体折射率第一次测量				
液相折射率第二次测量				
液相折射率第三次测量				
液体折射率(平均值)				

根据表 2.7 的数据作出液体折射率-乙醇质量分数的标准工作曲线关系图,并计算出液体折射率-乙醇质量分数的回归方程(一次拟合函数方程)。

根据表 2.8 绘制沸点-成分图,确定体系的最低恒沸点和相应的组成。

表 2.8　由拟合函数计算乙醇质量分数表

向乙醇中加环己烷时沸点				
气相冷凝液折射率				
算得气相乙醇质量分数(%)				
液相折射率				
算得液相乙醇质量分数(%)				
向环己烷中加乙醇时沸点				
气相冷凝液折射率				
算得气相乙醇质量分数(%)				
液相折射率				
算得液相乙醇质量分数(%)				

2.4.6　注意事项

① 加热电阻丝一定要被欲测液体浸没,否则通电加热时可能会引起有机液体燃烧;所加电压不能太大,加热丝上有小气泡溢出即可。

② 取样时,先停止通电再冷却、取样。

③ 每次取样量不宜过多,取样管一定要干燥,不能留有前一次的残液,气相部分的样品要取干净。

④ 阿贝折射仪的棱镜不能用硬物触及(如滴管),擦拭棱镜需用擦镜纸。

⑤ 滴管一定要用吹风机吹干,否则由于滴管上的残留液,而影响气相或液相的组成。

⑥ 恒温槽中的水的温度应始终保持恒定,否则将影响气相或液相的折光率,从而影响气相或液相的组成。

2.4.7　思考题

① 欲取出平衡气液相样品,为什么必须在沸点仪中冷却后方可用以测定其折射率?

② 平衡时,气液两相温度是否应该一样,实际是否一样,对测量有何影响?

③ 如果要测纯环己烷、纯乙醇的沸点,蒸馏瓶必须洗净,并且烘干,而测混合液沸点和组成时,蒸馏瓶则不洗也不烘,为什么?

④ 如何判断气-液已达到平衡状态?试讨论此溶液蒸馏时的分离情况。

2.5　液体表面张力测定

2.5.1　实验目的

① 了解表面张力的性质、自由能的意义以及表面张力和吸附的关系。

② 掌握用最大泡压法测定表面张力的原理和技术。

③ 测定不同浓度乙醇的表面张力。

2.5.2　实验原理

在定温定压条件下,纯溶剂的表面张力为定值。当其中加入可以降低溶剂表面张力的溶质后,根据能量最低原理,表面层中溶质的浓度比溶液内部大;反之,若溶质能使溶剂表面张力提高,则溶质在表面层中的浓度低于溶液内部,上述溶液内部与表面层溶质浓度不同的现象叫表面吸附。液体单位表面的表面能和它的表面张力在数值上是相等的。

液体的表面张力与温度有关,温度愈高,表面张力愈小。到达临界温度时,液体与气体不分,表面张力趋近于零。液体的表面张力也与液体的纯度有关。在纯净的液体(溶剂)中如果掺进杂质(溶质),表面张力就要发生变化,其变化的大小决定于溶质的本性和加入量的多少。

当加入溶质后,溶剂的表面张力要发生变化。把溶质在表面层中与本体溶液中浓度不同的现象称为溶液的表面吸附。使表面张力降低的物质称为表面活性物质。用吉布斯公式表示:$\Gamma=-\dfrac{G}{RT}\left(\dfrac{\mathrm{d}\sigma}{\mathrm{d}c}\right)_T$,其中 G 为吸附量(mol·m²),σ 为表面张力(N/m),c 为溶液的浓度(mol/m³),T 为绝对温度(K),R 为气体常数[8.314 N·m/(mol·K)]。

根据上述关系,确定吸附量首先得测定表面张力和浓度之间的关系。本实验旨在用最大泡压法测定表面张力。其原理如下:

从浸入液面下的毛细管端鼓出空气泡时,需要高于外部大气压的附加压力来克服气泡的表面张力,该附加压力 ΔP 与表面张力 σ 成正比,与气泡的曲率半径 R 成反比,其关系

式为

$$\Delta P = \frac{2\sigma}{R} \tag{2.9}$$

如果毛细管很小,则形成的气泡基本上是球形的。当气泡开始形成时,表面几乎是平的,这时曲率半径最大,气泡半径最大;但随着气泡的形成,曲率半径逐渐减小,直到形成半球形,这时的曲率半径 R 与毛细管的半径 r 相等,曲率半径达到最小值,这时附加压力达到最大值。气泡进一步长大,R 变大,附加压力则变小,直到气泡溢出。当 R 气泡半径等于毛细管半径 r 时的最大附加压力为

$$\Delta P_{max} = \frac{2\sigma}{R} = \rho g \Delta h_{max} \tag{2.10}$$

实际测量时,使毛细管端部刚好与液面接触,忽略鼓泡所需克服的静压力,这样可以直接计算表面张力。当液体的密度为 r,测得与最大附加压力相应的最大压差时,表面张力可以表示为

$$\sigma = \frac{r}{2} \Delta h_{max} \rho g \tag{2.11}$$

将常数项合并为系统常数 K,则表面张力的计算公式为

$$\sigma = \Delta h_{max} K \tag{2.12}$$

其中,系统常数可以用已知表面张力的标准物质测得。

2.5.3　实验设备

液体表面张力测定装置如图 2.13 所示,毛细管竖直放置,毛细管口与液面相切。测量顺序由稀到浓,每次测量前用样品冲洗样品管和毛细管数次。

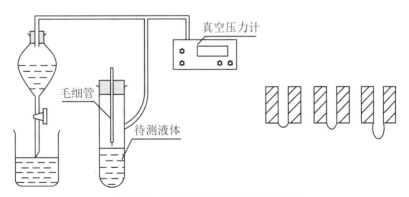

图 2.13　液体表面张力测定装置简图

2.5.4　实验步骤

1. 仪器准备和检漏

将表面张力仪容器和毛细管洗净,安装好实验装置。将水注入减压瓶中,在管中用移液管注入 50 mL 蒸馏水。调节液面,使之恰好与毛细管口尖端相切。然后夹紧橡皮管,再开启活塞,这时减压瓶中水面下降,使体系内压力降低(实际上等于对体系抽气)。当微压差测量仪指示出几百的压力差时,关闭活塞。若 2~3 min 内压力示数不变,则说明装置不漏气,可

以进行实验。

2．精密数字压力计使用方法

① 采零。每次测试前使数字压力计与大气相通，按下"采零"键，使仪器自动扣除传感器零压力值（零点漂移），此时显示器显示为"0000"，以保证所测压力值的准确度。

② 气密性检查。打开滴水瓶减压，在微压差计上显示一定压差值，关闭开关，停 1min 左右，若微压差计显示的压力值不变，表明仪器不漏气。

③ 测试。仪器采零后接通待测量系统，打开滴水瓶减压，控制毛细管下方气泡逐个溢出，可以观察到，微压差计上显示压差值逐渐增大，在压差值达最大时，仪器显示值有几秒钟的短暂停留，可读取微压差计压力最大值。

3．待测样品表面张力的测定

① 打开活塞，对体系减压，调节水流速度，使气泡由毛细管尖端成单泡溢出，且每个气泡形成的时间不能少于 $10\sim20s$，否则吸附平衡就来不及在气泡表面建立起来，因而测的表面张力也不能反映该浓度下真正的表面张力值。

② 观察压力计，记录微压差测量仪最大的高度差 Δh_{max}，连续读取三次数据，求取平均值 Δh_{max}。

③ 用同样方法测定浓度为 0%、6%、10%、15%、20%、25%、30%、35%、50% 中的 8 个乙醇溶液，注意由稀至浓依次测定，每次更换溶液时，应用待测液洗涤毛细管内壁及试管 $2\sim3$ 次。测定气泡缓慢溢出时的最大压差。

④ 由实验常用数据表中查出实验温度下水的表面张力 σ_{H_2O}，则可算出仪器常数 K。

$$K = \frac{\sigma_{H_2O}}{\Delta H_{H_2O}} = \frac{\sigma_{样品}}{\Delta h_{样品}} \tag{2.13}$$

得出

$$\sigma_{样品} = \frac{\Delta h_{样品}}{\Delta H_{H_2O}}\sigma_{H_2O} \tag{2.14}$$

水的表面张力与温度的关系如表 2.9。

表 2.9　水的表面张力与温度的关系

温度（℃）	5	10	15	20	25
σ_{H_2O}（mN/m）	74.9	74.2	73.5	72.8	72.0

2.5.5　数据记录与处理

① 计算仪器常数并计算出个浓度溶液的表面张力，并计算出 $\sigma_{H_2O}=$ _____ 如表 2.10（九选七，0％必选）。

② 以浓度 C 为横坐标，以 σ 为纵坐标作图，横坐标从 0 开始，连成光滑曲线。

③ 根据所测量的实验数据判断出乙醇溶液的吸附类型和其是否为表面活性物质。

表 2.10　不同浓度溶液的表面张力

浓度	Δh_{max1}	Δh_{max2}	Δh_{max3}	Δh_{max}	$\sigma(mN/m)$	备注
0%						
5%						
10%						实验温度
15%						$T=$
20%						$\sigma_{H_2O}=$
25%						$K=\dfrac{\sigma_{H_2O}}{\Delta h_{H_2O}}=$
30%						
35%						
50%						

2.5.6　思考题

① 气泡溢出速度较快或不成单泡,对实验结果有什么影响? 毛细管尖端为什么要刚好接触液面?

② 最大气泡法测表面张力时为什么要读取最大压力差?

2.6　原电池电动势测定

2.6.1　实验目的

① 理解电极、电极电势、电池电动势、可逆电池电动势的意义。

② 掌握对消法测定电池电动势的基本原理和数字式电子电位差计的使用方法。

③ 学会几种电极和盐桥的制备方法。

2.6.2　实验原理

凡是能使化学能转变为电能的装置都称之为电池(或原电池)。原电池由正、负两极和电解质组成。电池在放电过程中,正极上发生还原反应,负极则发生氧化反应,电池反应是电池反应中所有反应的总和。电池除作电源外,还可用它来研究构成此电池的化学反应的热力学性质。

可逆电池应满足如下条件:

① 电池反应可逆,亦即电池电极反应可逆。

② 电池中不允许存在任何不可逆的液接界。

③ 电池必须在可逆的情况下工作,即充放电过程必须在平衡态下进行,即测量时通过电池的电流应为无限小。

可逆电池的电动势可看作正、负两个电极的电势之差。设正极电势为 φ_+,负极电势为 φ_-,则电池电动势 $E=\varphi_+-\varphi_-$。

为了使电池反应在接近热力学可逆条件下进行,一般均采用电位差计测量电池的电动势。原电池电动势主要是两个电极电势的代数和,如能分别测定出两个电极的电势,就可计算得到由它们组成的电池电动势。测量电动势只能在无电流通过电池的情况下进行,因此需要用对消法(补偿法)来测定电动势。对消法测定电动势就是在所研究的电池的外电路上加一个方向相反的电压。当两者相等时,电路的电流为零(通过检流计指示)。对消法测电动势常用的仪器为电位差计。电极电势的测定原理:原电池是化学能转变为电能的装置,在电池放电反应中,正极(右边)起还原反应,负极起氧化反应。电池的电动势等于组成的电池的两个电极电位的差值。即

$$E = \varphi_+ - \varphi_- = \varphi_右 - \varphi_左$$

$$\varphi_+ = \varphi^\theta - \frac{RT}{ZF} \ln \frac{a_还原}{a_氧化}$$

$$\varphi_- = \varphi^\theta - \frac{RT}{ZF} \ln \frac{a_还原}{a_氧化}$$

$$R = 8.314 \, J/(mol \cdot K), \quad F = 96500 \, C/mol$$

式中,a 为参与电极反应的物质的活度。纯固体物质的活度为1。

浓差电池:一种物质从高浓度(或高压力)状态向低浓度(或低压力)状态转移,从而产生电动势,而这种电池的标准电动势为零。

2.6.3 实验仪器和试剂

SDC-Ⅱ型数字式电子电位差计,铜电极,锌电极,饱和甘汞电极,0.1 mol/L $CuSO_4$ 溶液,0.1 mol/L $ZnSO_4$ 溶液,饱和 KCl 溶液、导线、盐桥、小烧杯若干。

2.6.4 实验步骤

① 记录室温,打开 SDC-Ⅱ型数字式电子电位差计预热 5 min。将测定旋钮旋到"内标"档,用 1.00000 V 电压进行"采零"。

② 电极制备:先把锌片和铜片用抛光砂纸轻轻擦亮,去掉氧化层,然后用水、蒸馏水洗净,制成极片。

③ 原电池的制作:向一个 50 mL 烧杯中加入约 1/2 杯饱和氯化钾溶液,将制备好的两个电极管的弯管挂在杯壁上,要保证电极管尖端上没有气泡,以免电池断路。

④ 测定铜锌原电池电动势:将电位差计测量旋钮旋至测定挡,接上测量导线,用导线上的鳄鱼夹夹住电极引线,接通外电路。

从高位到低位逐级调整电位值,观察平衡显示。在高电位挡调节时,当平衡显示从 OVL 跳过某个数字又跳回 OVL 时,将该挡退回到低值,再调整下一挡。在低电位挡调节时,调节至平衡显示从负值逐渐小,过零后变正值时,将该挡回到低值,继续调整下一挡。直至调整到最后一位连续调节挡。当平衡显示为 0 或接近于 0 时,读出所调节的电位值,此即该电池的电动势。

2.6.5 电池组合

按照实验装置连接导线,实验装置图如图 2.14 所示。

① $Zn | ZnSO_4(0.1 \, mol/L) \| KCl(饱和) | Hg_2Cl_2 | Hg$

② $Hg | Hg_2Cl_2 | KCl(饱和) \| CuSO_4(0.1 \, mol/L) | Cu$

③ $Zn \mid ZnSO_4(0.1 \, mol/L) \parallel CuSO_4(0.1 \, mol/L) \mid Cu$

④ $CuSO_4(0.01 \, mol/L) \mid Cu \parallel CuSO_4(0.1 \, mol/L) \mid Cu$

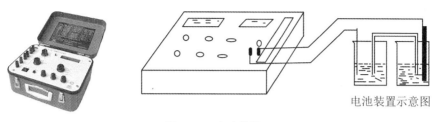
电池装置示意图

图 2.14　实验装置图

2.6.6　数据记录处理

1. 原始数据记录

实验室温度 $T=$ _____ K　预实验五号电池的电动势 $E=$ _____ V

次数\电极	Zn－Hg	Hg－Cu	Zn－Cu	Cu－Cu
1				
2				
3				
平均值				

2. 计算

根据测定的各电池的电动势,分别计算 $\varphi^0_{Zn^{2+},Zn}$、$\varphi^0_{Cu^{2+},Cu}$。

$\varphi_{饱和甘汞电极} = 0.2415 - 7.61 \times 10^{-4}(T-298) =$

Zn－Hg 电池　$\alpha_{Zn^{2+}} = \gamma Zn^{2+} \times m_1 = 0.15 \times 0.1 = 0.015$

$$E = \varphi_+ - \varphi_- = \varphi_{饱和甘汞电极} - \varphi_{Zn^{2+},Zn} = \varphi_{饱和甘汞电极} - \left(\varphi^0_{Zn^{2+},Zn} - \frac{RT}{2F} ln \frac{1}{\alpha_{Zn^{2+}}} \right)$$

$$\varphi^0_{Zn^{2+},Zn} = \varphi_{饱和甘汞电极} + \frac{RT}{2F} ln \frac{1}{\alpha_{Zn^{2+}}} - E_1 =$$

Hg－Cu 电池　$\alpha_{Zn^{2+}} = \gamma Cu^{2+} \times m_2 = 0.16 \times 0.1 = 0.016$

$$E = \varphi_+ - \varphi_- = -\varphi_{Cu^{2+},Cu} - \varphi_{饱和甘汞电极} = \varphi^0_{Cu^{2+},Cu} - \frac{RT}{2F} ln \frac{1}{\alpha_{Cu^{2+}}} - \varphi_{饱和甘汞电极}$$

$$\varphi^0_{Cu^{2+},Cu} = \varphi_{饱和甘汞电极} + \frac{RT}{2F} ln \frac{1}{\alpha_{Cu^{2+}}} + E_2 =$$

2.6.7　思考题

① 盐桥有何作用,如何选用盐桥以适应各种不同的原电池?

② 用 Zn(Hg)与 Cu 组成电池时,有人认为锌表面有汞,因而铜应为负极,汞为正极。请分析此结论是否正确?

③ 以 Zn ∣ ZnSO4‖CuSO4 ∣ Cu 为例,写出其符号"∣"与"‖"的意义和其电极反应、电池总反应。

④ 用测电动势的方法求热力学函数有何优越性?

第3章 冶金物理化学实验

3.1 碳酸盐分解压的测定

3.1.1 实验目的

① 了解真空管式炉的工作原理,学会使用压力表、压差计等压力测量方法。

② 掌握碳酸盐分解压的测定原理及测定方法。

③ 运用静态法测量碳酸钙的分解压,得出分解压-温度曲线。

3.1.2 实验原理

分解压是衡量化合物亲和力和稳定性的依据,测量碳酸盐的分解压对研究冶金工程热力学具有重要意义。碳酸盐的分解反应可以用如下反应式表示:

$$MeCO_3(s) = MeO(s) + CO_2 \tag{3.1}$$

当 $MeCO_3$ 和 MeO 都是纯固相时,根据相律:

$$f = C - P + 2 = 2 - 3 + 2 = 1(C = 3 - 1 = 2, P = 3) \tag{3.2}$$

温度 T 和压力 p_{CO_2}(即分解压)两个变量只有一个是独立变量,取温度 T 为独立变量,那么分解压 p_{CO_2} 是温度的函数 $p_{CO_2} = f(T)$,即分解压只与温度有关,而与其他固相的量无关。以 $CaCO_3$ 的分解反应为例,反应的平衡常数为

$$k_p = \frac{a_{CaO} \cdot p_{CO_2}}{a_{CaCO_3}} \tag{3.3}$$

(3.3)式说明 $CaCO_3$ 在在一定温度下分解达到平衡时,CO_2 的压力保持不变,称为分解压。分解压的数值随温度升高而增大,其关系式为

$$\ln(p_{CO_2}/p^o) = -\frac{\Delta_r H_m^o}{RT} + \frac{\Delta_r S_m^o}{R} = \frac{A}{T} + B \tag{3.4}$$

式中,$\Delta_r H_m^o$、$\Delta_r S_m^o$ 分别为反应的分解热和熵变化,它们在一定温度范围内变化不大,可视为常数,即 A、B。在温度和分解压已知的情况下,将 $\ln(p_{CO_2}/p^o)$ 对 $1/T$ 作图可得到一条直线,该直线的斜率和截距即为常数 A、B,得到 $CaCO_3$ 分解压与温度的关系式。

因此,测定不同温度下碳酸盐的分解压,即可绘出 p_{CO_2}-T 曲线,称为分解压曲线,并根据分解压曲线可以判断反应进行的方向。

分解压可以由实验直接测定,测定方法有以下几种:

① 静态法。将被测定物质放在抽成真空的容器内,使其在一定温度下分解,然后直接用压力计测定,适用于分解压较大的化合物测定。

② 动态法。又称为化学沸点法,将被测定物质放在容器中加热至一定的温度,然后降低外压,当外压与分解压相等时,化合物发生剧烈分解,此外压即是化合物在此温度下的分解压。

③ 喷出法。常用于分解压较小的化合物测定。

3.1.3 实验装置

本实验以 $CaCO_3$ 为研究对象,测定 CO_2 的分解压。实验装置示意图如图 3.1 所示。实验装置包括三个部分:真空管式炉、控制柜(温度采集及控制系统)、真空及压力测定系统。利用真空泵抽真空,可采用 U 型压力计测量压力。

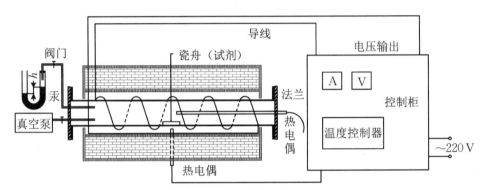

图 3.1 碳酸盐分解压测定实验装置示意图

3.1.4 实验步骤

1. 安装实验装置

按照图 3.1 所示连接实验装置,简单估算需装入水银的量。

2. 检查气密性

① 称取一定量干燥的 $CaCO_3$ 试剂装入瓷舟后放入管式电阻炉的恒温区(炉管中部),插入热电偶、抽真空及测压管,用法兰(中间加橡皮垫)将炉管两侧密封(需保证空气无法进入)。

② 打开 U 型压力计阀门及真空泵阀门,启动真空泵,抽真空,待压力计液面停止变化时,关闭真空泵阀门及真空泵,读取液面高度差 h_0。

③ 经过一段时间后,观察压力计液面是否变化:如不变化,说明气密性良好;如气密性达不到要求,重新密封并再次检查气密性直至合格为止。

3. 测量分解压

① 设定炉温为 700 ℃,启动加热装置,当炉温至 650 ℃左右时,打开真空泵阀门,开启真空泵,待压力计数值稳定,关闭真空泵阀门及真空泵,读取液面高度差 h_1。

② 继续加热至 700 ℃,保温并观察压力计液面差,待液面稳定读数高度差 h_2,记录此时插入的热电偶温度 T。

③ 继续升温至 750 ℃、800 ℃,重复步骤①②。

④ 关闭电源,待炉温冷却后打开密封法兰,取出试样。

⑤ 整理实验装置及现场,分析处理实验数据。

3.1.5　实验记录及数据处理

1. 实验记录

室温:＿＿＿＿＿ ℃;大气压:＿＿＿＿＿MPa。

将测量数据填入表 3.1 中。

表 3.1　实验数据记录

温度(℃)	h_0(mm)	h_1(mm)	h_2(mm)	T(℃)

2. 数据处理

表 3.2　实验数据处理

温度(℃)	平衡前压力(Pa)	平衡时压力(Pa)	分解压(Pa)	T(℃)

表 3.3　实验数据处理

温度(℃)	$\lg(p_{CO_2}/p^o)$	$1/T(\text{K}^{-1})$

① 根据表 3.3 数据,以 $\lg(p_{CO_2}/p^o)$ 对 $1/T$ 作图,得到 $\lg(p_{CO_2}/p^o)=\dfrac{A}{T}+B$ 曲线并求出式中 A、B 值,得出 CO_2 分解压与温度的关系式。

② 查阅文献得到 CO_2 分解压与温度的理论关系式:

$$\lg(p_{CO_2}^{理}/p^o)=-\frac{8908}{T}+7.53 \tag{3.5}$$

根据实验数据,作 $p_{CO_2}^{实}$-T 曲线和 $p_{CO_2}^{理}$-T 曲线,比较实验误差,并分析误差原因。

3.1.6　思考题

① 分析影响碳酸盐分解的主要因素。

② 观察实验中加热炉设定温度与插入热电偶监测温度是否不同,并分析原因。

3.2 铁矿石还原动力学

3.2.1 实验目的

① 了解测量铁矿石还原性的意义及相关方法。
② 掌握铁矿石还原气-固反应未反应核模型的反应机理。
③ 掌握采用热天平减重法测定铁矿石还原反应动力学条件的方法及分析限制性环节的方法。

3.2.2 实验内容及原理

还原性是评价铁矿石质量的重要指标之一。还原性好的铁矿石有利于煤气能量利用,可降低燃料消耗。高炉冶炼时,易还原的铁矿石中的氧大部分在高炉中上部被高炉煤气所还原,称为间接还原,此时焦炭消耗较低;难还原的铁矿石中,相当多的氧要到高炉下部依靠碳的直接还原来完成,此时焦炭消耗量高。为了降低焦比,应尽可能以间接还原的方式夺取含铁原料中的氧,因此要求入炉铁矿石有良好的还原性。

铁矿石的还原性检测采用热天平减重法,模拟炉料自高炉上部进入高温区的条件。用气体还原剂还原铁矿石,视其失氧的难易程度来确定还原性的好坏。检验铁矿石还原性的标准方法有国际标准化组织(ISO)检验法,美国材料试验协会(ASTM)检验法,日本工业标准(JIS)检验法,德国标准(VDE)检验法等。我国参照国际标准检测方法(ISO 4695—1984、ISO 7215—1985)制定出国家标准 GB/T 13241—1991。即将一定粒度、一定质量的试样,置于耐热钢制成的反应管内,在惰性气体保护下将试样加热到规定的温度(900 ℃),通入规定成分的还原气体[$\varphi(CO)=30\%$,$\varphi(N_2)=70\%$,流量 15 L/min],经过一定时间(180 min)的还原后,切断还原气体,通入惰性气体冷却。以三价铁为基准,即假定铁矿石的铁全部以 Fe_2O_3 形式存在,并把其中的氧算作 100%,以试样在 180 min 后的失重量计算矿石的还原度,以质量百分数表示。

可以看到,铁矿石还原性的检测不仅周期长,需要测量铁矿石成分等诸多指标,工序繁琐成本较高,而且还原剂 CO 有毒且易燃易爆,故本课程对该实验做些许调整,仅对铁矿石还原反应的动力学条件进行研究。

铁矿石气相还原是一个复杂的多相反应,反应在气-固界面上进行,可用界面未反应核模型描述。如图 3.2 所示,反应过程可分为以下几个步骤:

① 气体还原剂由气相中通过边界层向反应固体产物表面扩散——外扩散。

② 气体还原剂穿过固体产物层,向反应界面扩散——内扩散。

③ 在界面进行化学反应——界面化学反应。

④ 还原反应气体产物(CO_2、H_2O)由反应界面穿过固体产物层向外扩散。

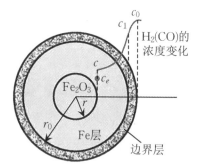

图 3.2 铁矿石还原界面未反应核模型

⑤ 还原气体产物通过边界层向外扩散。

所以,铁矿石还原反应由外扩散、内扩散和界面化学反应组成,各环节的速度是受铁矿石的物性(粒度、孔隙度等)和反应条件(温度、气流速度)的限制,因此,铁矿石的还原速度难以用单纯的动力学方程表示。但当某一环节成为速度的限制环节时,就可以近似用该环节的速度方程来描述整个还原过程和速度,而使问题简化。还原反应过程的一般速度或动力学方程为

$$V = \frac{4\pi r_0^2 (c_0 - c_e)}{\dfrac{1}{\beta'} + \dfrac{r_0}{D_{\text{eff}}}\left[(1-R)^{-\frac{1}{3}} - 1\right] + \dfrac{K}{k(1+K)}(1-R)^{-\frac{2}{3}}} \tag{3.6}$$

或

$$t = \frac{\rho_0 r_0}{c_0 - c_e}\left\{\frac{R}{3\beta'} + \frac{r_0}{6D_{\text{eff}}}\left[3 - 2R - 3(1-R)^{2/3}\right] + \frac{K}{k(1+K)}\left[1 - (1-R)^{1/3}\right]\right\} \tag{3.7}$$

式中,V 为反应速度,t 为反应时间,r_0 为初始球团半径,r 为某一时刻未反应核半径,β' 为传质系数,D_{eff} 为有效扩散系数,c_0、c_e 分别为气体在气相中和内核界面反应平衡时的浓度,k 为反应速度常数,K 为反应平衡常数,ρ_0 为球团初始密度,R 为还原度。R 指还原时矿石失去的氧量 ΔW_O 与矿石中和铁结合的总氧量 W_O 之比,其定义式为

$$R = \frac{\Delta W_O}{W_O} = \frac{W_0 - W_t}{W_O} = 1 - \left(\frac{r}{r_0}\right)^3 \tag{3.8}$$

式中,ΔW_O 为还原过程失去的氧量,W_O 为铁矿石初始含氧量,W_0 为铁矿石初始重量,W_t 为 t 时刻铁矿石重量。

(3.6)式和(3.7)式分别表示矿石还原速度和时间与还原度的关系式。式中,等号右边分母第一项代表边界层传质阻力,分母第二项表示固体产物层传质阻力,分母第三项表示化学反应阻力。这些阻力大小因矿石的物性和反应条件的不同而变化。

3.2.3　实验方法与装置

本实验采用热天平减重法,在国家标准 GB/T 13241—1991 的基础上,进行简化处理,即在 900 ℃ 条件下,将悬吊于电子天平下一定数量及粒度的铁矿石置于反应管恒温区内,通入还原气体[$\varphi(H_2) = 30\%$,$\varphi(N_2) = 70\%$,流量 15 L/min]夺去铁氧化物中的氧,铁矿石因失氧而重量逐渐减轻,由此便可计算出各时刻的相对还原度,进而分析判断反应的限制环节。实验装置如图 3.3 所示。

3.2.4　实验步骤

① 如图 3.3 所示连接实验装置,检查加热装置是否正常以及坩埚是否处于反应管的中心位置,启动加热装置达到 900 ℃ 后,以较小流量通入 N_2,对空坩埚称重,记录为 W'。

② 将粒度为 3~4 mm 的铁矿石装入坩埚中,装入高度为坩埚高的 3/4,约 2 min 后再称坩埚的重量 W_0。

③ 检查炉温是否稳定,将保护气氛切换为目标气氛 $\varphi(H_2) = 30\%$,$\varphi(N_2) = 70\%$,总流量为 15 L/min,同时在反应管口点燃溢出的 H_2,用秒表开始计时,观察并记录随着还原反应进行试样重量的变化。

④ 每隔 2 min 记录一次重量变化 W_t,一般可以测量 10~15 个点。

⑤ 实验完毕后，切断加热装置电源，关闭天平，关闭 H_2，通入 N_2，待炉温降低后，从炉内取出矿石，再关闭 N_2。

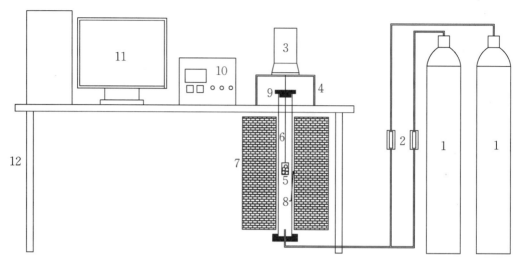

1. 气瓶（H_2、N_2）；2. 转子流量计；3. 电子天平；4. 移动支架；5. 坩埚（试样）；6. 吊篮丝；
7. 高温炉；8. 热电偶；9. 耐火砖；10. 高温炉控制柜；11. 计算机；12. 实验台。

图 3.3　铁矿石还原反应装置

3.2.5　实验记录及数据处理

还原温度：_____ ℃　矿石种类：_____　试样粒度：_____

矿石重量：_____　坩埚重量 W'：_____　矿石＋坩埚重量 W_0：_____

假定铁矿石全部以 Fe_2O_3 存在，铁矿石初始含氧量 W_O：_____

本实验以公式（3.7）为对象研究还原时间与还原度的关系，将实验数据填入表 3.4。

表 3.4　实验数据记录表

t(min)	0	2	4	6	8	10	12	14	16	18	20
W_t											
W_0-W_t											

通过表 3.4 数据计算相关数据如表 3.5 所示。

表 3.5　实验数据处理

t(min)	0	2	4	6	8	10	12	14	16	18	20
$R=(W_0-W_t)/W_0$											
$1-(1-R)^{1/3}$											
$3-2R-3(1-R)^{2/3}$											
$1+(1-R)^{1/3}-2(1-R)^{2/3}$											
$t/[1-(1-R)^{1/3}]$											
t(min)											

$t(\text{min})$	0	2	4	6	8	10	12	14	16	18	20
$R=(W_0-W_t)/W_0$											
$1-(1-R)1/3$											
$3-2R-3(1-R)2/3$											
$1+(1-R)^{1/3}-2(1-R)^{2/3}$											
$t/[1-(1-R)^{1/3}]$											

① 如铁矿石孔隙度较大,气流速度也较大时,即 β'、$D_{eff}\gg k$ 时,此时的限制性环节为＿＿

＿＿＿＿＿＿＿＿＿,(3.7)式可以简化为＿＿＿＿＿＿＿＿＿＿＿＿＿＿＿＿

＿＿＿＿＿＿＿＿＿＿＿＿＿＿＿＿＿＿＿＿＿＿＿＿＿＿＿＿＿＿＿＿＿。

以还原时间 t 对 $1-(1-R)^{1/3}$ 作图。

② 如果固相产物层比较致密,即 $D_{eff}\ll\beta'$,则此时的限制性环节为:＿＿＿＿＿＿＿＿

＿＿＿＿＿＿＿＿＿＿＿,(3.7)式可以简化为＿＿＿＿＿＿＿＿＿＿＿＿＿＿＿＿

＿＿＿＿＿＿＿＿＿＿＿＿＿＿＿＿＿＿＿＿＿＿＿＿＿＿＿＿＿＿＿＿＿。

以还原时间 t 对 $3-2R-3(1-R)^{2/3}$ 作图。

③ 如果气体边界层和气孔内扩散成为限制性环节,则(3.7)式可以简化为＿＿＿＿＿＿

＿＿＿＿＿＿＿＿＿＿＿＿＿＿＿＿＿＿＿＿＿＿＿＿＿＿＿＿＿＿＿＿＿。

根据需求作出曲线。

3.2.6 思考题

① 测量铁矿石还原性的意义是什么？
② 分析实验中的误差主要来自哪些方面？
③ 图 3.3 中 9 所示耐火砖有何作用？

3.3 高温熔渣的熔化温度与黏度测定

3.3.1 实验目的

冶金生产用渣(连铸保护渣)以及冶金过程形成渣(高炉渣、转炉渣、电炉渣)对冶炼过程和产品质量有着重要影响,为了揭示冶金过程中炉渣熔体结构变化、金属-熔渣间的反应程度和速度、金属与熔渣的分离等机理性问题,加强相关工艺过程控制,炉渣的熔化性能、黏度、表面张力和电导率等物理化学性质成为冶金工作者的重要研究内容。结合本专业知识,通过查阅有关文献资料,以连铸保护渣为基准样,通过配加不同的氧化物,改变渣成分,利用实验室提供的设备,测试不同配比渣样的熔化性温度和黏度,提出影响熔渣熔化性温度和黏度的主要因素,本实验的主要目的是：

① 掌握变形法测定冶金熔体熔点的基本原理。
② 掌握旋转法测定高温冶金熔体黏度的原理和方法。

3.3.2 实验内容与原理

1. 熔渣熔点测试

熔化温度是冶金熔体的重要物理化学性能之一,也是冶炼过程中必须控制的因素之一,而炉渣熔化取决于炉渣成分。按照热力学理论,熔点通常是指标准大气压下固液二相平衡共存时的平衡温度。物质的熔点就是指物质由固相转变为液相的温度。一般来讲,固体可分为物理性不同的两大类；一类是纯的物质晶体,另一类是多组元的非晶体,两者受热转变成液相的情况是不同的。

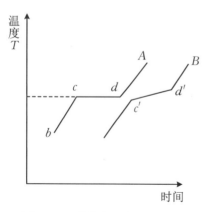

图 3.4 固体熔化温度-时间曲线

如图 3.4 所示,曲线 A 表示在均匀加热情况下晶体熔化过程,温度随时间变化的关系。当温度达到熔点温度(即 c 点)时,物质的温度就停止上升,这时外部供给的热量全部用于使物质从固体转化为液体(即吸收熔化潜热)。d 点是物质完全转化为液体时那一瞬间的温度。曲线继续上升的部分是液体继续加热升温的情况,所有晶体的熔化过程都遵循这一规律,因此从理论上讲晶体的熔点是可以精确测定的。曲线 B 表示多组元非晶体均匀加热温度与时间的关系。曲线 B 上只有斜率不同的弯曲线段,这说明物质由固态转化为液态不是在一定温度下而是在一段温度范围内完成的。多组元非晶体没有确定的熔点,似乎谈不上熔点的测定,但是由于工作的需要,对于多组元非晶体的炉渣也要进行熔化温度的测定。一般将固态完全转化为液态的温度(即液相线温度)看作其熔点,也可以将固态完全转化为液态过程中,即固、液相间某一温度定为熔点。因为从开始熔化(c'点)到完全熔化(d'点)是一个相当大的温度段,因此可以有多种熔点的定义方法,但如确定了同一标准,则是可以比较的。

炉渣是复杂多元系,其平衡温度随固液二相成分的改变而改变,多元渣的熔化温度是一个温度范围。在降温过程中液相刚刚析出固相时的温度叫作开始凝固温度(升温时称之为完全熔化温度),即相图中液相线(或液相面上)的温度;液相完全变成固相时的温度叫作完全凝固温度(或开始熔化温度),此即相图中固相线(或固相面)上的温度。

测定冶金熔体熔点方法可分为两类,即动态法和静态法。静态法是将试样保持在一定的温度下直至熔化,再进行观察分析;动态法则是观察试样在均匀加热或冷却过程中性能随温度变化的不连续性而确定熔点。按实验技术不同,还可分为以下几种方法:

(1) 步冷曲线法和差热分析法

步冷曲线法就是精确测量试样在均匀加热或冷却过程中温度随时间变化的曲线,找曲线上的驻点,其驻点的速度,即试样的熔点(如果试样在加热熔化过程中没有其他相变和性质变化的情况下)。

差热分析法是试样与参照物质(在实验的温度范围内,它既无相变过程也无相变反应发生)同时以一恒定而可控制的速率均匀加热,两者对照着进行热函差(或温度差)的测量,这些差值在温度时间曲线上表现为一些放热或吸热的突变点,根据某一突变点的温度就可以确定试样的熔点。

(2) 高温 X-射线衍射法

可以直接在高温下观察某些特定的强衍射线的消失来了解试样的熔化情况从而确定熔点。

(3) 高温显微镜法

高温显微镜法在测量熔点上是非常方便的,它是根据实验室的条件和试样的测试要求,采用一些适当的显微镜配合一些小型化的高温炉,直接观察试样在加热熔化过程中的变化,而测定其熔点,如试样变形法。

本实验即采用试样变形法来测量熔点,现介绍如下:

试样变形法是将一定形状的试样,如高 3 mm、直径 3 mm 的小圆柱体置于小型铂铑丝炉的高温区,在加热的情况下用一束平行光源将试样的影像通过摄像机摄像,然后传送到计算机的显示器上,通过观察显示器上试样影像形状的变化来确定熔点。其原理是:随着温度的升高,液相量将增加,试样形状要改变。

这一方法不是一个严格的方法,因为试样形状的变化受许多因素影响。如形成液相的多少、液相的黏度、试样在熔化阶段的强度和刚度等,这些影响因素都是和加热速率有关的,不过这些缺点可通过实验技术的改进而加以消除。例如,以 10 ℃/min 左右的升温速率进行升温,使试样几乎是在静态情况下越过熔点,这样就完全可以通过观察记录下试样开始熔化、软化温度范围,以及完全熔化的温度,其结果与其他方法比较也毫不逊色。

2. 熔渣黏度测试

黏度是冶金熔体的重要物理化学性质之一,在火法冶金过程中,熔体的黏度对传热、传质以及流体流动过程都有重要的影响。冶炼过程的造渣、金属-熔渣间各种反应的完全程度和速度、金属与熔渣的分离、熔体对耐火材料内衬的冲刷浸蚀等都与熔体的黏度密切相关。此外,熔体黏度的变化还能反映出熔体结构的变化。为了研究高温熔体的结构及高温时金属和熔渣中各种过程的机理都必须测定熔体的黏度。测定高温熔体黏度的方法很多,常用的有旋转法和扭摆法。本实验采用旋转法测定熔渣黏度。

当柱体在盛有液体的静止的同心圆柱形容器内匀速旋转时,在柱体和容器壁之间的液体产生了运动,在柱体和容器壁之间形成了速度梯度。由于黏性力的作用,在柱体上将产生一个力矩与其平衡。当液体是牛顿液体且柱体转速恒定时,速度梯度和力矩都是一个恒定值,且符合下列的表达式:

$$M = \frac{4\pi h \eta \omega}{\frac{1}{r^2} - \frac{1}{R^2}} \qquad (3.9)$$

式中,r 为柱体的半径;R 为盛液体的容器半径;π 为圆周率;h 为柱体浸入液体的深度;ω 为柱体转动的角速度;η 为被测液体的黏度。

由扭力传感器精确地测量旋转柱体和角速度,则液体的黏度可按(3.10)式计算。(3.10)式中各符号的物理意义与(3.9)式相同。

$$\eta = \frac{\frac{1}{r^2} - \frac{1}{R^2}}{4\pi h} \times \frac{M}{\omega} \qquad (3.10)$$

在柱体半径、容器半径和柱体浸入深度都一定时,黏度式[(3.10)式]可简化为

$$\eta = K_n \frac{M}{\omega} \qquad (3.11)$$

$$K_n = \frac{\frac{1}{r^2} - \frac{1}{R^2}}{4\pi h} \qquad (3.12)$$

式中,K_n 为常数,称黏度常数。

实验时通常采用已知黏度的液体进行标定。即在已知转速条件下测定已知黏度液体的扭矩,求出黏度常数 K_n。本实验装置黏度常数由下式求得

$$K_n = \eta_s \frac{N}{Pl_s - Pl_0} \qquad (3.13)$$

式中,η_s 为标准液体的黏度值,Pa·s;Pl_s 为测定标准液体时的频率值(代表扭矩),Hz;Pl_0 为零点时测定的频率值(代表扭矩),Hz;N 为黏度计转速,r/min。本装置测定的黏度值 η 由下式求得

$$\eta = K_n \frac{Pl - Pl_0}{N} \qquad (3.14)$$

式中,η 为液体的黏度值,Pa·s;Pl 为测定液体时获得的频率值(代表扭矩),Hz;Pl_0 为零点时测定的频率值(代表扭矩),Hz;K_n 为黏度常数,Pa·s·r/(min·Hz);N 为黏度计转速,r/min。

3.3.3 实验装置

变形法测熔渣熔点如图3.5所示,图3.6、图3.7分别为熔渣熔化温度测试装置和熔体高温物性测定装置示意。

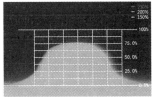

图 3.5 变形法测熔渣熔点

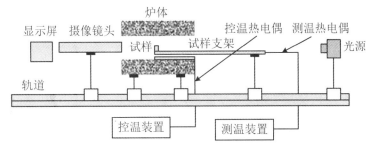

图 3.6 熔渣熔化温度测试装置

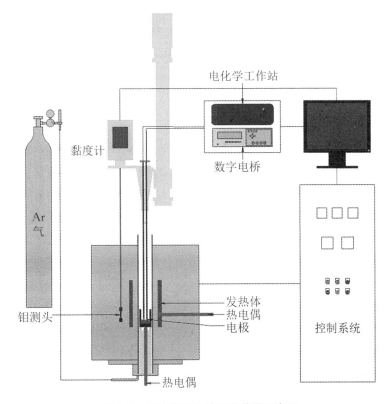

图 3.7 熔体高温物性测定装置示意图

本实验需要的实验设备包括电子天平、半球点熔点仪、旋转黏度仪、坩埚、坩埚钳、分析纯试剂、研钵、烘箱等。

3.3.4 实验步骤

1. 熔渣熔点检测

① 将待测样品在研钵内磨细,加少许糊精水,用专用模具及制样锤将试样打结为直径和高度均为 3 mm 的圆柱体,放入 110 ℃烘箱内烘干待用。

② 检查炉渣熔点熔速测定设备,确认无误后,启动控制箱电源和计算机,运行全自动测定软件。按设定的升温曲线设置相关参数,升温速度不能高于 20 ℃/min。

③ 如果炉体未关闭,请启动"炉关闭"开关,关闭炉体。启动升温程序进行加温,当炉温达 800 ℃时,点击"炉退后"拉出送样管,将试样放置于送样管的刚玉载片上。点击"炉关闭",将炉体关闭,试样随炉加热。

④ 调整试样形态采集处理(摄像装置)使试样在计算机屏幕成像清晰,并以未熔化前试样尺寸作为基准。观察屏幕上试样高度的变化。记录试样顶端开始变圆、高度降低到 1/2 时及试样中液相完全铺展时的温度。取高度降到 1/2 时的温度为熔化温度(即半球点温度)。

⑤ 完成测试后,关闭程序控温,待炉温降低至 500 ℃后,点击"炉退后",拉出送样管,将试样取出,关闭计算机等电源。整理实验设备及用具。

2. 熔渣黏度测试

① 检查熔体高温物性测试设备无误后,启动设备电源,开启计算机,运行熔体物性测试软件。

② 按一定升温曲线设置相关参数,升温速度不能超过 4 ℃/min。通常选择降温连续测定黏度,降温速度控制在 2~4 ℃/min。核对参数后,启动升温程序。

③ 将待测熔渣装入石墨坩埚,应该保证使试样熔化后渣层高度不低于 40 mm,样品约 140 g。

④ 炉体温度升至 400 ℃时开始从炉子的下部通入 N_2 进行保护,向炉体通入冷却水。将装有试样的坩埚置于加热区,待试样熔化后用石墨棒测定试样高度是否满足 40 mm,若高度过大,可用铁棒粘出,数量不足可分批添加。

⑤ 炉温升到预定温度后恒温 20 min,将旋转测头降到距坩埚底部 10 mm 位置。

⑥ 单击"测黏度"菜单的"开始测黏度"项,开始测定扭力传感器测定的频率值。待频率值稳定在 9900~10000 Hz 范围,单击"测黏度"菜单的"测零点"项,观察"测黏度零点"小窗口频率值稳定后,单击"测定"按钮,测定零点。单击"完成"按钮,完成零点测定。

⑦ 单击主窗口扭矩传感器的图标,使黏度计开始旋转,待转动速度给定转速后,单击"测黏度"菜单的"开始记录数据"项,开始记录实验数据。当黏度值超过 20 泊时,单击扭矩传感器的图标,停止黏度计转动。点击"测黏度"菜单的"结束记录数据"项,停止记录数据;单击"测黏度"菜单的"存储黏度温度数据"项,将数据保存在文件名为主窗口的实验号的内容的".ND"文件中。

⑧ 黏度测定完成后,快速将炉温升高直到样品黏度很低后,取出测试头,完成样品测试。

⑨ 当炉温降低至 400 ℃后,关闭控制程序及计算机,待降至 200 ℃后关闭冷却水。整理设备。

3.3.5　实验记录与数据处理

1. 熔渣组分

按照设计的熔渣组分配制熔渣,将熔渣成分填入表 3.6。

表 3.6　熔渣成分

编号	$wt(\%)$	$CaCO_3$	SiO_2	MgO	Al_2O_3	CaF_2	Li_2CO_3		
1									
2									
3									
4									

2. 熔渣熔点

以试样原形状及变形至原高度的判断熔渣的熔化温度,将初始高度的 75%、50%、25% 时对应的温度,分别记为熔化开始温度、半球点(熔点)温度、流动温度,如图 3.8 所示。

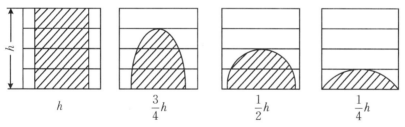

(a) 试样原高度　(b) 软化开始温度　(c) 半球点温度　(d) 流动温度

图 3.8　熔化过程试样高度的变化示意图

将实验结果填入表 3.7。

表 3.7　实测温度

编号	开始熔化温度(℃)	半球点温度(℃)	流动温度(℃)
1			
2			
3			
4			

3. 熔渣黏度

根据计算机自动采集的数据,绘制黏度-温度曲线,并判断熔渣的转折温度,将实验结果记入表3.8。

表 3.8 转折温度与黏度

编号	转折温度(℃)	对应黏度(Pa·s)
1		
2		
3		
4		

3.3.6 思考题

① 简述转折温度测试对熔渣的意义。

② 简述熔体熔化温度的测试方法。

3.4 四探针法测定高温熔渣电导率实验

3.4.1 实验目的

① 了解高温熔渣电导率检测的意义。

② 掌握四探针法测定高温熔渣电导率的实验原理和实验方法。

3.4.2 实验原理

电导率是用来描述物质中电荷流动难易程度的参数,电导率的标准单位是西门子/米(S/m),是电阻率的倒数。当1 A电流通过物体的横截面并存在1 V电压时,物体的电导就是1 S。西门子实际上等效于1 A/V。通常情况下,当电压保持不变时,这种直流电电路中的电流与电导成比例关系。如果电导加倍,则电流也加倍;如果电导减少到它初始值的1/10,电流也会变为原来的1/10。这个规则也适用于许多低频率的交流电系统,例如家庭电路。在一些交流电电路中,尤其是在高频电路中,情况就变得非常复杂,因为这些系统中的组件会存储和释放能量。

电导率的测量通常指溶液的电导率测量。固体导体的电阻率可以通过欧姆定律和电阻定律测量。电解质溶液电导率的测量一般采用交流信号作用于电导池的两电极板,由测量到的电导池常数和两电极板之间的电导而求得电导率。

液体电导池示意图如图3.9所示,高温熔体的电阻、电阻率、电流路径的长度公式和电流路径的截面积之间有如下的关系:

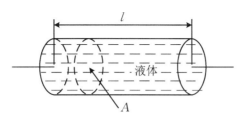

图 3.9　液体电导池示意图

$$R = \rho\left(\frac{l}{A}\right) \tag{3.15}$$

式中，R 为电阻；ρ 为电阻率；l 为电流路径的长度；A 为电流路径的截面积。

高温熔体的电导率和电阻率之间有如下的关系：

$$\rho = \frac{1}{k} \tag{3.16}$$

式中，k 为电导率；ρ 为电阻率。

结合(3.15)式和(3.16)式，高温熔体电导率的计算公式可以写成(3.17)式。由于 l 和 A 难以精确测得，因此通常把 l/A 看成一个整体，用符号 C 表示，称为电导池常数，(3.17)式可以写成(3.18)式。

$$k = \left(\frac{1}{R}\right)\left(\frac{l}{A}\right) \tag{3.17}$$

$$k = \frac{C}{R} \tag{3.18}$$

电导率的影响因素有很多。电导率与温度具有很大相关性。金属的电导率随着温度的升高而减小。半导体的电导率随着温度的升高而增加。在一段温度值域内，电导率可以被近似为与温度成正比。为了要比较物质在不同温度状况的电导率，必须设定一个共同的参考温度。电导率与温度的相关性，经常可以表达为电导率对上温度线图的斜率。

导体的掺杂程度也会对电导率产生巨大影响。增加掺杂程度会造成电导率增高。水溶液的电导率高低相依于其内含溶质盐的浓度，或其他会分解为电解质的化学杂质。水样本的电导率是测量水的含盐成分、含离子成分、含杂质成分等的重要指标。水越纯净，电导率越低(电阻率越高)。水的电导率经常以电导系数来纪录；电导系数是水在 $25\,^\circ\mathrm{C}$ 温度的电导率。

高温熔体电导率的测量可以分为相对测量法和绝对测量法。在高温熔体电导率测量时，由于高温熔体的电阻很小，电路中的导线和电极的电阻无法忽略不计，在测量时主要采取以下两种方式来解决：第一，测出电极短路的系统阻抗，然后在后续测量高温熔体电阻时减去电极短路的系统阻抗；第二，使用四端子法分别测量高温熔体的电压和电流，直接获得高温熔体电阻。此外，四端子法还可以消除电极和高温熔体界面阻抗的影响。在测试中应灵活运用这两种方法来消除电路中导线和电极电阻的影响。本实验重点介绍相对测量法。

相对测量法即是通过已知电导率的某种溶液或高温熔体，在测量高温熔体电导率时，需将高温熔体加热需要的温度，当其完全熔融时，将电化学工作站的导线连接在四根探针上。缓慢下降四根探针，当开路电位的数值稳定，则到达熔渣的表面，然后将四根钼电极插入熔渣液面以下 10 mm，将四根探针与精密 LCR 数字电桥连接，调整激励电压的频率，当阻抗为最小值时,该阻抗为熔渣的阻抗,再通过公式就可计算得到熔渣的总电导率。

3.4.3 实验装置

本实验所涉及的实验设备包括高温炉、电化学工作站、数字电桥、升降装置、石墨坩埚、钼探针、氩气、天平及相关药品等,实验装置如图 3.10 所示。

图 3.10 高温熔体电导率装置图

3.4.4 实验步骤

① 设计合理的渣系,熔渣熔点不宜过高,采用分析纯试剂配制熔渣。

② 将高温炉升温至 1350 ℃,并保温 2 h。

③ 按照要求安装电化学工作站、数字电桥、钼电极、计算机等装置。

④ C 值校正:采用浓度为 1 mol/L 的 KCl 溶液,将装有 KCl 溶液的烧杯放入恒温水浴锅内,使 KCl 水溶液温度恒定在 30 ℃;将电化学工作站的导线连接在钼电极上。缓慢下降钼电极,当开路电位的数值稳定,则到达 KCl 溶液的表面,然后将四根钼电极插入 KCl 溶液液面以下 10 mm,将钼电极与精密 LCR 数字电桥连接,调整激励电压的频率,当阻抗为最小值时,该阻抗为 KCl 溶液的总阻抗,由于已知 1 mol/L 的 KCl 溶液在 30 ℃时的电导率为 0.12111 S/cm,所以通过(3.19)式就可计算得到电导池常数。

$$k = \frac{l}{A} \cdot \frac{1}{R} = C \cdot \frac{1}{R} \tag{3.19}$$

⑤ 将配制好的熔渣放入石墨坩埚,装入高温炉中,待熔渣完全融化。

⑥ 从加热炉底部向炉管内通入干燥高纯氩气,防止钼电极氧化。将电化学工作站的导线连接在钼电极上。缓慢下降钼电极,当开路电位的数值稳定,则到达熔渣的表面,然后将钼电极插入高温熔体液面以下 10 mm,将钼电极与精密 LCR 数字电桥连接,调整激励电压的频率,当阻抗最小值时,该阻抗为熔渣的阻抗,进而计算熔渣的总电导率。

3.4.5　实验记录与数据处理

将测量值记入表 3.9。

室温：_____℃；压强：_____kPa；C 值：_____

表 3.9　实验数据

温度(℃)	电导率(S/cm)	

3.4.6　思考题

① 影响高温熔体电导率的因素有哪些？

② 简述高温熔体电导率的测量方法。

3.5　固体电解质浓差电池钢液定氧实验

3.5.1　实验目的

固体电解质浓差电池是 20 世纪 70 年代发展起来的一项技术，不仅广泛应用于金属液的直接定氧，成为控制冶金工艺过程和产品质量的重要手段，而且也广泛应用于高温热力学数据的测定。例如，化合物的标准生成吉布斯自由能、金属液及熔渣中组元活度相互作用系数的测定等，是冶金物理化学领域中重要的实验技术。

本实验的目的是通过实验加深对活度概念的理解，了解实验室测量活度的实验方法，掌握固体电解质浓差电池的概念及相关设备，运用固体电解质浓差电池测定钢中氧浓度，并通过计算得到钢液中氧活度。

3.5.2　实验原理

氧是钢铁冶炼过程中最重要的元素之一，溶解于钢液中的氧对于钢的质量、成材率以及合金消耗量起着决定性的作用。从冶炼到浇注过程的各个环节，都要实时检测氧含量的变化，固体电解质定氧技术为钢铁冶炼过程提供了一种方便的监测测试手段。

导电体分为两大类。一类为金属导体，依靠自由电子导电；另一类为电解质导体，依靠离子导电（又称第二类导体）。固体电解质属于第二类导体，最常见的是 ZrO_2 基固体电解质。它是在 ZrO_2 中掺入 CaO 或 MgO，结构中存在大量氧离子空位。高温下氧离子通过氧离子空位进行扩散迁移，因而有较高导电率。组装成电池后具有很好的选择性，电池电动势只与氧分压有关，与其他组元几乎无关。

氧化锆固体电解质电池工作原理如图 3.11 所示。当把固体电解质置于不同氧分压之间并连接金属电极时，在电解质与金属电极的交界处将发生电极反应，并建立不同的平衡电极电位,构成的电极电动势 E 与电解质两段的氧分压有关。

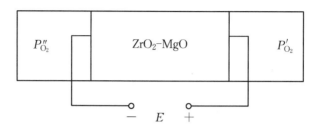

图 3.11　固体电解质电池工作原理($P''_{O_2} > P'_{O_2}$)

电极反应为

正极:

$$O_2(P'_{O_2}) + 4e = 2O^{2-} \tag{3.20}$$

负极:

$$2O^{2-} = O_2(P''_{O_2}) + 4e \tag{3.21}$$

总反应:

$$O_2(P'_{O_2}) = O_2(P''_{O_2}) \tag{3.22}$$

$$\Delta G = -RT\ln\frac{p''_{O_2}}{p'_{O_2}} = -nFE \tag{3.23}$$

式中,n 为电池反应中转移的电子数,$n=4$;E 为电池的电动势,V;F 为法拉第常数,96485 C/mol;T 为热力学温度,K;$R=8.314$ J/mol·K。由(3.23)式可得

$$E = \frac{RT}{nF}\ln\frac{p''_{O_2}}{p'_{O_2}} \tag{3.24}$$

(3.24)式反映了电动势与固体电解质两侧界面上氧分压的关系。通过实验可以测出 E 和 T,若某一界面氧分压已知,即可求出另一界面氧分压。氧分压已知的一极称作参比电极,另一极称作待测电极,实际应用中一般将固体电解质电池制作成定氧探头连接钢液测温定氧仪使用,来测定金属液中的氧活度。

3.5.3　钢液定氧原理

钢液定氧探头通常使用 Mo/MoO_2 或 Cr/Cr_2O_3 作为参比电极,参比电极引线可用 Mo 丝,与钢液接触的回路电极也采用 Mo 棒。当使用 ZrO_2-MgO 固体电解质时,以 Mo/MoO_2 为参比电极(MoO_2 的分解压大于钢液的平衡氧分压),电池表达式是

$$(-)Mo\,|\,[O]_{Fe}\,|\,|\,ZrO_2 - MgO\,|\,|\,Mo, MoO_2\,|\,Mo(+) \tag{3.25}$$

正极反应:

$$MoO_2 = Mo + O_2 \quad \Delta G_1^{o} = 529600 - 142.87T \text{ (J/mol)} \tag{3.26}$$

负极反应:

$$O_2 = 2[O]_{Fe} \quad \Delta G_2^{o} = -234000 - 5.77T \text{ (J/mol)} \tag{3.27}$$

可以得到钢液中氧的平衡分压 p_{O_2}:

$$\lg p_{O_2} = -\frac{27664 + 20.16E}{T} + 7.46 \tag{3.28}$$

进一步计算出钢液中氧活度 $a_{[O]Fe}$:

$$\lg a_{[O]Fe} = -\frac{7721 + 10.08E}{T} + 3.882 \tag{3.29}$$

式中,$a_{[O]Fe}$ 是钢液中的氧活度,以 $w = 1\%$ 的稀溶液为标准态;E 以 mV 为单位。

3.5.4　实验装置

如图 3.12 所示,实验装置包括箱式硅钼炉(顶端开小孔若干)、电位差计、计算机、氧化镁坩埚、Mo 棒等。

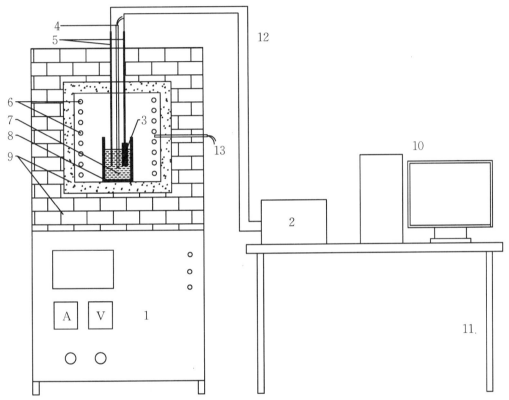

1. 高温炉与控制柜;2. 定氧仪;3. 定氧探头;4. 测温热电偶;5. Mo 棒电极;
6. 硅钼棒;7. 钢液;8. 氧化镁坩埚;9. 耐火材料;10. 计算机;
11. 实验台;12. 电极引线;13. 控温热电偶。

图 3.12　实验装置图

3.5.5　实验步骤

① 将适量钢锭装入氧化镁坩埚,估算熔化后液面高度不超过坩埚高度 3/4,将装好料的坩埚放入炉内。

② 接通高温炉电源,升温至 1650 ℃,保温,将钢锭熔化。

③ 按照图 3.12 所示连接定氧探头、电位差计、计算机、Mo 棒电极、热电偶等。

④ 钢锭完全融化后,将定氧探头和 Mo 棒电极插入钢液中,待数据稳定迅速读数并记录 E_t,抽出氧探头和 Mo 棒电极,间隔 2 min 测量一次。

⑤ 实验结束,关闭高温炉冷却,取出定氧探头和 Mo 棒电极,待高温炉冷却至 300 ℃以

下,取出氧化镁坩埚,清理实验现场。

3.5.6 实验记录及数据处理

炉温:_____ K

表 3.10 实验数据记录

时间(min)	2	4	6	8	10		
钢液温度 T(K)							
E_t(mV)							
$T_{平均}$(K)							
$E_{t平均}$(mV)							

利用表 3.10 数据计算钢液中氧的平衡分压 p_{O_2} 和活度 $a_{[O]Fe}$ 填入表 3.11。

表 3.11 实验数据处理

炉温(K)	钢液温度(K)	p_{O_2}	$a_{[O]Fe}$

3.5.7 思考题

① 推导公式(3.28)、(3.29)。
② 简述氧对钢坯质量的影响。

第4章　传输原理实验

4.1　流体流动过程的能力平衡——伯努利方程的验证

4.1.1　实验目的

① 加深对不可压缩的理想流体沿管道稳定流动时,其总能量(即动能、静压能和位能之和)保持不变——伯努利方程的理解。

② 了解实际流体由于黏性的存在,在运用伯努利方程进行计算时会造成偏差。

③ 熟悉流动参数的测试技术。

4.1.2　实验原理

不可压缩的理想流体稳定地沿直管道流动时,应遵循能量守恒定律,即伯努利方程所确定的能量之间的关系。

$$\rho g Z_1 + p_1 + \frac{1}{2}\rho u_1^2 = \rho g Z_1 + p_2 + \frac{1}{2}\rho u_2^2 = \text{const} \tag{4.1}$$

当用空气作被测介质,它的密度很小,加之实验段的高度变化不大,因而流体在流动过程中的位能变化可忽略不计。则上式为

$$p_1 + \frac{1}{2}\rho u_1^2 = p_2 + \frac{1}{2}\rho u_2^2 = \text{const} \tag{4.2}$$

定义全压能为

$$p_{全} = p_{静} + \frac{1}{2}\rho u^2 \tag{4.3}$$

实验时,可通过测定其一截面上的静压能和全压能来计算这一截面上的流速,即

$$u = \sqrt{\frac{2(p_{全} - p_{静})}{\rho}} \tag{4.4}$$

当流体不是沿直管道流动,而是流过一个截面变化的实验段时,那么各截面上的全压能和静压能是不同的。本实验通过测量流体流过收缩段、喉口和扩张段时全压能和静压能的变化,来深入理解能量守恒与转换规律。

为了更清楚地表明其转换关系,选取在喉口处(即最小截面)的流速 u_t 为标准,则有

$$u_t = \sqrt{\frac{2(p_{全} - p_{静})}{\rho}} \tag{4.5}$$

因此得到

$$\frac{u}{u_t} = \sqrt{\frac{p_{全} - p_{静}}{(p_{t全} - p_{t静})}} = \left(\frac{u}{u_t}\right)_测 \tag{4.6}$$

在稳定流动条件下,如果将流动看成是变截面的一维管道流动,根据连续性方程,有

$$Q = u \cdot A = u_t \cdot A_t \tag{4.7}$$

即

$$\frac{u}{u_t} = \frac{A_t}{A} \tag{4.8}$$

由于实验段的长度是一定的,仅是其宽度发生变化,所以,横截面之比即为宽度之比,即

$$\frac{A_t}{A} = \frac{B_t}{B} \tag{4.9}$$

故

$$\frac{u}{u_t} = \frac{B_t}{B} = \left(\frac{u}{u_t}\right)_计 \tag{4.10}$$

式中,B_t为喉口截面的宽度。

但实际流体具有黏性,在流动过程中有能量损失,故其能量平衡关系式为

$$p_1 + \frac{1}{2}\rho u_1^2 = p_2 + \frac{1}{2}\rho u_2^2 + h_失 \tag{4.11}$$

或

$$p_{1全} = p_{2全} + h_失 \tag{4.12}$$

(4.12)式说明截面 2 处的全压能不等于截面 1 处的全压能,沿途有能量损失。

4.1.3 实验装置

实验装置如图 4.1 所示,其设备有:1.1 kVA 离心式风机一台、数字式微压计两台(量程 2000 Pa)、标准毕托管一支、三维坐标架一台、实验段一个。

实验段尺寸如下:

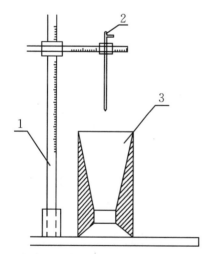

1. 坐标架;2. 毕托管;3. 有机玻璃可视管道。

图 4.1　实验装置示意图

① 扩张段高度:$H_1 = 190$ mm;上口宽度:$B_1 = 76$ mm。

② 喉口高度:$H_2 = 44$ mm;喉口宽度:$B_1 = 44$ mm。

③ 收缩段高度:$H_3 = 70$ mm;下口宽度:$B_2 = 76$ mm。

高度 H 与宽度 B 之间的关系为

① 扩张段:

$$B = B_t + (B_1 - B_t)\frac{H - (H_2 + H_3)}{H_1}$$

② 喉口:

$$B = B_t$$

③ 收缩段:

$$B = B_2 - (B_2 - B_t)\frac{H}{H_3}$$

4.1.4　实验步骤

① 关闭风机闸板阀。开启风机(将开关倒向"顺"一方),待风机运行正常,打开闸板阀,将流量控制不变(任意值)。

② 移动坐标架,使毕托管测量探头正对来流中心并与实验段下口齐平。

③ 在坐标架纵坐标尺上找到与该处相对应的位置作为 0 点,然后每间隔 20 mm 测量一次,直到将整个实验段测量完毕为止。

④ 关风机和闸板阀,整理好现场,结束实验。

4.1.5　实验记录及数据处理

室温:$t=$ _____ ℃;

大气压力:$p_{大气}=$ _____ mmHg;

毕托管校正系数:$\xi=$ _____ 。

将测量数据列入表 4.1 中。

表 4.1　实验数据记录

$H(\text{mm})$	$p_全(\text{Pa})$	$p_静(\text{Pa})$	$H(\text{mm})$	$p_全(\text{Pa})$	$p_静(\text{Pa})$
0			180		
20			200		
40			220		
60			240		
80			260		
100			280		
120			300		
140			320		
160			340		

数据计算:

将测得的数据代入(4.6)式,可得到测量值 $\left(\dfrac{u}{u_t}\right)_{测}$。比较这些测量值,可验证能量守恒与转换的关系。将测量值与用(4.10)式计算的计算值 $\left(\dfrac{u}{u_t}\right)_{计}$ 相比较,可证明实际流体在运用伯努利方程来计算时,由于黏性的存在会造成一定的偏差。

在测量过程中,由于静压力比大气压力小得多,因而计算空气密度时可忽略静压力的影响,即

空气密度:

$$\rho=\frac{p_{大气}}{R(273+t)}$$

空气流速:

$$u = \sqrt{\frac{2(p_{全} - p_{静})\xi}{\rho}}$$

喉口流速：

$$u_t = \sqrt{\frac{2(p_{t全} - p_{t静})\xi}{\rho}}$$

式中，$p_{全}$、$p_{静}$、$p_{t全}$、$p_{t静}$ 的单位为 Pa；ρ 的单位为 kg/m^3；u、u_t 的单位为 m/s。

将计算结果列入表 4.2 中。

表 4.2　计算结果

$H(mm)$	$p_{全}(Pa)$	$p_{静}(Pa)$	$P_{动}(Pa)$	$\left(\dfrac{u}{u_t}\right)_{测}$	B	$\left(\dfrac{u}{u_t}\right)_{计}$
0						
20						
40						
60						
80						
100						
120						
140						
160						
180						
200						
220						
240						
260						
280						
300						
320						

在坐标纸上绘制全压能、静压能和动能随高度 H（不同截面）的变化曲线，并绘制 $\left(\dfrac{u}{u_t}\right)_{测}$ 和 $\left(\dfrac{u}{u_t}\right)_{计}$ 随高度 H 变化的曲线。

4.1.6　思考题

①　根据 $p_{全}$、$p_{静}$ 和 $p_{动}$ 的计算结果和所绘制的曲线，分析流体在流动过程中的能量损失情况及其损失的原因，并验证说明能量守恒与转换的原理——伯努利方程的正确性。

②　从计算结果和所绘制的曲线上，分析比较 $\left(\dfrac{u}{u_t}\right)_{测}$ 和 $\left(\dfrac{u}{u_t}\right)_{计}$ 的差异，并说明其原因。

4.2　雷　诺　实　验

4.2.1　实验目的

① 观察水流的流态,即层流和紊流现象。

② 测定临界雷诺数。

4.2.2　实验原理

① 实际流体的流动会呈现出两种不同的形态:层流和紊流。它们的区别在于:流动过程中流体层之间是否发生混掺现象。在紊流流动中存在随机变化的脉动量,而在层流流动中则没有,如图 4.2 所示。

② 圆管中恒定流动的流态转化取决于雷诺数。雷诺根据大量实验资料,将影响流体流动状态的因素归纳成一个无因次数,称为雷诺数 Re,作为判别流体流动状态的准则。

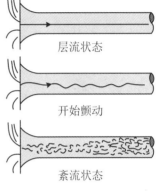

图 4.2　三种流态示意

$$Re = \frac{4Q}{\pi D \nu} \qquad (4.13)$$

式中,Q 为流体断面平均流量,L/s;D 为圆管直径,mm;ν 为流体的运动黏度,m²/s。

在本实验中,流体是水。水的运动黏度与温度的关系可用泊肃叶和斯托克斯提出的经验公式计算,即

$$\nu = \{[0.585 \times 10^{-3} \times (T-12) - 0.03361] \times (T-12) + 1.2350\} \times 10^{-6} \quad (4.14)$$

式中,ν 为水在 t ℃时的运动黏度,m²/s;T 为水的温度,℃。

③ 判别流体流动状态的关键因素是临界速度。临界速度随流体的黏度、密度以及流道的尺寸不同而改变。流体从层流到紊流的过渡时的速度称为上临界流速,从紊流到层流的过渡时的速度为下临界流速。

④ 圆管中定常流动的流态发生转化时对应的雷诺数称为临界雷诺数,对应于上、下临界速度的雷诺数,称为上临界雷诺数和下临界雷诺数。上临界雷诺数表示超过此雷诺数的流动必为紊流,它很不确定,跨越一个较大的取值范围,而且极不稳定,只要稍有干扰,流态即发生变化。上临界雷诺数常随实验环境、流动的起始状态不同有所不同。因此,上临界雷诺数在工程技术中没有实用意义。有实际意义的是下临界雷诺数,它表示低于此雷诺数的流动必为层流,有确定的取值。通常均以它作为判别流动状态的准则,即

$$Re < 2320 \text{ 时,层流}$$
$$Re > 2320 \text{ 时,紊流}$$

该值是圆形光滑管或近于光滑管的数值,工程实际中一般取 $Re = 2000$。

⑤ 实际流体的流动之所以会呈现出两种不同的形态是扰动因素与黏性稳定作用之间对比和抗衡的结果。针对圆管中定常流动的情况,容易理解:减小 D,减小 ν,加大 ν 三种途径都是有利于流动稳定的。综合起来看,小雷诺数流动趋于稳定,而大雷诺数流动稳定性差,容易发生紊流现象。

⑥ 由于两种流态的流场结构和动力特性存在很大的区别,对它们加以判别并分别讨论

是十分必要的。圆管中恒定流动的流态为层流时,沿程水头损失与平均流速成正比,而紊流时则与平均流速的 1.75~2.0 次方成正比,如图 4.3 所示。

⑦ 通过对相同流量下圆管层流和紊流流动的断面流速分布作一比较,可以看出层流流速分布呈旋转抛物面,而紊流流速分布则比较均匀,壁面流速梯度和切应力都比层流时大,如图 4.4 所示。

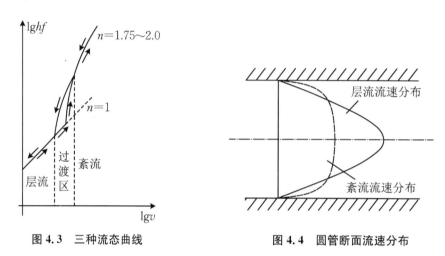

图 4.3　三种流态曲线　　　　　　　　　图 4.4　圆管断面流速分布

4.2.3　实验设备

实验装置如图 4.5 所示,由实验桌、供水系统、实验管道、流量量测系统、流线指示装置和回水系统组成。

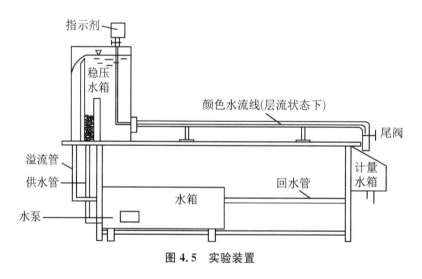

图 4.5　实验装置

4.2.4　实验步骤与注意事项

1. 实验步骤

① 熟悉实验指示书。

② 接通电源,开启水泵给水箱供水。

③ 当水箱里的水开始溢流后,轻轻打开尾阀,使管道通过小流量,再打开指示剂开关,使颜色水流入管道。

④ 反复缓慢增大(或减小)流量,仔细观察层流和紊流现象。

⑤ 从大到小(或从小到大)缓慢调整流量,在临界流速时(即流态开始转换时),测定其雷诺数。实验数据填入表4.3。

⑥ 实验完毕后,先关闭指示剂开关,然后关闭水泵,拔掉电源。

管径 $d=$ _____ cm;水温 $T=$ _____ ℃

表 4.3 实验记录表

测次	体积(cm^3)	时间 T(s)	流量 Q(cm^3/s)	流速 v(cm/s)	雷诺数 Re	状态
1						
2						
3						
4						
5						
6						
7						
8						
9						
10						

2. 注意事项

① 调整流量时,一定要慢,且要单方向调整(即从大到小或从小到大),不能忽大忽小。

② 指示剂开关的开度要适当,不要过大或过小。

③ 判断临界流速时,一定要准确。

④ 不要震动水箱、水管,以免干扰水流。

⑤ 实验时,一定要注意用电安全。

4.2.5 思考题

① 为什么调整流量时,一定要慢,并且要单方向调整?

② 要提高实验精度,应该注意哪些问题?

③ 层流、紊流两种水流流态的外观表现是怎样的?

④ 临界雷诺数与哪些因素有关? 为什么上临界雷诺数和下临雷诺数不一样?

⑤ 流态判据为何采用无量纲参数,而不采用临界流速?

⑥ 破坏层流的主要物理原因是什么?

4.3　空气纵掠平板式局部换热系数测定

4.3.1　实验目的

① 了解实验装置的原理、测量系统及测试方法。
② 通过对实验数据的整理,了解沿平板局部换热系数的变化规律。
③ 分析换热系数变化的原因,以加深对对流换热的认识。

4.3.2　实验原理

强制对流换热是工程实际中最常遇到的传热学问题,有着广泛的应用。并且,强制对流换热系数是设备换热效率的重要指标,因此,测定对流换热系数有着工程实际意义。

"热对流"是指流体中温度不同的各部分相互混合的宏观运动所引起的热量传递现象。由于引起流体宏观运动的原因不同,可以区分为自然对流换热和强制对流换热。严格地说,强制对流换热中不能排除自然对流换热的作用,只是因为它的影响远小于前者而不予考虑。

流体纵掠平板是对流换热中最典型的问题,本实验通过测定空气纵掠平板时的局部换热系数,掌握对流换热的基本概念和规律。

局部换热系数 α 由下式定义:

$$\alpha = \frac{q}{t - t_f} \quad (\mathrm{W/(m^2 \cdot ℃)}) \tag{4.15}$$

其中,q 为物体表面某处的热流密度,$\mathrm{W/m^2}$;t 为相应点的表面温度,℃;t_f 为气流的温度,℃。

本实验装置上所用试件是一平板,纵向插入一风道中,板表面包覆一薄层金属片,利用电流流过金属片对其加热,可以认为金属片表面具有恒定的热流密度。测定流过金属片的电流和其上的电压降即可准确地确定表面的热流密度。表面温度的变化直接反映出表面换热系数的大小。

4.3.3　实验装置及测量系统

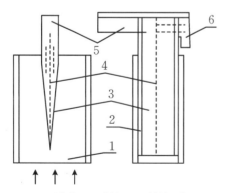

1. 风道;2. 平板;3. 不锈钢片;
4. 热电偶;5. 电源导板;6. 热电偶换接件。

图 4.6　实验装置

图 4.6 为实验段简图,实验段从风道 1 中间插入一可滑动的板 2,板表面包一层金属片 3,金属片内表面设有热电偶 4,沿纵向轴向不均匀地布置 22 对热电偶,它们通过热电偶接插件 6 与测温电位差计相连,金属片 3 的两端经电源导板与低压直流电源连接。

图 4.7 为实验装置的原理图,整流电源 1 提供低压直流大电流,电流通过串联在电路中的标准电阻 5 上的电压降来测量,标准电阻 5 就安装在整流电源 1 内,其两端的输出线已连接好,电压降的大小用电位差计测量。金属片 3 两端的电压降亦用电位差计测量。为简化测量系统,测量平

板壁温 t 的热电偶参考温度不用 0 ℃,而用冷空气流的温度 t_f,即其热端 6 设在板内,冷端 7 则放在风道气流中,所以热电偶反映的为温差 $t-t_f$ 的热电势 $E(t-t_f)$。为了能用一台电位差计测量热电偶的毫伏值,标准电阻 5 上的电压降及片 3 两端的电压降,所测信号经过一转换开关再接入电位差计,在测量片两端电压降时,电路中接入一分压箱 8(分压箱 8 就安装在转换开关内)。用毕托管 12 通过倾斜式微压计 11 测量掠过平板的气流动压,以确定空气流速。

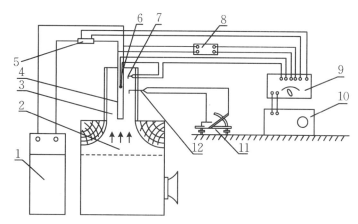

1. 低压直流电源;2. 风源;3. 实验段风道;4. 平板试件;5. 标准电阻;6. 热电偶热端;
7. 热电偶冷端;8. 分压箱;9. 转换开关;10. 电位差计;11. 微压计;12. 毕托管。

图 4.7　空气纵掠平板时局部换热系数的实验装置及测量系统

4.3.4　实验步骤

① 将整流电源 1 的输出线按正负极要求连接到平板试件 3 的结线端子上,用两条导线将平板试件 3 的结线端子连接到转换开关第一对输入端子上,用以测量平板试件 3 两端的电压降。

② 将标准电阻 5 两端的输出线连接到转换开关第二对输入端子上,用以测量标准电阻 5 两端的电压降。

③ 将热电偶的热端(即接插件)和冷端按接线图要求连接到转换开关第三对输入端子上,通过旋转接插件旋钮,用以测量 22 对热电偶产生的热电势。

④ 用导线将转换开关的输出端子与电位差计未知端子相连接,通过旋转转换开关旋钮,分别测量平板试件 3 两端和标准电阻 5 两端的电压降;22 对热电偶产生的热电势。

⑤ 调节检流计上的调零装置将检流计的指针调在零位置,打开电位差计电源开关,根据电压降的大小选择适当的倍率。首先旋转调零旋钮,使检流计的指针指在 0 位置;接着将电键开关"K"扳向标准位置,旋转电流调节 R_P 旋钮,使检流计的指针指在 0 位置;再将电键开关"K"扳向未知位置,旋转二个测量盘使检流计的指针再次指在 0 位置。两个测量盘读数之和乘上使用倍率,等于被测量的电压(电动势)值。测量完毕,倍率开关应放在"断"位置,电键开关"K"应放在中间位置。

⑥ 用乳胶管将毕托管全压管(即长尾巴管)与倾斜式微压计"＋"极相连接,毕托管静压管(即尾巴管)与倾斜式微压计"－"极相连接。调整毕托管使全压测孔一定要正对着气流方向。根据测量压力的大小把倾斜式微压计斜管固定到某一倍率上,调整倾斜式微压计底盘上的调节旋钮,使水平泡处于正中位置,把开关扳向校准位置,左右旋转顶帽把管内酒精柱

调到零或某一整数,再把开关扳向测压位置。倾斜式微压计就可以测量压力了。

⑦ 关闭风门,接通风机电源开关,待电机运转稳定后,再将风门调到所需开度。

⑧ 将平板放在适当位置上,整流电源调节手柄旋转至最小位置。再接通整流电源,并逐步提高输出电压(调节手柄旋转至所需位置),对平板缓慢加热,控制片温在 80 ℃以下,可用手抚摸感受温度,至无法忍受时为止。

⑨ 待热稳定后开始测量,从板前缘开始按热电偶编号,用电位差计测出其温差电势 $E(t-t_f)$,测量过程中,加热电流、电压及气流动压变动较小,可选择在整个实验过程的开始、中间、结束三个时间段测量三组数据取平均值;实验开始和实验结束各测一次室温,取其平均值作为室温。

⑩ 实验结束后,先将整流电源调节手柄旋转至最小使输出电压为 0,再关闭整流电源。关闭电位差计电源。待风机将平板吹冷后再关闭风机电源。最后再整理实验设备。

4.3.5 基本参数及有关计算公式

板长 $L=0.33$ m 板宽 $B=80\times10^{-3}$ m
金属片宽 $b=65\times10^{-3}$ m 金属片厚 $\delta=1\times10^{-3}$ m
金属片总长 $l=2L=0.66$ m

热电偶编号	1	2	3	4	5	6	7	8	9	10	11
离板前缘距离 X_{mm}	0	0	2.5	5	7.5	10	15	20	25	32.5	40
热电偶编号	12	13	14	15	16	17	18	19	20	21	22
离板前缘距离 X_{mm}	50	60	75	90	110	130	160	190	220	260	300

1. 金属片壁温 t

所用测温热电偶为一康铜,以室温作为参考温度时,热端温度在 $50\sim80$ ℃范围内变化时,热端冷端每 1 ℃温差产生的热电势输出可近似为 0.043 mV,因此测得反映温差 $(t-t_f)$ 的热电势 $E(t-t_f)$ mV,即可求出温差,即 $(t-t_f)=E(t-t_f)/0.043$ ℃。

2. 流过金属片的电流 I

标准电阻为 150 A/75 mV,所以测得标准电阻上每 1 mV 电压降等于 2 A 电流流过,即

$$I=2\times V_1(A)$$

式中,V_1 为标准电阻两端的电压降 mV。

3. 金属片两端的电压降 V

$$V=T\times V_2\times10^{-3}(V)$$

式中,$T=201$ 为分压箱倍率;V_2 为经分压箱后测得的电压降,mV。

4. 空气流过平板的速度 u

由毕托管测得气流动压头 Δh,mmH_2O[①],可按下式计算速度:

---

① mmH_2O 为非法定计量单位,$1\ mmH_2O=9.806375$ Pa。

$$u = \sqrt{\frac{2 \times 9.81}{\rho} \Delta h} \quad (\text{m/s}) \tag{4.16}$$

式中，ρ 为空气密度（kg/m³）。

5. 局部对流换热系数 α_x

在下列假设条件下：

① 电热功率均匀分布在整个片表面。

② 不计片向外界辐射散热的影响。

③ 忽略片纵向导热的影响。

局部对流换热系数 α_x 可按下式计算：

$$\alpha_x = \frac{VI}{2Lb(t-t_f)} \quad (\text{W/(m}^2 \cdot \text{℃))} \tag{4.17}$$

6. 局部努谢特数 N_{ux} 与雷诺数 R_{ex}

$$N_{ux} = \frac{\alpha_x X}{\lambda}, \quad R_{ex} = \frac{uX}{\gamma} \tag{4.18}$$

式中，X 为离平板前缘的距离，m；λ 为空气的导热系数，W/(m·℃)；γ 为空气的运动黏性系数，m²/s。

用来流与壁温的平均值作为定性温度，即 $\frac{t+t_f}{2}$；$t = \frac{t_{\max}+t_{\min}}{2}$。式中，$t_{\max}$ 和 $t_{\min}$ 为平板上壁温的最大值和最小值。

4.3.6　实验注意事项

① 箱式风源：禁止人员实验时在风口处走动。

② 硅整流电源：启动电源之前先将电源调节手柄旋至 0 位，使之进入准备状态。

③ 接线：电源、测量系统上都标有正、负标记（红为正；黑为负），注意不要接错。

④ 转换开关：转换开关上共有 5 档：

a.（标记 V）为测量工作电压之用；

b.（标记 A）为测量工作电流之用；

c. d. e.（标记 mV）为测量温差电势之用。

⑤ 毕托管：毕托管安装时注意其垂直度，尾部长管测全压，短管测静压。

⑥ 平板实验件：

a. 工作电源：平板试件最大允许工作电流：$I_{\max} \leqslant 29$ A；

b. 冷端：冷端接线如图 4.8 所示。

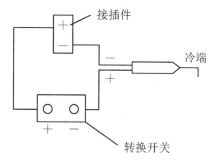

图 4.8　冷端接线

⑦ 启动顺序：启动和停止工作时必须注意操作顺序，按实验步骤进行。实验结束时，将硅整流电源调节手柄恢复到 0 位置，先关掉硅整流电源，再将风机门开到最大位置，等加热件冷却下来后再把风机关掉。

4.3.7 实验记录与数据处理

① 预习实验指导书,编制数据记录与计算用的表格。

a. 金属片两端电压降 V_2:_____ 、_____ 、_____ （×0.2 mV）

b. 标准电阻电压降 V_1:_____ 、_____ 、_____ （×0.2 mV）

c. 空气动压头（Δh）:_____ 、_____ 、_____ （×0.4×0.8 mmH$_2$O）

d. 室温（t_f）:_____ 、_____ （℃）

e. 实验数据记录与处理:将实验数据记录及处理结果填入表4.4。

表 4.4　实验记录表

序号	热电势 （×0.2 mV）	温差 （℃）	冷端温度 （℃）	表面温度 （℃）	局部换热系数 α	雷诺数 R_{ex}	努谢特数 N_{ux}	备注
1								
2								
3								
4								
5								
6								
7								
8								
9								
10								热端温度＝
11								定性温度＝
12								λ＝
13								γ＝
14								ρ＝
15								
16								
17								
18								
19								
20								
21								
22								

② 绘制 α_x-X 的关系曲线或在双对数纸上绘制 N_{ux}-R_{ex} 关系曲线。

③ 分析沿平板对流换热的变化规律,并将实验结果与有关参考书上给出的准则方程进

行比较。

4.4 空气纵掠平板式热边界层和流动边界层测定

4.4.1 实验目的

① 了解流体流过热固体表面时形成流动边界层和热边界层的特性。
② 了解流体的流速和固体表面温度对流动边界层和热边界层的影响。

4.4.2 实验原理

当实际流体流过固体表面时,在接触表面的地方因为黏性作用的缘故,其速度为 0,离开表面处,速度逐渐增加,至一定厚度以后,其速度不再增加,即与主流速度相等,这种在固体表面附近流体速度发生剧烈变化的薄层称之为流动边界层(又称速度边界层),其厚度记为 δ。根据流体的雷诺数不同,形成的边界层可分为层流边界层和紊流边界层,边界层的厚度定义为流体速度等于 99% 主流速度处至固体表面速度为 0 处的厚度。

在对流换热条件下,主流与壁面之间存在着温度差。实验观察同样发现,在壁面附近的一个薄层内,流体温度在壁面的法线方向上发生剧烈的变化,而在此薄层之外,流体的温度梯度几乎等于 0。流动边界层的概念可以推广到对流换热中去,固体表面附近流体温度发生剧烈变化的这一薄层称为温度边界层或热边界层,其厚度记为 δ_t。对于纵掠平板的对流换热,一般也以过余温度为来流过余温度的 99% 处定义 δ_t 的外边界,而且除液态金属及高黏性的流体外,热边界层的厚度 δ_t 在数量级上是个与运动边界层厚度 δ 相当的小量。

在测量平板局部换热系数后,仍保持平板相同的热状态不变,可以利用边界层速度分布、温度分布测量机构,即用全压探头测量边界层内全压的变化,以及用测温探头测量边界层内温度的变化。最后测出流动边界层厚度 δ 和温度边界层厚度 δ_t。

4.4.3 实验设备

测量流动边界层厚度 δ 和温度边界层厚度 δ_t 的装置如图 4.9 所示。测温探头 3 与 4 和测压探头 5 一同固定在位移机构 6 上,由于边界层的厚度很小,用千分表来精确测量两个探

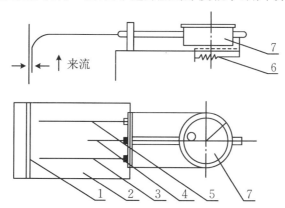

1. 平板试件;2. 风道;3. 测温热偶探头;4. 热偶冷端;5. 全压探头;6. 位移机构;7. 千分表。

图 4.9 边界层速度分布、温度分布测量机构

头的位移。位移机构上固定探头处有一微调件,可以调节探头的伸出距离,使两个探头处于对平板壁面有同样的相对位置。探头接触平板壁的初始位置由一电回路上的指示灯来确定。边界层速度分布、温度分布测量机构是装压在实验风道出口处,所测边界层截面位置紧靠空气流射流出口,因此全压管所反映的即为气流的动压。测温热电偶的参考点温度采用气流温度 t_f,即冷端 4 伸在气流中。

4.4.4 实验步骤

① 将测量流动边界层厚度 δ 和温度边界层厚度 δ_t 的装置装在风道上。

② 用乳胶管将全压测管与倾斜式微压计"+"极相连接。[倾斜式微压计上个实验(见4.3.4 节)已调好]。

③ 将测温热电偶的两根导线接到转换开关输入接线柱上。[电位差计上个实验(见4.3.4 节)已调好]。

④ 旋转位移机构固定探头上的微调件,前后调节探头的伸出距离,使两探头处于对平板壁面有同样的相对位置。将探头向平板移动,同时注意两指示灯,当两指示灯同时忽亮忽暗时,表明两个探头刚刚与平板接触,探头离壁面距离为0,这时通过微压计读出全压探头测得的空气动压 Δh,通过电位差计读数读出测温探头测得的热电势差 $E(t-t_f)$,测量从探头触及板表面处开始,离开板表面向后每移动 0.2 mm 或 0.25 mm 测量一次。同时由千分表读数读出位移值。直至 Δh 不再升高,维持不变,以及热电势差 $E(t-t_f)$ 趋近 0 为止。这时各自探头离壁面的距离即为所测边界层厚度。

4.4.5 实验数据及计算

表 4.5 和表 4.6 为测试边界层内速度分布和温度分布的原始数据记录及实验条件记录。

表 4.5 空气纵掠平板时流动边界层内速度分布

序号	千分表读数 (mm)	离壁面距离 (mm)	微压计读数 Δh (mmH$_2$O)	速度 V (m/s)	V/V_∞	y/δ	
1							
2							
3							
4							
5							

表 4.6 空气纵掠平板时热边界层内温度分布

序号	千分表读数 (mm)	离壁面距离 y (mm)	热电势 $E(t-t_f)$	$t-t_f$	t	$\dfrac{t-t_f}{t_w-t_f}$	$\dfrac{t-t_w}{t_f-t_w}$	$\dfrac{y}{\delta_t}$
1								
2								
3								
4								
5								

实验日期：_____

实验条件：

空气流速 $v_\infty=$ _____ 电压 $V=$ _____

空气温度 $t_f=$ _____ 电流 $I=$ _____

距离 $X=$ _____ 来流动压 $\Delta h=$ _____

壁温 $t_w=$ _____ 热边界层厚度 $\delta_t=$ _____

雷诺数 $Re=$ _____ 流动边界层厚度 $\delta=$ _____

绘制边界层内速度分布 y/δ-V/v_∞ 关系曲线及热边界层内 y/δ_t-$(t-t_w)/(t_f-t_w)$ 温度分布曲线。

注意事项：

① 一定要调到两指示灯同时忽亮忽暗时，表明两个探头刚刚与平板接触，才能从平板表面开始测量。

② 旋转位移机构上的微调件移动探头时，只能向一个方向旋转，千万不能左右旋转。

4.4.6 思考题

所测出的流动边界层厚度 δ 与热边界层厚度 δ_t 与关系式 $\delta/\delta_t=P_t^{1/3}$ 是否基本相符。

4.5 自循环毕托管测速实验

4.5.1 实验目的和要求

① 通过对管嘴淹没出流点流速及点流速系数的测量，掌握用毕托管测量点流速的技能。

② 了解普朗特型毕托管的构造和适用性，并检验其量测精度，进一步明确传统流体力学量测仪器的现实作用。

4.5.2　实验装置

本实验的装置如图 4.10 所示。

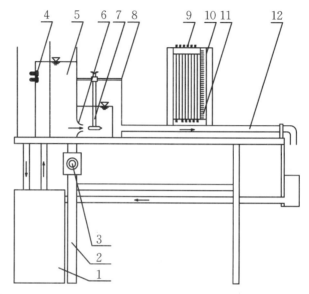

1. 自循环供水器;2. 实验台;3. 流量调节阀;4. 水位调节阀;5. 恒压水箱;6. 管嘴;

7. 毕托管;8. 尾水箱与导轨;9. 测压管;10. 测压计;11. 滑动测量尺(滑尺);12. 上回水管。

图 4.10　毕托管实验装置图

说明:

经淹没管嘴 6,将高低水箱水位差的位能转换成动能,并用毕托管测出其点流速值。测压计 10 的测压管 1、2 用以测量低水箱位置水头,测压管 3、4 用以测量毕托管的全压水头和静压水头,水位调节阀 4 用以改变测点的流速大小。毕托管结构示意图如图 4.11 所示。

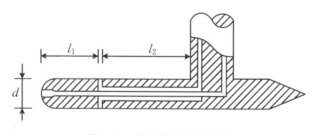

图 4.11　毕托管结构示意图

4.5.3　实验原理

毕托管测速原理如图 4.12 所示。测点处流速计算公式为

$$u = c \sqrt{2g\Delta h} = k \sqrt{\Delta h}$$

则

$$k = c \sqrt{2g} \tag{4.19}$$

式中,u 为毕托管测点处的点流速;c 为毕托管的校正系数;Δh 为毕托管全压水头与静水压

头差,k 为仪器测量常数,g 是重力加速度。

$$u = \varphi' \sqrt{2g\Delta H} \tag{4.20}$$

联解(4.19)和(4.20)两式可得

$$\varphi' = c \sqrt{\Delta h/\Delta H} \tag{4.21}$$

式中,u 为测点处流速,由毕托管测定;φ' 为测点流速系数;ΔH 为管嘴的作用水头。

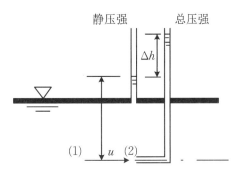

图 4.12　毕托管测速原理图

4.5.4　实验方法与步骤

① 准备:

a. 熟悉实验装置各部分名称、作用性能,明白构造特征、实验原理。

b. 用医塑管将上、下游水箱的测点分别与测压计中的测管 1、2 相连通。

c. 将毕托管对准管嘴,距离管嘴出口处 2~3 cm,上紧固定螺丝。

② 开启水泵:顺时针打开调速器开关 3,将流量调节到最大。

③ 排气:待上、下游溢流后,用吸气球(如医用洗耳球)放在测压管口部抽吸,排除毕托管及各连通管中的气体,用静水匣罩住毕托管,可检查测压计液面是否齐平,液面不齐平可能是空气没有排尽,必须重新排气。

④ 测记各有关常数和实验参数,填入实验表格。

⑤ 改变流速:操作调节阀 4 并相应调节调速器 3,使溢流量适中,共可获得三个不同恒定水位与相应的不同流速。改变流速后,按上述方法重复测量。

⑥ 完成下述实验项目:

a. 分别沿垂向和沿流向改变测点的位置,观察管嘴淹没射流的流速分布。

b. 在有压管道测量中,管道直径相对毕托管的直径在 6~10 倍以内时,误差在 5% 以上不宜使用。试将毕托管头部伸入到管嘴中,予以验证。

⑦ 实验结束时,按上述③的方法检查毕托管比压计是否齐平。

4.5.5　实验记录及数据处理

实验装置台号 NO._____

毕托管校正系数 $c = 1.0$,　$k = 44.27\ \text{cm}^{0.5}/\text{s}$

表 4.7　实验记录表格

实验次数	上、下游水位计			毕托管测压计			测点流速 $u=k\sqrt{\Delta h}$ （cm/s）	测点流速系数 $\varphi'=c\sqrt{\Delta h/\Delta H}$
	h_1 （cm）	h_2 （cm）	ΔH （cm）	h_3 （cm）	h_4 （cm）	Δh （cm）		
1								
2								
3								
4								
5								
6								
7								
8								
9								

画出管嘴淹没射流速度分布图：

4.5.6　实验分析与讨论

①　利用测压管测量点压强时，为什么要排气？怎样检验排净与否？

②　毕托管的压头差 Δh 和管嘴上下游水位差 ΔH 之间的大小关系怎样？为什么？

③　所测的流速系数 φ' 说明了什么？

④　根据激光测速仪检测，距孔口 2～3 cm 轴心处，其点流速系数 φ' 为 0.996，试问：本实验的毕托管精度如何？如何确定毕托管的矫正系数 c?

⑤　普朗特毕托管的测速范围为 0.2～2 m/s，流速过小或过大都不宜采用，为什么？另外，测速时要求探头对正水流方向（轴向安装偏差不大于 10°），试说明其原因（低流速可用倾斜压差计）。

⑥　为什么在光、声、电技术高度发展的今天，仍然常用毕托管这一传统的流体测速仪器？

第5章 冶金工程实验

5.1 铁精矿的粒度及比表面积检测

5.1.1 实验目的

① 掌握铁精矿的粒度和比表面积对生球制备的重要性。

② 掌握铁精矿粒度和比表面积的检测原理和检测方法。

5.1.2 实验原理

球团对造球原料的粒度、比表面积、化学成分等性质有一定要求。研究发现,在一定的粒度范围内,铁精粉的成球性能和球团质量与铁精粉的细粒级含量成正比,提高铁精粉的细度有利于球团生产。一般认为铁精粉-0.074 mm粒级含量占80%以上或比表面积在$1500$$\sim2000$ cm^2/g范围适合球团生产。因此,在实际生产中,必须对造球原料的粒度组成和比表面积进行检测,用于评估铁精矿的成球性能。

铁精矿的粒度检测常采用水筛法。每次的试样量为200 g,先用320目(0.045 mm)的筛子进行水筛,筛上物烘干称重后,再将筛上物用200目(0.074 mm)筛子进行水筛,筛上物烘干称重后,称出各粒级的质量,计算各粒级的百分含量。

实验室测比表面积的原理是根据一定量的气体(空气),在通过一定铁精矿粉的孔隙率和一定高度铁精矿料层所受到阻力不同而引起流速变化(所用时间)来测定试样的比表面积。根据达西(Darcy)定律,黏度为μ,在ΔP的压力差下,流过面积为A,高为L的料层,其流速为

$$u = \frac{Q}{A} = K\frac{\Delta p}{\mu L} \tag{5.1}$$

式中,u为流体的渗透速度,cm/s;Q为透过料层的流量,cm^3/s;Δp为流体通过料层前后的压力差,Pa;L为料层高度,cm;μ为流体黏度,Pa·s;K为比例常数。

由于流速与试料层中的孔道截面和长度有关,而料层中的孔道截面和长度与料层孔隙度和表面积有关,由此可导出库曾(Kozeny)公式:

$$K = \frac{1}{\lambda S_v^2} \cdot \frac{\varepsilon^3}{(1-\varepsilon)^2} = \frac{1}{\lambda \rho_s^2 S_w^2} \cdot \frac{\varepsilon^3}{(1-\varepsilon)^2} \tag{5.2}$$

式中,S_v为单位体积物料的表面积,$S_v = \rho_s S_w$;S_w为单位质量物料的表面积;ρ_s为物料的密度;λ为形状系数。

将(5.2)式代入(5.1)式,得出

$$S_w = \frac{1}{\rho_s} \sqrt{\frac{1}{\lambda} \cdot \frac{\varepsilon^3}{(1-\varepsilon)^2} \cdot \frac{A}{Q} \cdot \frac{\Delta p}{\mu L}} \tag{5.3}$$

5.1.3 实验装置

铁精矿粒度检测需要的实验装置包括烘箱、天平、铁盆若干、圆筛(200目、325目)、虹吸管等。

实验研究和现场生产中对某样品比表面积一般采用新T-3型透气比表面积仪进行测定,其结构如图5.1所示。新T-3型透气比表面积仪是根据一定的气体,通过一定孔隙和固定厚度料层所受阻力不同而引起流速变化来测定试样比表面积。

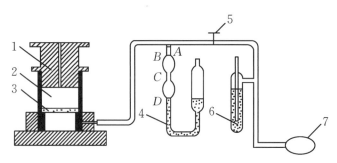

1. 捣器(捣紧试样);2. 圆筒(装试样);3. 筛板;4. 气压计;5. 旋塞;6. 负压调节器;7. 抽气球。

图 5.1　新 T-3 型透气比表面积仪装置示意

装有筛板3的圆筒2装试样,捣器1可将试样捣紧并控制在固定高度。气压计4是通过试样抽入一定量的空气,上有刻度 A、B、C 和 D 瓶内装蓝(红)色水来控制气体体积。负压调节器6装有饱和食盐水,用以调节气压计中液面高度,连通抽气球。

5.1.4 实验步骤

1. 粒度检测

本实验采用水筛法检测铁精矿的粒级分布。实验步骤如下:

① 随机取 500 g 铁精矿,置于烘箱内完全烘干,待用。

② 将铁盆 a 中加入约 1/2 高度的水,将 200 目圆筛置于水中,水不可溢出铁盆。

③ 将 200 g 铁精矿依次通过 200 目圆筛,筛上物完全烘干,记为 m_1,筛下物在铁盆内。

④ 另取一铁盆 b,将 325 目圆筛置于新铁盆中,如步骤②方法操作。

⑤ 将铁盆 a 中的铁精矿依次通过 325 目圆筛,筛上物完全烘干,记为 m_2,筛下物在铁盆内。

⑥ 将铁盆 b 静置一段时间,直至铁精矿完全沉淀,用虹吸管将水排出(注意:不可将盆内的铁精矿吸出),剩余的水分通过烘箱烘干,此部分铁精矿记为 m_3。

⑦ 每组实验重复 2 次,误差不得超过 5%,实验完毕。

称取完全烘干的铁精矿 200 g。

2. 比表面积检测

实验前检查仪器是否漏气。其方法是用橡皮塞将圆筒 2 塞紧,打开旋塞 5,用抽气球 7

抽气,待气压计 4 的蓝色液面上升至 A 处,关闭旋塞,在 5 min 内液面不下降,说明系统无漏气现象。如果达不到上述要求,则应检查密封。

试样必须事先经 110 ℃ 烘干 1 h,然后放干燥器中冷却至室温备用。试样的质量 W 按下式计算:

$$W = V \cdot \rho_s \cdot (1 - \varepsilon) \tag{5.4}$$

式中,V 为圆筒 2 内试样屋的体积(用水银法标校),cm³;ε 为捣紧后试样的孔隙率,规定采用为 0.48 ± 0.02。

将筛板 3 装入圆筒中,垫上一层圆形滤纸,再将称好的试样(精确至 0.01 g)放入圆筒内,在桌面上左右轻轻摇动,使试样表面平坦,然后在试样表面再铺上一层滤纸,用捣器 1 均匀捣实试样至支持环紧接触筒口并旋转一周。取出捣器,打开旋塞 5,用抽气球轻轻抽气,待气压计中蓝色液面超过刻线 A 以上时,迅速关闭旋塞 5,待液面下降至 B 处,开始用秒表计时,待液面下降至 C 处,停止计时。计算从 B 降至 C 的时间 $T_\text{上}$。

重复三次,取平均值,计算时采用常数 $K_\text{上}$。

当液面从 B 降至 C 小于 35 s 时,应采用气压计下面 C 到 D 的扩大部分,记录液面从 C 到 D 所需时间 $T_\text{下}$,计算时采用下部仪器常数 $K_\text{下}$。

实验过程中应注意以下两点:

① 捣紧试样时表面要平坦,用力均匀,做完后不可倾翻和振动,以免改变试样颗粒的分布。

② 抽气用力应小而匀,液面上升不能太猛,以免气压计中蓝色液体充入旋塞中。

实验完毕后将筒内试样倒出,擦干净待再做。

5.1.5　实验记录及数据处理

将实验数据记录在表 5.1 中。

表 5.1　实验数据记录

序号	m_1（＋200 目）	m_2（＋325～－200 目）	m_3（－325 目）
1			
2			
3			
4			

仪器参数	仪器常数 K		试样屋体积(cm³)	
	室温(℃)		空气黏度(Pa·s)	
	物料的密度(g/cm³)			
次数	1	2	3	平均值
从 B 到 C 的时间 $T_\text{上}$(s)				

比表面积按下式计算:

$$S_w = \frac{K}{\rho_s} \sqrt{\frac{\varepsilon^3}{(1-\varepsilon)^2} \cdot \frac{1}{\mu} \cdot T} \tag{5.5}$$

式中,K 为仪器常数,根据已知密度、比表面积的标准试样进行标定;μ 为实验温度下空气黏度,Pa·s;T 为下降刻度计时,s。

计算应精确至 $10\ \mathrm{cm^2/g}$,以下数值四舍五入,两次结果误差应小于 4%。

5.1.6 思考题

① 测量铁精矿粉粒度的方法有哪几种?
② 在测比表面积之前为什么要对仪器进行标定?
③ 铁精矿比表面积测定时应注意些什么?
④ 测定比表面积与铁精矿造球生产是什么关系?

5.2 球团矿的制备及性能检测

5.2.1 实验目的

铁矿石(烧结矿、球团矿、块矿)的还原性、低温还原粉化性能、荷重软化性能、球团矿的还原膨胀性能、块矿的热裂性能等冶金性能指标是衡量高炉炼铁原料的优劣的重要指标,具有良好冶金性能的铁矿石,对于高炉炼铁提高产量、降低焦比、改善高炉冶炼过程的积极作用,可使高炉炼铁获得良好的经济效益。

结合本专业知识,通过查阅有关文献资料,以铁精矿粉为主原料,膨润土为黏结剂,自行设计氧化球团生产配方,利用实验室提供的设备,进行球团的制备,并参照国家或行业标准对制备的球团矿进行冶金性能测试,提出影响球团矿质量的因素,提交综合实验报告。

5.2.2 实验原理与内容

在高炉冶炼时,为了满足冶炼要求、获得良好的经济效益、保证炉内良好的透气性,要求入炉炉料有尽可能高的铁品位、适宜的尺寸、足够的强度、良好冶金性能。天然开采出来的铁矿石其粒度和化学成分都不能满足高炉冶炼的要求。矿石经过选矿、富集从贫矿变成含铁量较高的精矿粉,此时仍然无法满足入炉要求,必须经过人工造块将其制成具有一定粒度块矿。人工造块的方法很多,应用最为广泛的是烧结法和球团法。烧结矿、球团矿是高炉炼铁最主要的两种入炉熟料,其冶金性能优于天然富矿。

球团矿靠滚动成型,直径一般在 $10\sim20\ \mathrm{mm}$,经过焙烧固结,具有足够的机械强度,可以满足高炉冶炼的要求,还可以作为商品长途运输和储存。我国普遍应用的是酸性球团矿,生产工艺主要包括竖炉、链箅机-回转窑和带式焙烧机三种。

铁矿球团原料主要包括铁精矿、黏结剂及其他添加剂等,生产流程依次经过造球-干燥-预热-焙烧,最终得到成品球团,其中造球得到的中间产物称为生球。生球成型是利用细磨粉料表面能大,存在着以降低表面张力来降低表面能的倾向的特性,它们一旦与周围介质相接触,就能产生吸附现象。成球过程分为三个阶段:母球形成,母球长大以及长大了的母球进一步密实。含铁粉料多为氧化矿物,根据相似者相容的原则,它们极易吸附水。同时,干的细磨粉料表面通常带有电荷,在颗粒表面空间形成电场;水分子又具有偶极构造,在电场作用下发生极化,被极化的水分子和水化离子与细磨粉料之间因静电引力而相互吸引。这样,用于造球的精矿粉颗粒表面常形成由吸附水和薄膜水组成的分子结合水膜,在力学上可看做是颗粒"外壳",在外力作用下与颗粒一起变形,这种分子水膜能使颗粒彼此黏结,它是细磨粉料成球后具有机械强度的原因之一。根据大量研究结果,铁矿粉加水成球是在颗粒间出现毛细水后才开始的,其机理可分为下列几种状态:

① 加少量水时,颗粒间水分呈摆线结构,属于触点态毛细水,它可使颗粒联系起来。此时颗粒间接触点的黏结力为 F_a,即触点态毛细水呈现的毛细力,可用下式表示:

$$F_a = 2\pi r_0 \sigma / (1 - \tan \theta / 2) \tag{5.6}$$

式中,r_0 为颗粒半径;σ 为水的表面张力;θ 为水桥弯月面夹角。

在这种情况下,水量越少,则 θ 角越小,F_a 越小。若水完全消去,则失去水桥黏结力。

② 当矿粒层中出现触点状毛细水后,继续增加水分便出现蜂窝状毛细矿粒水。此时,一些空隙被水充满,水开始具有连续性,能在毛细管内迁移,并能传递静水压力和呈现毛细压力。在生球内颗粒间的毛细压力作用下,颗粒彼此黏在一起并产生强度。

③ 当料层孔隙完全被水充满时,则出现饱和毛细水,即毛细水达到最大含量。

造球时最适宜的水介于触点状和蜂窝状毛细水之间。毛细水能够在毛细压力的作用下和在引起毛细管形状及尺寸改变的外力作用下发生迁移。物料成球速度取决于毛细水的迁移速度,表面亲水性物料的毛细水迁移速度较之表面疏水性物料的毛细水迁移速度快。在成球过程中,毛细水起主导作用。当物料润湿到毛细水阶段时,成球过程才明显得到发展。

球团生产广泛采用圆盘造球机造球。制备合格的生球要经过干燥、预热、焙烧才能得到机械强度足够大的成品球团。生球干燥的目的是为了使经干燥的球团能够安全承受预热阶段的温度应力。球团预热阶段主要经过磁铁矿的氧化、结晶水的蒸发、水合物和碳酸盐的分解及硫化物的煅烧等。球团焙烧是球团在高温下进行固相固结反应,产生足够的强度。

固相固结是球团内的矿粒在低于其熔点的温度下的互相黏结,并使颗粒之间连接强度增大。在生球内颗粒之间的接触点上很难达到引力作用范围。但是,在高温下,晶格内的质点(离子、原子)在获得一定能量时,可以克服晶格中质点的引力,在晶格内部进行扩散。一旦温度高到质点的扩散不仅限于晶格内,而且可以扩散到晶格的表面,并进而扩散到与之相邻的晶格内时,颗粒之间便产生黏结。

固态下固结反应的原动力是系统自由能的降低。依据热力学平衡的趋向,具有较大界面能的微细颗粒落在较粗的颗粒上,同时表面能减小,在有充足的反应时间、足够的温度以及界面能继续减小的条件下,这些颗粒便聚结,进一步成为晶粒的聚集体。生球中的精矿具有极高的分散性,这种高度分散的晶体粉末具有严重的缺陷,并有极大的表面自由能,因而处于不稳定状态,具有很强的降低其能量的趋势,当达到某一温度后,便呈现出强烈的扩散位移作用,其结果是使结晶缺陷逐渐地得到校正,微小的晶体粉末也将聚集成较大的晶体颗粒,从而变成活性较低的、较为稳定的晶体。

铁矿球团固结的形式可分为磁铁矿、赤铁矿和熔剂性球团矿三种类型,限于篇幅,本书只介绍前两种类型。

1. 磁铁矿球团固结形式

(1) Fe_3O_4 微晶键连接

磁铁矿球团,在氧化气氛中焙烧时,氧化过程在 $200 \sim 300\ ℃$ 时开始并随温度升高氧化加速。氧化首先在磁铁矿颗粒表面和裂缝中进行。当温度达 $800\ ℃$ 时,颗粒表面基本上已氧化成 Fe_2O_3 在晶格转变时,新生的赤铁矿晶格中,原子具有很大的活性,不仅能在晶体内发生扩散，并且毗邻的氧化物晶体也发生扩散迁移在颗粒之间产生连接桥（即连接颈）。这种连接称为微晶键连接。所谓微晶键连接，是指赤铁矿晶体保持了原有细小晶粒。

颗粒之间产生的微晶键使球团强度比生球和干球有所提高，但仍较弱。

（2）Fe_2O_3 再结晶连接

Fe_2O_3 再结晶连接是铁精矿氧化球团固相固结的主要形式，是第一种固结形式的发展。当磁铁矿球团在氧化气氛中焙烧时，氧化过程由球的表面沿同心球面向内推进，氧化预热温度达 1000 ℃时，约 95％的磁铁矿氧化成新生的 Fe_2O_3，并形成微晶键。在最佳焙烧制度下，一方面残存的磁铁矿继续氧化，另一方面赤铁矿晶粒扩散增强，并产生再结晶和聚晶长大，颗粒之间的孔隙变圆，孔隙率下降，球体积收缩，球内各颗粒连接成一个致密的整体，因而使球的强度大大提高。

（3）Fe_3O_4 再结晶固结

在焙烧磁铁矿球团时，若为中性气氛或氧化不完全，内部磁铁矿在 900 ℃即开始发生再结晶，使球内各颗粒连接。但 Fe_3O_4 再结晶的速度比 Fe_2O_3 再结晶的速度慢。因而反映出，随温度升高以 Fe_3O_4 再结晶固结的球团，其强度比 Fe_2O_3 再结晶固结的低。

通常生产中采用的磁铁矿精矿，均含有一定量的 SiO_2，在 1000 ℃左右时便产生部分 $2FeO \cdot SiO_2$ 并出现液相，液相的多少则随球团中 SO_2 的含量而定。如果有明显的液相生成，磁铁矿则呈自形晶，此时，球团强度降低。

（4）渣键连接

磁铁矿生球中含有一定数量 SO_2 时，若焙烧在还原气氛或中性气氛中进行，或 Fe_3O_4 氧化不完全，那么在焙烧温度 1000 ℃时即能形成 $2FeO \cdot SO_2$，其反应式如下：

$$2Fe_3O_4 + 3SiO_2 + 2CO = 3Fe_2SiO_4 + 2CO_2$$
$$2FeO + SiO_2 = Fe_2SiO_4$$

$2FeO \cdot SO_2$ 熔点低，且极易与 FeO 及 SiO_2 再生成熔化温度更低的低熔体。因此，在冷却过程中，因液相的凝固，而使球团固结。

此外，如果焙烧温度高于 1350 ℃，即使在氧化气氛中焙烧，Fe_2O_3 也将发生部分分解，形成 Fe_3O_4，同样会与 SO_2 作用产生 $2FeO \cdot SiO_2$。

$2FeO \cdot SiO_2$ 在冷却过程中很难结晶，常成玻璃质，性脆，强度低，且高炉冶炼中难以还原，因此渣键连接不是一种良好的固结形式。

2. 赤铁矿球团固结形式

目前，赤铁精矿越来越多地被用于球团生产之中。现就其主要固结形式介绍如下：

（1）较纯赤铁矿精矿球团的高温再结晶固结形式

该类赤铁矿精矿球团的固结机理，有人认为是一种简单的高温再结晶过程。用含 Fe_2O_3 99.70％的赤铁矿球团进行实验，在氧化气氛中熔烧时发现，赤铁矿颗粒在 1300 ℃时才结晶，且过程进行度慢，在 1300～1400 ℃温度范围内，颗粒迅速长大，熔烧 30 min，赤铁矿晶粒尺寸由 20 μm 增至 400 μm。因此得出较纯的赤铁矿球团的固结机理是一种简单的高温再结晶过程。

（2）较纯赤铁矿精矿球团的双重固结形式

对较纯赤铁矿精矿球团固结形式的另外一种观点是，双重固结形式。这种观点认为，当生球加热至 1300 ℃以上温度时，赤铁矿分解生成磁铁矿，而后铁矿颗粒再结晶长大，此为一次固结。当进入冷却阶段时,磁铁矿则被重新氧化,球团内各颗粒会发生 Fe_2O_3 再结晶和相互连生而受到次附加固结,即所谓的二次固结。

(3) 较高脉石含量的赤铁精矿球团的再结晶渣相固结形式

这类赤铁精矿球团的固结形式被认为不是简单的高温再结晶过程。一些研究发现,当温度为 1100 ℃时,开始出现 Fe_2O_3 再结晶。1200 ℃时赤铁矿结晶明显得到发展,即产生高温再结晶固结。这种 Fe_2O_3 再结晶一直发展到 1260 ℃ 以上的高温区。当焙烧温度大于 1350 ℃时,Fe_2O_3 部分又被分解成 Fe_3O_4,Fe_3O_4 与 SiO_2 生成铁橄榄石 $FeO \cdot SiO_2$,并形成渣相固结。在还原气氛中焙烧赤铁矿生球时,由于赤铁矿颗粒被还原成磁铁矿和 FeO,因此 900 ℃ 以上时,即产生 Fe_3O_4 再结晶而使生球固结,当生球中含一定量的 SiO_2 时,在高于 1000 ℃ 的温度下将出现 Fe_2SiO_4 的液相产物,使生球得到固结。但是,这种焙烧制度下所得到的球团还原性差且强度低。

实际生产赤铁矿球团时往往在球中加入石灰石等添加物,这种生球在氧化气氛焙烧时,主要是靠形成 $CaO \cdot Fe_2O_3$ 或 $CaO \cdot SiO_2$ 而使生球固结。生成这些化合物的过程在温度达到 1000～1200 ℃ 时即已完成,继续加热生球,最初引起铁酸钙的熔化(1216 ℃),此后是铁酸半钙的熔化(1230 ℃),最后是硅酸钙的熔化(约 1540 ℃)。液相润湿赤铁矿颗粒,并在球团冷却时将其黏结起来。

本实验的实验内容包括生球制备、生球质量检测、球团预热和焙烧以及成品球团质量检测。

5.2.3　实验装置

本实验所涉及的实验设备包括:圆盘造球机(如图 5.2 所示)、搅拌机、电子台秤、高温管式电阻炉、烘箱、球团生球强度测试仪、球团爆裂温度检测仪、球团抗压强度测试仪、小铲、喷壶、筛子等。实验原料包括 2～4 铁精矿、膨润土和水等。

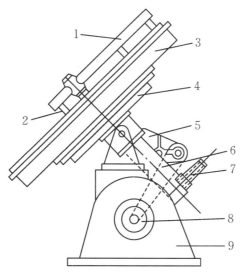

1. 刮刀架;2. 刮刀;3. 圆盘;4. 伞齿轮;5. 减速机;
6. 中心轴;7. 调倾角螺杆;8. 电动机;9. 底座。

图 5.2　圆盘造球机示意图

5.2.4 实验步骤

本实验的实验操作步骤如下：

① 实验中所使用铁精矿—0.074 mm 比例应达到 85％以上。造球时按照配矿方案称取 5 kg 完全烘干的混合铁精矿,根据膨润土配比确定其配加量与铁精矿形成混合料。

② 将混合料放入搅拌机,加入 6％的水分,进行机械混匀,混合料的水分应低于生球适宜的水分。

③ 开始造球,设定圆盘造球机转速为 22 r/min,倾角为 $\alpha=47°$,造球时应遵循滴水成球、雾水长大的原则:即添加少量混合料入圆盘,滴加少量水分制备母球,用小铲将尺寸过大或过小的母球铲出,保持球盘内的母球尺寸尽量一致,同时还应预估母球数量。母球数量过多,会造成混合料不够而球团达不到指定尺寸;母球数量过少,会造成混合料富余浪费。

④ 母球形成后,可以大批量添加混合料,一边加料一边同时喷加雾状水,母球逐渐长大,加料过程中仍通过小铲将尺寸过小或过大的球铲出,待生球尺寸在 12～16 mm 内停止加料,继续让生球在球盘内滚动 3 min,使生球将球内的水分挤出并通过机械转动增强生球强度,滚动完成后将生球取出,检测生球质量。

⑤ 生球质量检测包括水分检测、落下强度检测、抗压强度检测和爆裂温度检测等。

a. 生球水分检测:生球取出后迅速随机称取约 200 g 生球,称取其准确重量 G_1,然后将所取的生球置于烘箱内烘干,烘干温度 105 ℃,2 h 后将去生球取出,测量生球的质量 G_2,生球水分:

$$\lambda = \frac{G_1 - G_2}{G_1} \times 100\% \tag{5.7}$$

b. 落下强度检测方法:将生球于 0.5 m 高度自由落下至 10 mm 厚的钢板上,若落下 n 次后发生破裂,即该球的落下强度为 $(n-1)$ 次/0.5 m。每次测 20 个生球,取平均值作为生球的落下强度(单位为次/0.5 m)。

c. 抗压强度检测方法:将生球置于球团生球强度测试仪上,在其上部缓缓施加一垂直向下的压力,直至生球发生破裂,此时仪器所显示的压力值即为生球的抗压强度,每次测 20 个生球,取平均值作为该批生球样的抗压强度(单位为 N/P)。

d. 爆裂温度检测方法:在 $\Phi650$ mm×1000 mm 的竖式管炉中进行,从鼓风机出来的室温空气,经转子流量计控制风速进入管炉中。管炉是通过电阻丝加热的,由可控硅温度自动控制仪表控制温度。该装置中间有一根 $\Phi80$ mm×1200 mm 的不锈钢热风管,该管内装有高度为 1000 mm 的 $\Phi15$ mm 的氧化铝瓷球,电炉加热瓷球,使鼓入的空气迅速被加热成为温度恒定的热气流,反映热风温度的热电偶装在生球干燥杯的底部。实验用来装生球的干燥杯内径为 50 mm,高度为 150 mm,底部均匀排列有 $\Phi3$ mm 的圆孔,以便气流进入干燥杯中进行干燥。

测定生球爆裂温度时,每次取 50 个合格生球装入干燥杯中,将干燥杯放在风速为 1.5 m/s(冷态)的竖式管中,生球在炉膛内停留 5 min 后取出,以生球破裂 4％(即破裂 2 个球团)所能承受的最高温度(AC 公司以生球破 10％)为爆裂温度。

⑥ 球团预热焙烧实验:实验时经充分干燥后生球装在刚玉方舟中进行预热、焙烧实验。

a. 预热实验方法如下:将电阻炉炉口到炉中央平均分为五段,预热时将充分干燥的球团分 5 次慢慢推到炉中央,每次停留时间 1 min,最后在预热区停留相应的预热时间,在依次退出,每次停留时间 1 min。

　　b. 焙烧实验方法如下:预热阶段步骤同预热实验,预热结束后,直接将球团推入至焙烧区,停留相应的焙烧时间,焙烧结束后,将球团拖回预热区保温 5 min,在依次按预热实验步骤将球团拖出。

　　⑦ 在实验室自动抗压强度检测仪上,检测球团抗压强度,检测方法与生球抗压强度检测方法一致。

5.2.5　实验记录及数据处理

1. 配料

将造球原料配比填入表 5.2。

表 5.2　造球原料配比

类别	铁精矿一	铁精矿二	铁精矿三	膨润土	水分
质量分数(%)					
质量(g)					

2. 球团质量检测

将生球质量检测数据填入表 5.3;球团预热焙烧制度及质量检测数据填入表 5.4。

表 5.3　生球质量检测

实验编号	落下强度(次/0.5 m)	生球抗压强度(N/P)	爆裂温度(℃)	水分(%)

表 5.4　球团预热焙烧制度及质量检测

实验编号	预热温度(℃)	预热时间(min)	焙烧温度(℃)	焙烧时间(min)	抗压强度(N/P)

5.2.6　思考题

　　① 简述预热焙烧对球团生产的重要性。

　　② 简述磁铁矿球团的主要固结方式。

5.3 铁矿粉烧结实验

5.3.1 实验目的

铁矿石烧结是高炉冶炼前广泛采用的原料处理方法,也是高炉冶炼前准备精料的重要环节,它的产品——烧结矿是炼铁高产、优质、低耗的重要物质基础。根据生产现场对铁矿石烧结的性能要求,由教师提供原料,学生进行配料计算,研究不同配料和操作制度对烧结生产产量和烧结矿质量的影响,通过烧结实验掌握抽风烧结实验研究的操作技能和必备设备的性能。并通过一系列烧结矿的物理性能检测,了解烧结矿物性检测的内容、方法要点,分析性能指标的影响因素,培养学生分析问题和解决问题的能力。

5.3.2 实验原理

烧结是用粉状铁矿或细磨精矿加入熔剂粉和焦粉(煤粉),在抽风条件下,燃料燃烧产生热量加热到一定温度时(短时间接近熔化温度),在不完全熔化的条件下组分发生物理和化学变化产生一定数量的液相,使烧结料固结在一起,形成烧结矿。所以,烧结过程是一个复杂的物理和化学反应的综合过程。它进行着燃料燃烧的热交换、水分的蒸发与冷凝、碳酸盐的分解与矿合作用、硫及其他有害元素的去除,以及烧结料间固相反应、软化、局部熔化所形成的熔融物的固结,冷却结晶,最后形成有相当强度多孔的烧结矿块。因此,烧结生产能合理和充分地综合利用矿产资源。此工艺还可以回收和利用工业生产的废弃含铁物料(如轧钢皮、硫酸渣等),减少环境污染。面对这个复杂的烧结过程,通常都是根据相似原理,从烧结研究的对象中取出一个小单元,在比生产实际为小的模拟装置中来研究。图5.3所示为烧结生产简图。

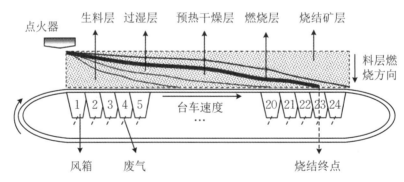

图 5.3 烧结生产简图

实验室的烧结杯有圆形和正方形两种。从几何形状看,烧结杯与带式烧结机并不相似。但是,当设计的烧结杯在其散热、蓄热和气体力学等特性与烧结机相似时,通过控制风量、负压、温度等边界条件,使之与生产实际相似,把烧结杯理解为从烧结机上截取一单元体来研究烧结过程中的各种变化规律是完全可行的。两种形状的烧结杯比较,因圆形烧结杯散热面积小,边缘效应影响也较小,故多数烧结实验装置都采用圆形烧结杯。烧结杯越大,模拟的代表性越好。

模拟实验的第二个问题是:实验时应测量哪些物理量? 因为这些量决定着现象的相似

特性。不同的研究对象,所需测试的项目不同,对于一般铁矿石烧结工艺而言,经常需要测定的项目有:

　　① 烧结杯进出口风速。

　　② 烧结点火负压、点火时间和温度。

　　③ 烧结料层温度、阻力。

　　④ 烧结废气温度和气相组成。

　　⑤ 抽风负压。

　　⑥ 烧结时间。

　　此外,烧结矿的质量和物理性质对高炉冶炼的影响很大。改善烧结矿的冶金性能是高炉精料的主要内容,因此检验烧结矿的性能也非常必要。本实验主要是检验它的物理性能和机械强度,要求烧结矿的粒度均匀,下限取 5 mm,也有增大到 8~10 mm 的趋向,它主要是为了改善高炉内气体力学条件;上限取 40~50 mm,它主要是考虑改善高炉内还原过程。同时,要做一系列的筛分,模拟现场生产设备和操作;用落下装置、转鼓设备测定其机械强度,检验其各项性能,用筛分的方法测定其粒度分布。

　　铁矿石烧结实验的主要内容根据不同的研究目的和研究对象亦不同,在一般情况下,烧结实验研究的任务可归纳为如下几个方面:

　　① 评价某种矿物的烧结可行性。

　　② 为烧结厂设计提供依据。

　　③ 研究提高烧结矿产量和质量的主要途径。

　　④ 改善烧结产品的冶金性能。

　　⑤ 降低烧结能耗。

　　⑥ 烧结过程成矿机理的研究。

　　⑦ 烧结新工艺新设备的研究。

　　本实验的研究内容分为两部分:一部分是烧结实验,主要是研究不同碱度、铁矿粉粒度和燃料用量对烧结矿性能的影响,同时考察烧结点火负压、温度与点火时间的关系,考察抽风负压与烧结废气温度、烧结时间的关系;另一部分是烧结矿的物理性能检测,掌握检测设备和操作的要领和注意事项,熟悉检测中各项指标的计算方式及其所代表的实际意义。

5.3.3　实验装置

　　本实验使用的烧结杯模拟装置如图 5.4 所示。

5.3.4　实验步骤

1. 原料基础特性检测

　　为了完成上述内容,要求在实验前做好准备工作,收集高炉用烧结矿的主要成分及其碱度范围、主要生产原料和燃料的成分及粒度组成,将数据记录在表 5.5 和表 5.6 中。在此基础上,进行试样准备,为实验提供具有代表性的试样。

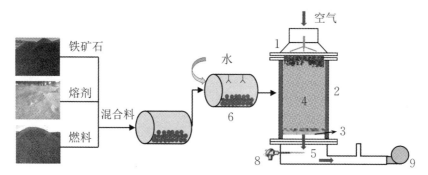

1. 点火器;2. 烧结杯;3. 炉篦条;4. 混合料;5. 抽风室;6. 二混制粒;
7. 一混制粒;8. 测温热电偶;9. 抽风机。

图 5.4 烧结实验装置

表 5.5 原料化学成分(%)

种类	TFe	SiO$_2$	CaO	Al$_2$O$_3$	MgO	TiO$_2$	V$_2$O$_5$	S	烧损	C	灰分	H$_2$O
粉矿												
精矿												
石灰石												
白云石												
焦粉												
返矿												

表 5.6 原料粒度组成(%)

网目	<200	150~200	100~150	80~100	40~80
粉矿					
精矿					
石灰石					
白云石					
焦粉					
返矿					

2. 设计实验方案

根据原料和燃料的成分,按不同的碱度要求,计算出配入的燃料用量及其他的辅助原料的用量,记录在表 5.7 中。建议采用 $L_4(2^3)$ 的正交实验方案安排实验,正交实验方案见表 5.8。

表 5.7　原料配比

混合料配碳(%)		混合料水分(%)			湿混合料总质量		
种类	粉矿	精矿	石灰石	白云石	焦粉	总计	返矿	水分
质量分数(%)								

表 5.8　$L_4(2^3)$ 的正交实验方案

实验编号 \ 因素	碱度	铁矿粉粒度	燃料用量
1	水平 1	水平 1	水平 1
2	水平 1	水平 2	水平 2
3	水平 2	水平 1	水平 2
4	水平 2	水平 2	水平 1

3. 实验步骤

烧结实验是在根据模化条件设计的烧结实验装置上进行,该装置包括:点火器、烧结杯、抽风室、除尘器和抽风机等组成,实验装置如图 5.4 所示。

烧结料烧结过程在烧结杯中进行,烧结杯底部放有炉箅条,抽入的空气经烧结料燃烧生成的废气进入抽风室,其内装有测量废气温度用的热电偶和测压管,并由温度仪表和 U 型压力计读出相应的参数。废气进入除灰斗除去漏下的大颗粒料,通过除尘器除去大部分灰尘和水汽,被抽风机抽入消音器再排入大气。当废气温度过高,可由吸风阀吸入冷气。

烧结操作步骤如下:

① 混料:按照配料计算好的数据进行称料,料称好后必须进行人工干混混匀,然后加水湿混,水量加至最宜程度(用手捏能成团并有水印)。

② 装料:先在烧结杯的炉箅子上铺一层粒度为 6～10 mm,质量为 100 g 的烧结矿为垫底料,底料装平后,测量空烧结杯的高度,然后将混好的湿料分数次小心装入杯内直到装完,铺平料面,再量高,计算料高。最后料面上撒一层粒度小于 3 mm、质量为 50 g 的焦粉作点火料。

应注意:在装料时尽量避免偏析,勿用手压紧,亦不能震动。

③ 点火:装料完毕后,将烧结杯轻轻置于烧结台上对口安装放好,开启抽风机,调节烧杯的风量至抽风室的真空度为 3000 Pa 为止。开启点火用的空气阀,控制空气流量为 16 m³/h 左右,按下点火开关,徐徐开启天然气阀,直至点燃后控制天然气流量为 1.6 m³/h 左右,然后将点火器对准烧结杯进行烧结点火,点火时间 1 min,点火温度为 1100～1200 ℃。

④ 烧结:在点火后的烧结过程中,烧结矿层逐渐由上向下移动,每隔 1 min 记录一次真空度和废气温度。当废气温度上升达最高值,而刚刚开始回降时,表明烧结终了,将实验数据记录在表 5.9 中。取下烧结杯,将烧结矿倒在铁板上,称其饼重和粉重是全部烧结矿量,实验数据记录在表 5.10 中。

⑤ 取出烧结杯中的烧结矿,将烧结饼在落下装置上从 2 m 高的位置向下落下摔打 4 次,然后用五层往复摇筛进行筛分,方形筛孔分别为 40 mm、25 mm、16 mm、10 mm、6.3 mm。

⑥ 分别称量>40 mm、40~25 mm、25~16 mm、16~10 mm、10~6.3 mm、<6.3 mm 的各级烧结矿的质量,6.3 mm 以上的烧结矿是成品矿,小于 6.3 mm 的烧结矿是返矿。

5.3.5　实验记录与数据处理

实验数据记录如下:

铺底料粒度:_____　　　　混合料:_____g

混合料高度:_____mm　　　混合料堆密:_____kg/m³

点火焦粉:_____g　　　　　点火空气量:_____m³/h

点火煤气量:__ m³/h　　　　　点火时间:_____min

表 5.9　实验数据记录

时间(min)	1	2	3	4	5	6	7	8	9	10	11	12	…
真空度(Pa)													
废气温度(℃)													
时间(min)													
真空度(Pa)													
废气温度(℃)													
时间(min)													
真空度(Pa)													
废气温度(℃)													

烧结主要技术指标的计算:

① 垂直烧结速度:

$$u = h/t \tag{5.8}$$

式中,u 为垂直烧结速度,mm/min;t 为烧结时间,min;h 为烧结料层高度,mm。

② 烧成率:

$$\eta_a = \frac{Q_A}{Q_w} \times 100\% \tag{5.9}$$

式中,Q_A 为烧结终了倒出的全部烧结矿量(包括粉末在内),g;Q_w 为干混合料质量,g。

③ 转鼓强度:

转鼓强度是评价烧结矿、球团矿抗冲击和耐磨性能的一项重要指标。目前世界各国的测试方法尚不统一,其中,国际标准(ISO 3271—75)获得广泛的应用,我国国家标准局于 1988 年 10 月 1 日颁布的标准(GB 8209—87)就是根据这一国际标准制定的,该标准采用的转鼓内径为 1000 mm,宽 500 mm,鼓内侧有两个成 180°相互对称的提升板(50 mm×50 mm ×5 mm),其长 500 mm 的等边角钢焊接在鼓的内侧。在实验条件下,为了适应试样量少的特点,可缩小转鼓宽度(1/2 或 1/5),同时按比例减少装料量(7.5 kg 或 3 kg),测得的数据经用标准转鼓校正后也具有可比性。

转鼓强度测定装置示意图如图 5.5 所示。

转鼓强度测试规定,烧结矿试样需按实际的粒度组成,分 40~25 mm、25~16 mm、16~ 10 mm 三个粒级配制转鼓试样。取 3±0.05 g 放入转鼓内,在转速 25 r/min 下转动 200 r,然后将试料从鼓内取出,用机械摇筛分级。机械摇筛筛孔为 6.3 mm×6.3 mm,反复次数为 20 次/min,筛分时间为 1.5 min,共往复 30 次。

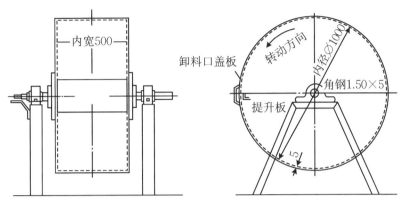

图 5.5　转鼓强度测定装置示意图

测定结果表示方法如下:

转鼓指数:

$$T = \frac{m_1}{m_0} \times 100 \tag{5.10}$$

抗磨指数:

$$A = \frac{m_0 - (m_1 + m_2)}{m_0} \times 100 \tag{5.11}$$

式中,m_0 为入鼓试样质量,kg;m_1 为转鼓后大于 6.3 mm 粒级质量,kg;m_2 为转鼓后为 0.5~6.3 mm 粒级质量,kg;m_3 为转鼓后小于 0.5 mm 粒级质量,kg。

④ 成品率:

$$\eta_{np} = \frac{Q}{Q_A} \times 100\% \tag{5.12}$$

式中,Q 为大于 5 mm 成品烧结矿量,g。

⑤ 返矿率:

$$\eta_B = \frac{Q_A - Q}{Q_A} = 1 - \eta_{np} \tag{5.13}$$

⑥ 烧结料的总成品率:

$$\eta = \eta_{np} \cdot \eta_a = \frac{Q}{Q_w} \times 100\% \tag{5.14}$$

⑦ 烧结杯利用系数:

$$N = \frac{60Q}{A \cdot t} \tag{5.15}$$

式中,A 为炉篦子面积,m²;t 为烧结时间,min。

依次计算其各项指标,并将计算结果填入表 5.10。

表 5.10　烧结矿的技术指标

实验编号	烧结矿饼质量(g)	烧结矿 1.5 米落下				
		>25 mm	25～12 mm	12～8 mm	8～5 mm	<5 mm
1						
2						
3						
4						

实验编号	烧成总质量 Q_A(g)	烧成率 (%)	成品总质量 Q(g)	成品率 (%)	烧结杯利用系数 [kg/(m² · h)]
1					
2					
3					
4					

实验编号	烧结矿转鼓强度					转鼓指数	抗磨指数
	试样粒级	m_0	m_1	m_2	m_3		
1							
2							
3							
4							

实验报告要求：

实验报告的内容包含以下三方面：

① 烧结过程中烧结废气温度与抽风负压的变化规律。

② 烧结过程的主要技术指标与碱度、铁矿粉粒度和燃料用量等的关系，并讨论抽风负压碱度、铁矿粉粒度和燃料用量对主要技术指标的影响。

③ 烧结矿的各项性能指标与碱度、铁矿粉粒度和燃料用量的关系，并根据烧结矿转鼓强度和落下强度指标优选出一组适宜的碱度、铁矿粉粒度和燃料用量。

5.3.6　思考题

① 烧结生产的意义是什么？

② 烧结过程中对点火温度的要求有哪些？

③ 烧结过程分为哪五个步骤？

④ 烧结废气温度变化规律及烧结终点控制靠什么来判定？

⑤ 在做烧结矿物性检测实验中，对称量的准确性有何要求？

⑥ 转鼓指数的意义是什么？它在现场生产中的重要指导意义又是什么？

⑦ 落下强度测定是针对烧结生产过程中哪个环节的影响因素？

5.4　球团矿相对自由膨胀指数测定

5.4.1　实验目的

铁矿球团在还原过程中,由于铁氧化物在还原过程发生的晶格转变,以及浮士体还原可能出现的铁晶须等,使球团体积产生膨胀。当球团体积膨胀到一定程度甚至产生破裂,将直接导致高炉内透气性恶化甚至影响到炉料的正常顺行,对高炉生产造成不良影响。目前,球团矿的还原膨胀指数已被作为评价球团矿质量的重要指标之一。

本实验的目的是:掌握铁矿球团相对自由膨胀指数测定的原理及方法,通过该实验了解铁矿球团在还原过程中的重要特性。

5.4.2　实验原理

球团矿在还原过程中,由于 Fe_2O_3 还原成 Fe_3O_4 时发生晶格转变,以及浮氏体向金属铁还原时可能出现的铁晶须,使球团体积膨胀。一般认为,球团还原时体积膨胀在 20% 以内可视为正常膨胀,大于 20% 而小于 40% 视为异常膨胀,体积膨胀在 40% 以上则视为灾难性膨胀。球团若出现异常膨胀将直接影响高炉内炉料的顺行和还原,对连续稳定生产造成不良影响。因此,目前球团矿的还原膨胀指数已被作为评价球团矿质量的重要指标。

以相对自由膨胀率表示的球团矿膨胀性能的测定方法有多种,但无论哪种测定方法都应满足如下要求:

① 试样在还原过程中应处于自由膨胀状态。

② 应在 900~1000 ℃ 下还原到浮氏体,进而还原成金属铁。

③ 应保证在密封条件下,还原气体与球团矿试样充分反应。

④ 能充分反映还原前后球团矿总体积的变化。

目前,世界各国球团矿自由膨胀率的测定方法有多种,我国的国家标准 GB13240—91 的检测方法是参照国际标准 BO4698 拟定的。即将一定粒度 10~12.5 mm 的铁矿球团矿,在 900 ℃ 下等温还原,球团矿发生体积变化,测定还原前后球团矿体积变化的相对值,用体积分数表示。测定步骤分为球团矿还原和球团矿体积测定两部分。

本实验的球团矿相对自由膨胀指数的测定,按照国家标准(GB/T13240—91)实验方法进行。球团矿在自由状态下,用 CO 和 N_2 的混合气体模拟在高炉正常冶炼时气体成分,在 900 ℃ 条件下进行等温还原,还原实验的操作程序与铁矿石还原性检测完全相同,只是还原时间为 1 h。还原后的球团产生膨胀,测出还原前后球团的体积,两者体积差之绝对值与还原前球团体积之比称为还原膨胀指数。

还原膨胀指数 RSI 用下列公式表示:

$$RSI = \frac{V_1 - V_0}{V_0} \times 100\% \tag{5.16}$$

式中,V_1 为还原后球团试样的体积,mL;V_0 为还原前球团试样的体积,mL。

测定球团矿体积的方法很多,有排汞法、OKG 法(油浸法)、水浸法、量尺法等,本实验选择国家标准的附录 B 中推荐的水浸法。水浸法无毒、无污染,容易操作,其精度与油浸法相当。

5.4.3 实验装置

球团矿相对自由膨胀指数测定分球团还原和球团矿体积测定两部分,球团还原中的还原罐、还原炉、还原气制造、干燥、净化、测量系统均与铁矿石还原性检测设备相同。为了保证球团矿在还原过程处于自由状态,还原罐内有球团矿吊篮,吊篮由耐热钢制成,吊篮内径中 $\varphi = 45$ mm,高 45 mm,由厚 1 mm 不锈钢板制成底部有 4 根 $\varphi = 2$ mm 栅格。吊篮分三层,每层装 6 个球,共 18 个球,具体尺寸如图 5.6 所示。

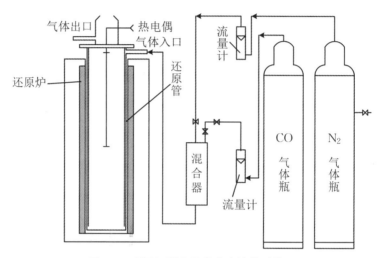

图 5.6 球团还原度及膨胀率的检测装置

实验过程的升温制度如表 5.11 所示。

表 5.11 检测过程温度和气氛控制

温度(℃)	$RT \sim 200$	$200 \sim 900$	$900 \sim 900$	$900 \sim 900$	$900 \sim 100$
气体	Air	N_2(5 L/min)	N_2(15 L/min)	CO:N_2(3:7 15 L/min)	N_2(5 L/min)
时间(min)	20	70	30	60	—

注:RT 为室温。

水浸法测定球团矿体积的主要装置有吸收器和分析天平,吸收器由泡沫塑料制成,每块放 18 个球,由上下两块扣合,上铺 4 层纱布,用来吸收测体积时球团表面的水分,如图 5.7 所示。分析天平采用电子分析天平,称量 200 g,感量 0.0001 g。水浸法测定还原前后球团体积方法如下:

① 检测完全烘干的球团质量,记为 m_1。

② 将球团浸泡在蒸馏水中 20 min,至球团完全润湿,即水分完全填充至孔隙(开孔)内。

③ 将完全润湿的球团放入吊篮,待读数完全稳定称重,记为 m_2——球团和吊篮中水质量之和。

④ 取出球团,用海绵和纱布将球团表面水分擦干(不需过分用力,擦干表面水分即可,孔隙中水分不需吸出),称量孔隙被水分完全填充的球团质量,记为 m_3,$m_3 = m_1 + m_{孔隙水}$。

⑤ 吊篮在水中的重量,记为 m_4。

球团的体积采用如下公式计算:

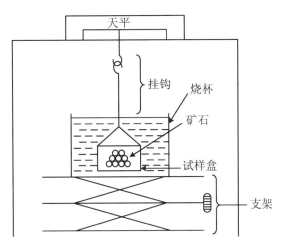

图 5.7 水浸法测量球团矿体积

$$V_球 = \frac{-m_2 + m_3 + m_4}{\rho_水}$$ (5.17)

5.4.4 实验步骤

1. 原料制备

球团矿实验样的粒度范围为 10.0～12.5 mm。将球团矿样筛出大于 12.5 mm 和小于 10.0 mm 的部分,用随机的方法取出 1 kg 球团矿试样,实验前将试样放入烘箱里烘干,烘箱温度控制在 105 ± 5 ℃,烘干时间不小于 2 h,然后冷却至室温,从中随机称取 4 份试样,每份试样 18 个球团矿,所选取球团矿如存在裂纹应予以更换。

2. 还原条件

① 一般条件:所用气体体积和流量采用标准状态(0 ℃和 0.101325 MPa)下的体积和流量。

② 试样容器:三层,每层六格,一格只装一个球团。

③ 球团矿粒度:10～12.5 mm。

④ 还原气体的成分:CO 30%±0.5% (V/V),N_2 70%±0.5% (V/V)。

⑤ 还原气体的纯度:要求还原气体中杂质含量不得超过 H_2 0.2% (V/V)、CO_2 0.2% (V/V)、O_2 0.1% (V/V)、H_2O 0.2% (V/V)。

⑥ 还原气体流量:在整个实验期间,还原气体的标态流量保持在 15±1 L/min。

⑦ 实验温度:900 ℃下还原,在整个实验期间保持在 900±10 ℃。

⑧ 实验时间:60 min。

3. 实验过程

还原前,提前测定 18 颗球团的还原前体积,体积测定采用排水法。体积测定后,将 18 颗被测试的试样置于 105±5 ℃的烘箱内烘干,放进还原反应管,试样分三层、每层 6 个直接放在多孔容器内,然后将容器放入还原管内,封闭还原管的顶部,将还原管放入电炉,测温电偶插入还原管,与试样接触。将惰性气体通入还原管,标态流量为 5 L/min,然后按照升温制度开始加温并相应控制气氛条件。

还原结束后,待球团冷却至 200 ℃ 以下,将球团取出,测定球团还原后的体积。

5.4.5 实验记录及数据处理

实验数据记录在表 5.12 中。

表 5.12 实验数据记录

项目	m_{01}(g)	m_{02}(g)	V_0	m_1(g)	m_2(g)	V	RSI(%)

实验的重现性和实验次数:

还原膨胀指数的每一对实验结果之极差绝对值应小于 3%;否则,应按铁矿石还原性中所列规则进行。实验次数的决定与铁矿石还原性的测定中实验次数决定规律完全相同。一般均要求作两次实验,极差范围等级:A,3.0%;B,3.6%;C,3.9%。

5.4.6 思考题

① 简述球团还原膨胀指数检测对高炉生产的意义。

② 简述水浸法检测球团体积的操作要点,并说明难点在哪里?

5.5 铁矿石低温还原粉化率的测定

5.5.1 实验目的

铁矿石进入高炉炉身上部的 400~600 ℃ 区间,由于受气流冲击及铁矿石还原过程发生晶形变化,导致块状含铁矿物的粉化,大量的粉尘直接影响炉内气流分布和炉料顺行。低温还原粉化性的测定,就是模拟高炉上部条件进行的,是评价铁矿石冶金性能的重要指标。本实验的目的是:掌握静态法测定铁矿石低温还原粉化性的原理及方法,通过该实验,了解选择适宜的炉料结构方面的相关知识。

5.5.2 实验原理

铁矿石从高炉炉顶加入高炉后,在高炉炉身上部 400~600 ℃ 的低温区内,由于热冲击以及矿石中 α-Fe_2O_3 还原成 β-Fe_2O_3,Fe_2O_3 还原成 Fe_3O_4 时所发生的晶格改变,产生了内应力,导致铁矿石破裂粉化。破裂粉化后的粉末,会影响高炉的透气性,也增加了粉尘的吹出量,严重时将会破坏高炉顺行。铁矿石低温还原粉化性的测定,就是模拟高炉上部条件来进行的,是评价铁矿石冶金性能优劣的重要指标之一。

低温还原粉化性的检测方法有:静态法和动态法。动态法是将试样直接装入转鼓内,在升温同时通入保护性气体,转速 10 r/min,当温度升到 500 ℃ 时,改用还原性气体恒温还原

60 min,经冷却后取出,分别用 6.30 mm、3.15 mm 和 0.5 mm 的方孔筛分级,测定各粒级的出量。

本实验的铁矿石低温还原粉化测定采用静态法,按照国家标准(GB/T13242—2017)实验方法进行。将一定粒度范围的试样置于固定床中,在 500 ℃ 温度下,用由 CO、CO_2 和 N_2 组成的还原气体进行静态还原 60 min 后,将试样冷却到 100 ℃ 以下,用小转鼓转动 300 r,然后用孔宽 6.30 mm、3.15 mm 和 0.5 mm 的方孔筛进行筛分。用还原粉化指数(RDI)表示铁矿石的粉化程度。

还原粉化指数 RDI 用质量百分数表示,由式(5.18)、式(5.19)和式(5.20)计算,即

低温还原强度指数:

$$RDI_{+6.3} = \frac{m_{D1}}{m_{D0}} \times 100 \tag{5.18}$$

低温还原粉化指数:

$$RDI_{+3.15} = \frac{m_{D1} + m_{D2}}{m_{D0}} \times 100 \tag{5.19}$$

磨损指数:

$$RDI_{-0.5} = \frac{m_{D1} - (m_{D1} + m_{D2} + m_{D3})}{m_{D0}} \times 100 \tag{5.20}$$

式中,m_{D0} 为还原后转鼓前试样的质量,g;m_{D1} 为留在 6.3mm 筛上的试样质量,g;m_{D2} 为留在 3.15mm 筛上的试样质量,g;m_{D3} 为留在 0.5mm 筛上的试样质量,g。

$RDI_{+3.15}$ 作为考核指标,$RDI_{+6.3}$ 和 $RDI_{-0.5}$ 只作为参照指标。

5.5.3　实验装置

铁矿石低温还原粉化测定系统与实验 5.2 的铁矿石还原性测定系统比较,前者是由 C 钢瓶供给 CO_2 气体,使还原气体成分为:CO 含量保持在 $20\% \pm 0.5\%$,CO_2 含量保持在 $20\% \pm 0.5\%$,N_2 含量保持在 $60\% \pm 0.5\%$(当煤气中 H_2 含量 $2.0\% \pm 0.5\%$ 时,N_2 含量为 $58\% \pm 0.5\%$)。

铁矿石还原后的粉化实验是在小型冷转鼓内进行。鼓内径 $\varphi = 130$ mm,内长 200 mm,壁厚不小于 5 mm,鼓内沿轴向有 2 块高 20 mm,厚 mm 的提料板。鼓一端封闭,另一端有盖。转速为 (30 ± 1) r/min,共转 10 min,即总共转动 300 r。

烧结矿低温还原粉化检测装置如图 5.8 所示。检测过程温度和气氛控制列于表 5.13。

表 5.13　检测过程温度和气氛控制

温度(℃)	$RT \sim 200$	$200 \sim 500$	$500 \sim 500$	$500 \sim 500$	$500 \sim 100$
气体	Air	N_2(5 L/min)	N_2(15 L/min)	CO : CO_2 : N_2 (2 : 2 : 6 15 L/min)	N_2(5 L/min)
时间(min)	20	70	30	60	—

注:RT 为室温。

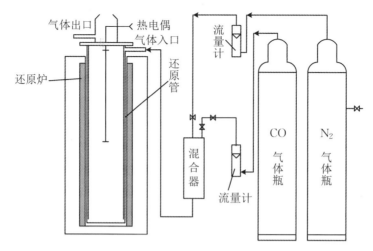

图 5.8　烧结矿低温还原粉化检测装置[①]

5.5.4　实验步骤

1. 试样准备

与铁矿石还原性测定实验相同。每个试样(500 ± 1) g,精确至 0.1 g,记为 m_0,每个试样检测至少要进行两次。

试样装罐、通气等均与铁矿石还原性测定实验相同。当试样温度达到 500 ℃时,加大 N_2 流量到 15 L/min,在 500 ℃恒温 30 min,使试样的质量达到恒定,温度波动应在(500 ± 10) ℃内。

2. 调整还原气体成分及还原实验

从 CO_2 钢瓶中加入 CO_2,调整还原气体成分,使之达到 CO 为 $20\%\pm0.5\%$、CO_2 为 $20\%\pm0.5\%$ 和 N_2 为 $60\%\pm0.5\%$。试样的质量达到恒定后,向炉内通入还原气体,其流量为(15 ± 1) L/min。还原 1 h,停止通还原气体,改送 N_2,流量(15 ± 1) L/min,将罐移出炉外冷却。当温度低于 100 ℃,停止通 N_2。

3. 转鼓实验

从还原罐中小心倒出试样,称其质量为 m_{D0};然后将其装入转鼓,盖上端盖并固定牢固,以(30 ± 1) r/min 转速转动 10 min,共转动 300 r,由控制箱上计数器自动控制,当显示 300 r时转鼓停止,打开盖用毛刷将试样取出,称量后用 6.3 mm、3.15 mm 和 0.5 mm 的方孔筛筛分,测定记录各筛上物的质量。在转鼓实验和筛分中损失的粉末可视为小于 0.5 mm 部分,并计入其质量中。

5.5.5　实验记录及数据处理

选取某厂的烧结矿,对烧结矿检测其低温还原粉化性。在实验之前需要了解烧结矿的化学成分、碱度等并记录在表 5.14 中。

---

① 图 5.8 与图 5.6 为同一设备,但测试技术指标不同。

表 5.14　实验用烧结矿的化学成分、碱度

实验日期				实验编号		送样单位	
检测样品理化性质							
种类	粒度(mm)	化学成分				质量(g)	
		TFe	FeO	MFe	CaO/SiO_2	实验前 m_0	恒定时 m_1

实验过程数据记录及实验结果记录在表 5.15 中。平均指数精确到小数点后一位数字。

表 5.15　实验过程数据记录及实验结果

试样名称	m_0(g)	m_{D0}(g)	m_{D1}(g)	m_{D2}(g)	m_{D3}(g)	$RDI_{+6.3}$	$RDI_{+3.15}$	$RDI_{-0.5}$
第一次								
重复								

实验的重现性和实验次数：

低温还原粉化指数 RDI 两个实验结果之极差大小，将决定是否需进行补充实验，极差范围的等级列于表 5.16。

表 5.16　极差范围等级

粉化指数平均值 $RDI(\%)$	$\|x_1-x_2\|$ 极差范围等级		
	A	B	C
100	—	—	—
95	1.5	1.8	2.0
90	3.0	3.6	3.9
85	4.5	5.4	5.9
80	6.0	7.2	7.8
75	7.5	9.0	9.8
50	7.5	9.0	9.8
25	7.5	9.0	9.8
20	6.0	7.2	7.8
15	4.5	5.4	5.9
10	3.0	3.6	3.0
5	1.5	1.8	2.0
0	—	—	—

实验次数的决定与铁矿石还原性的测定中实验次数决定规律完全相同。一般均要求做两次实验，是否做第三次和第四次，则按该规则进行。

5.5.6　思考题

① 低温还原粉化实验用还原气体成分为什么与铁矿石还原性测定不同？

② 用静态法测定铁矿石低温还原粉化性有什么优点?

③ 低温还原粉化实验应注意些什么?

5.6 铁矿石荷重软化及熔滴温度测定

5.6.1 实验目的

通过对高炉的解剖研究,把炉内物料分为块状带、软化熔融带和滴落带,其中以软化熔融带对高炉冶炼生产的影响为最大,一般希望这个软化熔融带在高炉内的位置相对低一点,其厚度稍微薄一点,而这些均与铁矿石的开始软化温度、软化终了温度及软化区间温度密切相关。

本实验结合专业课的教学,针对高炉内的软化熔融带,熟悉铁矿石在受热和还原气氛条件下的软化收缩温度的测定原理,了解并掌握仪器装置和操作方法,并实际测定某一烧结矿或球团矿的软化温度。

5.6.2 实验原理

熔滴性是评价铁矿石高温冶金性能的指标——铁矿石在高炉炼铁过程的荷重和升温还原条件下熔化滴落的特性,对高炉软熔带的形成和透气性起着决定性作用。矿石在经过软化收缩后,由于形成大量液相而开始熔化,完全填充所有空隙并进行相互扩散。随着温度升高,液相流动性改善,渣铁分离,在重力作用下形成渣或铁的液滴滴落。矿石熔化是恶化高炉内软熔带透气性的重要因素,但在熔体滴落后,透气性又有改善。若矿石开始熔化温度较高、所形成的渣铁开始滴落温度变化不大,则矿石在高炉形成的软熔带的位置下移,软熔带的区间变窄,这有利于高炉强化冶炼,降低焦比。所以,熔滴性也是评价铁矿石高温冶金性能的重要指标之一。

铁矿石软化温度的测定是模拟高炉内的高温熔融带,在一定荷重和还原气氛下,按一定升温制度,以试样在加热过程中的体积由于软化而产生收缩达到一定比例值时所对应的温度来测定其开始软化温度(体积收缩达 4% 相对应的温度);软化终了温度(体积收缩达 40% 相对应的温度),两者之差称为软化区间温度。用统一标准所得的数据来判断某种铁矿石在这方面的冶金性能和将会对高炉冶炼生产带来的影响。

5.6.3 实验装置

根据国家标准 GB/T34211—2017 铁矿石高温荷重还原软熔滴落性能测试方法,实验设备的示意图如图 5.9 所示。升温制度如表 5.17 所示。

表 5.17　检测过程温度和气氛控制

温度(℃)	$RT\sim200$	$200\sim500$	$500\sim900$	$900\sim1100$	$1100\sim1600$
气体	Air	N_2(5 L/min)	$CO:N_2$ (3∶7 5 L/min)	$CO:N_2$ (3∶7 5 L/min)	$CO:N_2$ (3∶7 5 L/min)
时间(min)	20	30	30	100	100

注: RT 为室温。

新还原炉侧视图：

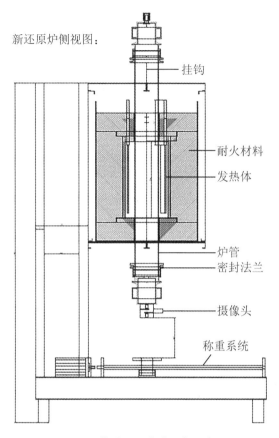

图 5.9　荷重还原实验设备示意图

1. 加热软化炉

加热炉使用二硅化钼高温发热元件,最高加热温度可达 1600 ℃,反应管为高纯 Al_2O_3 管,其炉膛内下端有一支承管将试样容器承放在炉膛高温带,试样容器为石墨坩埚,其底部有小孔,坩埚直径 $\varphi=70$ mm,坩埚内存放所测试样;试样上面有压板,压板上面是膨胀系数很小的纯 Al_2O_3 刚玉管压杆,这根可拆卸压杆紧联支承杆,支承杆上有荷重砝码。试样在炉内因温度升高而产生的膨胀和试样在高温下开始软化收缩的数值,通过位移传感器传递到计算机进行读数。

2. 控制柜

控制柜主要是对加热软化炉的升温速率进行控制,使加热软化炉的温度按给定的升温曲线进行升温,同时将温度值反馈、显示在其仪表上。加热软化炉的升温控制可采用自动控制也可采用手动控制。

3. 供气系统

本实验采用压缩气瓶提供实验所需要的 CO、N_2、CO_2。

5.6.4 实验步骤

① 将待测炉料和焦炭破碎至粒度 10～12.5 mm,置于(105±5)℃烘箱内烘干 120 min后放入干燥器备用。

② 将待测样品装入 φ75 mm×180 mm 的石墨坩埚内,其中,焦炭 80 g,矿样 500 g,再在矿样上装入一层焦炭 40 g(如图 5.10 和图 5.11 所示)。下层焦炭的作用是防止石墨坩埚滴下孔被堵,便于铁水渗透;上层焦炭的作用是使荷重均匀分布,防止石墨压块上的出气孔被堵。将石墨坩埚放在石墨底座上,装好石墨塞压杆、压块,压块重 1 kg/cm²,调整至石墨压块能顺利地在石墨坩埚内上、下移动,装好滴落报警器,封好窥孔。

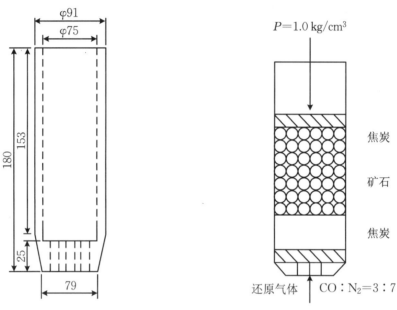

图 5.10　石墨坩埚示意图及尺寸　　　图 5.11　石墨坩埚装料示意图

③ 装上压杆及砝码,安装电感位移计并将电感位移计输出毫伏调整到 0。

④ 接通气体管路及密封环圈的冷却水,检查空压机、流量计、气体出口等是否正常,各部位密封是否良好。

⑤ 打开电源、计算机,从 200 ℃时开始通入 N₂(5 L/min),500 ℃时开始通入 5 L/min 还原气体,还原气体为 CO 和 N₂ 的混合气体,CO∶N₂=3∶7。

⑥ 设定升温速度,如表 5.16 所示。计算机自动记录压缩量为 10%、40%、ΔH_s 时相对应的温度,并记录试样开始滴下时所对应的温度。

⑦ 听到滴落报警器鸣响后,切断熔滴炉的电源,将压杆上提 40 mm 并加以固定,开始通入 5 L/min N₂ 后即停止还原气体通入。试样冷却后旋转取样盘盖,收集滴物。

5.6.5　实验记录及数据处理

试样冷却后旋转取样盘盖,收集滴落物。熔滴实验结果采用如下指标来进行评价(表5.18):

① 软化开始温度(T_a):试样线收缩率达到 10% 时所对应的温度,℃。

② 软化结束温度(T_s):试样线收缩率达到 40% 时所对应的温度,℃。

③ 压差陡升温度(T_m):试样压差为 500Pa 时的温度,℃。

④ 滴落温度(T_d):试样渣铁开始滴落时所对应的温度,℃。

⑤ 软化温度区间:$\Delta T_{sa} = (T_s - T_a)$,℃;软熔温度区间:$\Delta T_{dm} = (T_d - T_m)$,℃。

这样可根据温度的高低,相对比较各种料炉在高炉内形成软熔带的部位及形成软熔带的厚度,从而比较各种炉料软熔性能的好坏,由此分析出各种炉料对高炉软熔带透气性的影响。

表 5.18　铁矿石主要炉料熔滴性能

试样名称	软熔特性温度(℃)						ΔP_m(kPa)	S(kPa·℃)
	T_{10}	T_{40}	ΔT_{sa}	T_m	T_d	ΔT_{dm}		

根据计算机记录,将收缩率与温度的关系记录在表 5.19 中。以 4% 相对应的为开始软化温度,以 40% 相对应的为软化终了温度。

表 5.19　收缩率与温度的关系

位移(mm)	1	2	3	4	5	6	7	8	9	10	软化区间
收缩率(%)	4	8	12	16	20	24	28	32	36	40	
温度(℃)											

根据实验结果做出温度—收缩率—压差曲线,如图 5.12 所示。

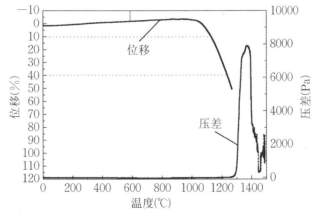

图 5.12　铁矿石熔化熔滴特性

5.6.6　思考题

① 何为铁矿石的软化温度?其在高炉内相对应的那个部位叫什么带?

② 收缩率 4% 时对应温度和 40% 对应温度分别称为开始软化温度和软化终了温度,它

的依据是什么?

③ 你认为所测定试样的铁矿石软化温度是否适宜,为什么?

5.7 高炉喷吹用煤粉性能检测

以煤粉部分替代冶金焦炭,使高炉炼铁焦比降低,生铁成本下降;调剂炉况热制度及稳定运行;喷吹的煤粉在高炉风口前气化燃烧降低理论燃烧度,为高炉富氧鼓风创造条件。因此,高炉喷吹煤在节约炼铁冶炼成本方面正扮演着越来越重要的角色。煤粉性能对喷煤效果、高炉顺行以及降低生产成本具有重要影响。煤粉性能征分为理化指标和应用性能两方面。通常用化学成分、密度、颗粒尺寸、均匀性等描述理化指标,用可磨性、流动性、爆炸性、燃烧性等描述其应用性能。

5.7.1 实验目的

① 掌握煤的可磨性和着火点测定方法以及对其应用性能的描述。
② 了解煤的着火点与挥发分之间的关系。

5.7.2 实验内容

1. 煤的可磨性指数测定

可磨性指数是指在空气干燥条件下,把试样与标准煤样磨制成规定粒度,并破碎到相同细度时所消耗的能耗比,故它的大小反映了不同煤样破碎成粉的相对难易程度,因而是一个无量纲物理量。煤的可磨性标志着粉碎煤的难易程度,煤越软,可磨性指数越大,这意味着相同量规定粒度的煤样磨制成相同细度时所消耗的能最越少。换句话说,在消耗一定能量的条件下,相同量规定粒度的煤样磨制成粉的细度越细,则可磨性指数越大。反之,则越小。煤的组成比较复杂,不同的煤种有着不同的可磨性。因此,它在现代工业生产和科研中有着重要的作用。对于设计和改造粉煤制备系统、估计磨煤机的产率和耗电量等,都需要进行煤的可磨指数的测定。哈氏可磨性测定仪正是根据上述原理设计的。目前采用哈氏方法测得煤的可磨性指数(HGI),其物理意义是物料磨细后的比表面积与能量消耗之比。它是确定煤粉碎过程的工艺和选择粉碎设备的重要依据。

目前,在世界许多国家普遍采用的实验方法主要有两种:一种是原苏联全苏热工研究所法(简称 BTN 法);一种是哈德格罗夫法(简称哈氏法)。虽然测定煤炭可磨性方法有较大差别,但它们的理论依据则完全相同,即根据磨碎定律:在研磨煤粉时所消耗的功(能量)与煤所产生的新表面面积成正比。我们所采用的方法为哈德格罗夫法,此方法的操作简便,再现性较好,而且最适合测烟煤和无烟煤。

哈氏仪在用于可磨性指数测定之间,应用标准煤样进行校准。国家标准 GB/T2565—1998《煤的可磨性指数测定方法》规定筛分用的标准筛孔径为 0.071 mm、0.63 mm、1.25 mm,直径为 200 mm,并配有筛盖和筛底盘。过筛时要用振筛机,要求振筛机的垂直振击频率为 149/min,水平回转频率为 221/min,回转半径为 12.5 mm。

2. 煤炭着火点的测定

煤的着火温度是煤的特性之一。将煤加热到开始燃烧的温度叫做煤的着火点(也叫着火温度或燃点)。煤的着火点与煤的变质程度有很明显的关系,变质程度低的煤粉着火点低,反之着火点就高。因此,煤的着火点与挥发分有着重要的关系,即煤的挥发分高的,着火点就低,反之着火点就高。但挥发分相同的褐煤和烟煤,其着火点则是褐煤比烟煤低得多。煤的着火点的另一种特点就是煤氧化以后,煤的着火点就明显降低。

在生产、储存和运输过程中可根据测定煤的着火温度来采取预防措施,以避免煤炭自燃,减少环境污染和经济损失。因此,人们利用测定原煤着火点和氧化煤着火点降低的数值来推测煤的着火点降低的数值来推测煤的自燃倾向,以便在储存煤和输送系统中采取必要的安全措施。

测定煤的着火点一般有两种不同类型的方法,一是恒温法,即试样置于恒温器内,在通入空气和氧气的条件下,观测其着火性能。另一种是恒加热速率法,即试样在适当氧化剂的作用下,置于电炉中以一定速率升温,观测其粉火性能。我国于 2001 年制定的着火点测定方法 GB/T18511—2001《煤的着火点测定方法》中所规定的着火点测定方法属于恒温加热速率法。本实验采用恒温加热速率法,具有操作简便、误差小、重现性好的优点。

3. 煤粉的灰熔点测定

煤灰熔融性是煤的一个重要质量指标,高炉喷吹煤粉的灰熔点太低会加速煤粉颗粒间的聚集及沉积,对高炉喷吹不利,易导致风口或喷枪前结渣。同时,低灰熔点灰分熔化时会阻碍氧气进入尚未燃尽的煤粉颗粒内部,导致不完全燃烧,降低煤粉燃烧率。灰熔点太高,会影响高脱硫及炉渣的排放。因此,灰熔融特性是高炉喷吹煤粉不容忽视的性质。

煤灰没有固定的熔点,只有一个熔融的温度范围。煤灰熔融性是表征煤灰在一定条件下随加热温度升高而变化的变形、软化、呈半球和流动特征的物理状态。煤灰熔融性的测定采用国家标准规定的方法(GB219—96 煤灰熔融性的测定方法)。可以认为灰锥收缩10%为变形温度,收缩30%为软化温度,收缩50%为半球温度,收缩80%为流动温度。

5.7.3　实验装置

1. 煤粉可磨性检测

测定哈德格罗夫可磨性系数的磨煤机的结构如图 5.13 所示。电动机通过蜗轮减速后带动主轴和研磨机以(20±1) r/min 的速运转,研磨环驱动研磨碗内的 8 个钢球转动,钢球直径为 25.4 mm,由重块、齿轮、主轴和研磨环施加在钢球上的总垂直力为(284±2) N,约(29±0.2) kgf。两侧的螺栓上(要两边同时挂)拧紧固定,以确保总垂直力均匀施加在 8 个钢球上。

2. 煤粉的着火点测定

实验装置为煤粉着火温度自动测定仪,如图 5.14 所示。仪器由加热炉、加热体和控制测量系统组成。

图 5.13　哈德格罗夫可磨性系数的磨煤机

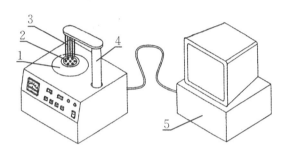

1. 加热炉；2. 铜加热体；3. 测温电偶；4. 升降杆；5. 控制测量系统。

图 5.14　着火温度自动测定仪

3. 煤粉的灰熔点测定

图 5.15 煤粉灰熔点测试仪简图，将煤灰制成高 20 mm，底为边长 7 mm 的正三角锥，置于在灰锥托板上，再放置于刚玉舟槽中送入高温区，微机自动控制温升到 1500 ℃，控温精确。由计算机、控制箱、高温炉组成的煤粉灰熔点测试仪，能摄录下灰锥在受热过程中的形态变化，得到其 4 个特征熔融温度：变形温度、软化温度、半球温度和流动温度。

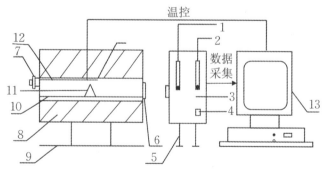

1. 氢气流量计；2. CO_2 流量计；3. 控制器；4. 电源开关；5. 控制器前支脚；6. 装样孔；
7. 热电偶固定座；8. 高温炉；9. 高温炉转盘底座；10. 刚玉舟；11. 灰锥；12. 热电偶；
13. 计算机；14. 硅碳管。

图 5.15　煤粉灰熔点测试仪简图

5.7.4 实验步骤

1. 煤粉可磨性检测

① 煤样制备:按照 GB474 规定,将煤破碎至 6 mm,上述煤样缩分出约 1 kg,放入盘内摊开至层厚不超过 10 mm,自然干燥后称重(精确至 1 g)。用 1.25 mm 的筛子分批过筛上述煤样,每批约 200 g,用逐级破碎的方法,不断调节破碎机的辊间距,使其只能破碎较大的颗粒。不断破碎、筛分直至上述煤样全部通过 1.25 mm 筛子。留取 0.63~1.25 mm 的煤样,弃去筛下物。

称量 0.63~1.25 mm 的煤样(称准到 1 g),计算这个粒度范围的煤样质量占破碎前煤样总质量的百分数(出样率),若出样率小于 45%,则该煤样作废。再从 6 mm 煤样中缩分出 1 kg,重新制样。

② 试运转哈氏仪,检查是否正常,然后将计数器的拨杆调到合适的启动位置,使仪器能在运转(60 ± 0.25) r 时自动停止。

③ 彻底清扫研磨碗、研磨环和钢球,并将钢球尽可能均匀分布在研磨碗的凹槽内。

④ 将 0.63~1.25 mm 的煤样混合均匀,用二分器分成 120 g,用 0.63 mm 筛子在振筛机上筛 5 min,以除去小于 0.63 mm 的煤粉;再用二分器缩分为每份不少于 50 g 的两份煤样。

⑤ 称取(50 ± 0.01) g 已除去煤粉的煤样记作 m(g)。将煤样均匀倒入研磨碗内,平整其表面,并将落在钢球上和研磨碗凸起部分的煤样清扫到钢球周围,使研磨环的十字槽与主轴下端十字头方向基本一致时将研磨环放在研磨碗内。

⑥ 把研磨碗移入机座内。使研磨环的十字槽对准主轴下端的十字头,同时将研磨碗挂在机座两侧的螺栓上,拧紧固定,以确保垂直力均匀施加在 8 个钢球上。将计数器调到 0 位,启动电机,仪器运转(60 ± 0.25) r 后自动停止。

⑦ 将保护筛、0.071 mm 筛子和筛底盘套叠好,卸下研磨碗,把黏在研磨环上的煤粉刷到保护筛上;然后将磨过的煤样连同钢球一起倒入保护筛,并仔细将黏在研磨碗和钢球上的煤粉刷到保护筛上;再把黏在保护筛上的煤粉刷到 0.071 mm 筛子内。取下保护筛并把钢球放回研磨碗内。

⑧ 将筛盖盖在 0.071 mm 筛子上,连筛底盘一起放在振筛机上振筛 10 min。取下筛子,将黏在 0.071 mm 筛面底下的煤粉刷到筛底盘内,重新放到振筛机上振筛 5 min,再刷筛面底下一次,振筛 5 min,刷筛面底下一次。

称量 0.071 mm 筛上的煤样(称准到 0.01 g),记作 M_1(g)。

称量 0.071 mm 筛下的煤样(称准到 0.01 g),筛上和筛下煤样质量之和与研磨前煤样质量 m(g)相差不得大于 0.5 g,否则测定结果作废,应重做实验。

2. 煤粉的着火点测定

① 取制备好的(粒度为小于 0.074 mm)并经过干燥后的煤样与氧化剂亚硝酸钠以 1:0.75 的质量比(即 1 g 煤粉配 0.75 g 的亚硝酸钠)混合均匀备用。

② 检查煤粉着火点测试仪,无误后启动主机及计算机,运行测试程序。

③ 将待测试样装入石英玻璃管后放入加热体插孔,将测温热偶放入玻璃管内,并插入煤粉内。

④ 运行加热程序,煤样随之被加热。当煤样爆燃的同时,测温热偶出现峰值。软件自动计算煤样着火点。同一试样连续测定 3 次,取起平均数,允许误差为±2 ℃。

⑤ 实验结束,关闭加热程序,待温度降低至室温,取出石英玻璃管并清理残余物。

⑥ 整理实验用具。

3. 煤粉的灰熔点测定

① 灰锥的制备:取粒度小于 0.20 m 的分析煤样,在 1000 ℃条件下燃烧,使其完全灰化并用玛瑙研钵研细至 0.1 mm 以下。取 1~2 g 煤灰放在瓷板或玻璃板上,用数滴 10%的糊精水溶液润湿注,调成可塑状,然后用小尖刀铲入灰锥模中挤压成型。用小尖刀将模内灰锥小心地推至瓷板或玻璃板上,于空气中风干或于 60 ℃下烘干备用。

② 将灰锥固定在灰锥托板的三角坑内,并使灰锥的垂直于底面的侧面与托板表面相垂直。用通气法来产生弱还原性气氛,从 600 ℃开始通入少量 CO_2 以排除空气,从 700 ℃开始输入 50%±10%的氢气和 50%±10% CO_2 的混合气,通气速度以能避免空气漏入炉内为准,对于气密的刚玉管炉膛为每分钟 100 mL 以上将带灰锥的托板置于刚玉舟之凹槽上。

③ 将热电偶从炉后热电偶插入孔插入炉内,并使其热端位于高温恒温带中央正上方,但不触及炉膛。

④ 拧紧观测口盖,在手电筒照明下将刚玉舟徐徐推入炉内,并使灰锥紧邻热电偶热端(相距 2 mm 左右)。拧上观测口盖,开始加热。控制升温速度:900 ℃以前,15~20 ℃/min;900 ℃以后,(5±1) ℃/min,每 20 min 记录一次电压、电流和温度。

⑤ 随时观察灰锥的形态变化(高温下观察时,需戴上墨镜),记录灰锥的三个熔融特征温度 T_1、T_2 和 T_3。

⑥ 待全部灰锥都到达 T_3 或炉温升至 1500 ℃时断电结束实验。待炉子冷却后,取出刚玉舟,拿下托板仔细检查其表面,如发现试样与托板共熔,则应另换一种托板重新实验。

5.7.5 实验记录与数据处理

1. 煤粉可磨性检测

绘制校准图使用具有可磨性指数标准约 40、60、80 和 110,4 个一组的国家可磨性标准煤样。每个标准煤样用本单位的哈氏仪,由同一操作人员按要求和步骤重复测定 4 次。计算出 0.071 mm 筛下煤样的质量,取其算术平均值。在直角坐标纸上以计算出的标准煤样筛下物质量平均值为纵坐标,以其哈氏可磨性指数标准值为横坐标,根据最小二乘法原则对以上 4 个标准煤样的测定数据作图,该直线就是所用哈氏仪的校准图。

绘制校准图使用具有可磨性指数标准约 41、59、80 和 119,4 个一组的国家可磨性标准煤样。每个标准煤样用本单位的哈氏仪,由同一操作人员按要求和步骤重复测定 4 次。计算出 0.071 mm 筛下煤样的质量,取其算术平均值。在直角坐标纸上以计算出的标准煤样筛下物质量平均值为纵坐标,以其哈氏可磨性指数标准值为横坐标,根据最小二乘法原则对以上 4 个标准煤样的测定数据作图,该直线就是所用哈氏仪的校准图。图 5.16 为实验室所用哈氏仪的校准图,公式为 HGI 与 0.071 mm 筛下煤样的质量 X 的关系。

按式下式计算出 0.071 mm 筛下煤样的质量 M_2(g)。

$$M_2 = M - M_1 \tag{5.21}$$

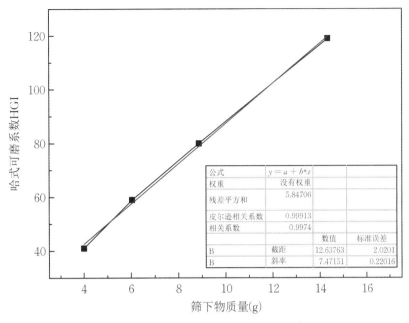

$$HGI=7.471X+12.637, \quad r_2=0.9974 \text{ 相关系数}$$

图 5.16   实验室所用哈氏仪的校准图

式中,M 为煤样质量,g;M_2 为筛下物质量,g;M_1 为筛上物质量,g。

所得数据填入表 5.20。

表 5.20 M_1、M_2、M_3 数值表

煤粉种类	M(g)	M_1(g)	M_2(g)

根据筛下煤样的质量,查校准图,得出可磨性指数(HGI)。取两次重复测定的算术平均值,修约到整数报出。

2. 煤粉的着火点测定

将实验结果记录在表 5.21。

表 5.21   煤粉的着火点检测结果

煤粉种类	着火点(℃)	备注

3. 煤粉的灰熔点测定

变形温度(T_1):灰锥尖端开始变圆或弯曲时的温度。

软化温度(T_2):锥体弯曲至锥尖触及托板、灰锥变成球形和高度等于(或小于)底长的半球形。

流动温度(T_3):灰锥熔化成液体或展开成高度在 1.5 mm 以下的薄层。

测量值填入表 5.22。

表 5.22 灰锥高度与温度表

灰锥高度(mm)	温度(℃)
原始高度	
T_1	
T_2	
T_3	

5.7.6 思考题

① 煤粉着火点的高低与什么有关?

② 为什么必须要对可磨性指数测定设备进行标定?

5.8 钢中典型有害气体元素分析

5.8.1 实验目的

钢中气体含量对钢质量有非常重要的影响,典型的气体主要有氧、氮和氢。其中氧主要以夹杂物的形式存在于钢中,因此,分析全氧量就是分析钢中非金属夹杂物的总量。通过对冶炼各个环节氧、氮、氢含量的变化,可以判断冶炼过程中的吸气量和钢液二次氧化的程度。通过实验,掌握先进氧、氮、氢分析设备的基本操作,熟悉降低钢中有害气体含量的工艺措施。

5.8.2 实验原理

冶金产品中的氧、氮、氢分析多采用熔融法,其分析原理如下:将加工好的金属试样通过脉冲加热瞬间熔化,熔化过程中试样内的非金属夹杂物中的氧与盛放试样的石墨坩埚中的碳发生氧化反应生成 CO,试样中的氮则以氮气的形式提取出来。碳和氧形成的 CO 和 N_2 由惰性气体带走。气体经过过滤处理后,进入装有催化剂(氧化铜 CuO)的反应室,在催化剂的作用下将 CO 气体全部转化为 CO_2 气体,然后将这部分气体送入红外线检测池。CO_2 在混合气体中的含量可以用红外线吸收法测定,通过传感器可以间接检测出钢中氧含量,将检测信号传送到处理器。剩余的气体通过碱石棉和无水高氯酸镁除去其中的 CO_2,送入热导池中,利用 N_2 和 He_2 的导热率不同,对氮进行检测,同样也将检测信号传到处理器。整个检测过程中,将采集到的信号经过模数信号进行转换后,传入计算机,采用软件对信号进行积分处理,分别分析出钢中的氧、氮含量值。为了获得数据的相对准确,需要在实验前对标准试样进行校验,使仪器精度调整在标准试样的值域,从而提供可靠的数据。

5.8.3　实验装置

本实验采用的装置是德国 ELTRA 公司 ONH—2000 氧氮氢分析仪。氧氮氢分析仪主要由计算机、分析仪、电子天平组成,其中分析仪是由脉冲炉、冷却水系统、气路系统和检测池几大系统组成,可以通过计算机进行操作,也可通过设备前端的 LCD 屏直接操作。分析仪主机见图 5.17 所示。

图 5.17　ONH‐2000 分析仪主机

5.8.4　实验步骤

具体实验步骤操作如下:

① 实验分析试样的加工与制取,保证试样的大小与标样大小相一致,采用抛光处理确保试样表面没有锈迹,经过酒精浸泡去除试样表面的油迹。

② 实验之前,将 ONH-2000 氧氮氢分析仪调到“1 挡”,保证分析仪的气体通道、冷却水通道开启;仪器背面红外线指示灯均匀闪烁时,表明分析仪已经稳定可以进行实验,此时,将挡位开关调整到“2 挡”。同时,必须保证脉冲炉为关闭状态,防止载气泄露。

③ 采用标准试样对仪器进行校准,比较仪器的分析值与标样的给定值,保证两者之间的一致性,并且将标准试样的测量值填入表中。标样的校准过程:首先通过对计算机中的控制软件进行操作(软件界面),按“F2”,开启脉冲炉,在脉冲炉中安装好石墨坩埚后,关闭脉冲炉;按“F4”,采用电子天平对试样进行称量,将称量的值输入计算机中;按“F3”,在计算机中输入试样的标号编号;称量标样后,按“F5”分析开始,将其从脉冲炉顶端的投样孔中投入脉冲炉,通过软件操作开始进行分析,分析开始后由计算机自动进行,达到终点时结果由计算机自动给出。分析结束后按“F2”开启脉冲炉,从中取出已使用过的坩埚。

④ 仪器校准完成后进行一般试样的分析,其操作步骤与标样的分析过程相同。同时记录数据。

⑤ 实验结束后分别关闭冷却水系统、载气系统和计算机系统,将分析仪的挡位开关调到“1 挡”待机状态,若仪器长期不用,则将分析仪的挡位开关调到“0 挡”关机状态。

5.8.5　实验记录

实验数据计入表 5.23。

表 5.23　实验数据

试样编号	分析值记录		分析值统计	
	氧含量(%)	氮含量(%)	氧含量(%)	氮含量(%)

5.8.6　思考题

① 氧氮分析仪为什么对试样表面处理要求非常严格？

② 试分析影响氧、氮分析准确性的因素和克服措施。

5.9　流态化直接还原铁矿粉实验研究

5.9.1　实验目的

为了摆脱高炉炼铁对环境污染日益加重、焦煤资源日趋匮乏、铁矿资源品质下降对钢铁工业发展的羁绊,冶金工作者正努力探索降低高炉炼铁焦比新技术或非高炉炼铁新工艺,流化床直接还原工艺正是为了满足这一发展趋势而被开发出来。随着铁矿原料由块矿向粉矿的转变,具有直接处理粉矿和不依赖焦煤的流化床炼铁工艺为冶金工业节能环保、合理利用国内低品位、复合共生矿和解决铁矿资源供应紧张的问题提供了多种可能。

通过本实验,掌握铁矿粉干燥、筛分、流化床还原、滴定法测定金属化率等基本操作技能,进一步巩固所学冶金过程热力学、动力学、传输原理、矿物学等专业基础知识,通过考察金属化率、床层膨胀和黏结状况,对影响铁矿粉流态化还原的相关因素进行分析讨论,分析得出加压流态化还原铁矿粉析碳抑制黏结失流的最佳还原条件,提高理论联系实际的水平。

5.9.2　实验设备

实验室可以提供下列设备:

电子秤,箱式烘干炉,矿粉破碎机,流化床,加热炉,自动调节压力、流速和温度的加热系统,激光测距仪,滴定法测金属化率的化学试剂及设备。

5.9.3　化学滴定法原理

1. TFe 测定方法

取 0.2 g 试样于锥形瓶中,加入 0.2 g NaF 混匀。

① 加入 20 mL 浓盐酸,放在加热板上加热,直到溶液变黄为止。

② 趁热滴入 $SnCl_2$ 溶液,直至黄色消失,并追加 2~3 滴,然后冷却。

③ 加入 10 mL $HgCl_2$,10 mL 混酸,8~10 滴二苯胺磺酸钠。

④ 滴定,终点为紫色。

2. MFe 测定方法

取 0.2 g 试样于锥形瓶中。

加入 25 mL $FeCl_3$ 溶液,塞上塞子,放在振荡器上振荡 12 h。

① 用砂芯漏斗进行抽滤,得到溶液。

② 加入 10 mL 磷酸,10 mL 混酸,8~10 滴二苯胺磺酸钠。

③ 滴定,终点为紫色。

3. 测铁用试剂配制方法

(1) 硫磷混酸

150 mL 硫酸慢慢倒入 700 mL 去离子水中,再加入 150 mL 磷酸。

(2) $HgCl_2$ 溶液

取 5 g $HgCl_2$ 固体溶于 100 mL 去离子水中。

(3) $FeCl_3$ 溶液

取 100 g $FeCl_3$ 固体溶于 1 L 去离子水中,定容前要抽滤。

(4) 重铬酸钾标液

将重铬酸钾在 120 ℃下烘干 2~3 h,在干燥皿内冷却,称取 3.5116~3.5119 g,定容至 1 L。

(5) 二氯化亚锡溶液

取 6 g 二氯化亚锡溶于 20 mL 浓盐酸中,加水定容到 100 mL。

(6) 二苯胺磺酸钠

取 1 g 二苯胺磺酸钠加入 100 mL 去离子水中

$$TFe = \frac{4 \times \Delta V}{m \times 1000} \times 100\% \tag{5.22}$$

$$MFe = \frac{4 \times \Delta V}{m \times 3000} \times 100\% \tag{5.23}$$

5.9.4　实验步骤

① 将矿粉烘干、破碎、筛分,分别选取不同目数范围,如 16~80 目、80~100 目、100~120 目、120~150 目。称取 20~30 g 矿粉试样。

② 将试样置于流化床中,并通氮气保护,使矿粉处于流化状态,将流化床升温至既定温度,在 400~900 ℃范围内。

③ 温度稳定后,向反应釜内通入的 N_2 切换为还原气体,气体线速度保持在 0~2.0 m/s 范围内进行实验。

④ 通过观察窗观察矿粉颗粒的流化状态,当矿粉失流时,切换为氮气保护,冷却。

⑤ 流化实验结束后,采用氯化铁滴定法对还原后样品进行化学分析,得到全铁和金属铁含量,以计算其金属化率。

⑥ 根据实验结果进行数据处理与综合分析得出加压流态化还原铁矿粉析碳抑制黏结

失流的最佳还原条件。

5.9.5　实验报告与要求

① 实验报告结构按毕业设计论文要求,即包含文献综述、方案设计(实验原料、方法、步骤)、数据处理与分析和结论。

② 排版整齐。

注意事项:

① 矿粉筛分之前,必须充分干燥。

② 升温过程中一定要用惰性气体进行保护。

③ 还原实验结束时,将还原气切换成惰性气体保护冷却。

④ 冷却后的还原试样必须密封保存。

⑤ 化学滴定法必须严格按照国家标准配制试剂,且在通风厨中进行。

5.10　冶金过程物理模拟实验——中间包水力学物理模拟实验

5.10.1　实验目的

中间包是炼钢连铸生产流程的中间环节,是连接钢包和结晶器之间的过渡容器,是由间歇操作转向连续操作的衔接点,随着连铸技术水平的不断提高,中间包对于精炼和提高铸坯质量方面的作用越来越明显,已经由普通的过渡容器发展为多功能连铸反应器。中间包现在的冶金作用不仅是储存和分配钢包钢水,而且还通过控流装置,调整钢液流动状态,从而达到均匀温度和促进非金属夹杂物上浮的效果。

中间包控流技术包括:增大中间包容量、挡墙挡坝及导流孔的应用、湍流抑制器、过滤装置、使用塞棒、中间包吹氩等。本实验通过改变中间包挡墙和挡坝高度或位置来改变钢液流动状态,促进钢液中夹杂物的上浮去除,延长钢液在包内的平均停留时间,提高铸坯的质量。本实验要达到以下目的:

① 用 KCl 作示踪剂,采用"刺激-响应"的方法测得不同控流装置条件下水的 RTD(Residence Time Distribution,停留时间分布)曲线,通过分析该曲线,确定中包内控流装置的最佳配合,从而达到在实际生产中促进夹杂物上浮,均匀钢液温度的目的。

② 用水模拟钢液,用墨水作示踪剂,直观地表现出钢液在中间包内的流动情况。

5.10.2　实验原理

本实验中用水模拟钢液,用有机玻璃模型模拟实际中间包。这是因为水易于操作且 20 ℃ 水的运动黏度与 1600 ℃ 钢液的运动黏度相当,其各自的物理性质如表 5.24 所示。

表 5.24　20 ℃ 水和 1600 ℃ 钢液的物性参数

物质	密度 ρ(kg/m³)	黏度 μ[kg/(m·s)]	运动黏度 ν(m²·s)	表面张力 σ(N/m)
水(20 ℃)	1000	0.001	1.006×10^{-6}	0.073
钢水(1600 ℃)	7014	0.0064	0.900×10^{-6}	1.600

本实验以相似原理为理论基础,要保证模型与实型的相似,必须满足几何相似,动力相似,才能保证运动相似。中间包内钢液的流动,是液体在重力作用下从大包水口流入中间包内,然后从中间包水口流出。在这种情况下,可视为黏性不可压缩稳态等温流动。中间包中的钢液流动主要受黏滞力、重力和惯性力的作用,为保证原型与模型的运动相似,需要使用雷诺数、弗劳德数均相等。

雷诺数

$$Re = \rho u L / \mu \tag{5.24}$$

弗劳德数

$$Fr = u^2 / gL \tag{5.25}$$

式中,ρ 为密度,kg/m^3;L 为长度,m;u 为流速,m/s;μ 为黏性系数,$Pa \cdot s$;g 为重力加速度,m/s^2。

1. 相似准数分析

当 Re 数小于某一数值(第一临界值)时,流动处于层流状态。在层流状态范围内,流体的速度分布彼此相似,与 Re 数不再有关,这种现象便称为自模性,常将 $Re < 2000$ 的范围称为第一自模区。当 $2000 < Re < 10^4$ 时,流体处于由层流向湍流的过渡状态,这时流动速度分布随 Re 变化较大;但是,当 $Re > 10^4$ 时,流动再次进入自模化状态,称为第二自模化区,只要原型设备的 Re 数处于自模化区以内。则模型和原型 Re 数就不必相等,只需处于同一自模化区就可以了。此时只考虑 Fr 数即可。下面以唐山港陆钢铁有限公司单流板坯 30 t 连铸中间包为研究对象,进行 Re 准数分析。

模型与原型 Re 准数计算如下:

根据系统流量相等,计算钢包出口钢液速度

$$W_R = \frac{V_0 S \rho_s}{\frac{\pi}{4} D_R^2 \rho_l} \tag{5.26}$$

式中,V_0 为拉坯速度,1.6 m/min;S 为铸坯断面,1.02×0.16 m²;ρ_s 为液固两相共存时钢的密度,7.4×10^3 kg/m³;D_R 为钢包水口直径,0.07 m;ρ_l 为钢液密度,7.0×10^3 kg/m³。

代入(5.26)式计算

$$W_R = \frac{V_0 S \rho_s}{\frac{\pi}{4} D_R^2 \rho_l} = \frac{1.6 \times 1.02 \times 0.16 \times 7.4 \times 10^3}{\frac{3.14}{4} \times 0.07^2 \times 7.0 \times 10^3} = 1.196 \text{ m/s} \tag{5.27}$$

则原型 Re 为

$$(Re)_R = \frac{\rho_R V_R L_R}{\mu_R} = \frac{7.0 \times 10^3 \times \dfrac{1.196}{20} \times 1}{0.005} = 8.37 \times 10^4 \tag{5.28}$$

式中,ρ_R 为钢液密度 7.0×10^3 kg/m³;V_R 为中间包流动特征速度,取 $W_R/20$;L_R 为特征长度,取中间包液面深度,1 m;u_R 为钢液的动力黏度,0.005 kg/(m·s)。

模型 Re 为

$$(Re)_m = \frac{\rho_m V_m L_m}{\mu_m} = \frac{1.0 \times 10^3 \times 0.6325 \times 1.196/20 \times 0.4}{0.0010} = 1.51 \times 10^4 \tag{5.29}$$

式中，ρ_m 为水的密度 1.0×10^3 kg/m³；V_m 为模型中间包流动特征速度，本实验取 $\sqrt{\lambda} V_R$，λ 为比例因子，$1/2.5$；L_m 为模型特征长度，取模型液面深度，0.4 m；μ_m 为水的动力黏度，0.0010 kg/(m·s)。

根据计算结果，本实验的 $(Re)_R$ 和 $(Re)_m$ 都处于 $10^4 \sim 10^5$ 同处于第二自模化区，因此本实验只考虑 Fr 准数相等即可。

2. 实验参数确定

根据 Fr 准数相等，可以得到：

$$(Fr)_{模型} = (Fr)_{原型}$$

即

$$u_m^2/gL_m = u_r^2/gL_r \tag{5.30}$$

则

$$u_m/u_r = L_m^{1/2}/L_r^{1/2} = \lambda^{1/2} \tag{5.31}$$

$$Q_m/Q_R = u_m L_m^2 / u_r L_r^2 = \lambda^{5/2} \tag{5.32}$$

式中，λ 为比例因子，本实验中取 $\lambda = 1:2.5$。

中间包所需参数见表 5.25。

表 5.25　实际拉速与实验流量的换算表格

规格(mm)	实际拉速(m/min)	原型流量(m³/h)	模型流量(m³/h)
1020 * 160	1.5	14.688	1.486

实际流量 $Q_R = AV = 1.02 \times 0.16 \times 1.5 \times 60 = 14.688$ m³/h

模型流量 $Q_M = Q_R \cdot \lambda^{5/2} = 14.688 \times (1/2.5)^{2.5} = 1.486$ m³/h

工厂生产液位为 1 m，实验液位 400 mm。

中间包模型中水体积为：$V = 0.267$ m³，取流量 $Q = 1.5$ m³/h。

则理论停留时间为：$t = 10.68$ min $= 641$ s，实验采集时间选取 1200 s。

5.10.3　实验装置

本模拟系统由上水系统，示踪剂加入系统，数据采集系统和排水系统四部分组成，具体包括大包，有机玻璃中间包模型，长水口，中间包内控流装置（湍流抑制器、挡墙、挡坝、塞棒等），示踪剂加入装置，电导探头，电导率仪和数据记录仪（DJ800）等，装置示意图如图 5.18 所示。

5.10.4　实验方法

1. 测量停留时间分布

测量停留时间分布，通常应用"刺激-响应"实验。其方法是：在中间包注流处输入一个刺激信号（信号一般使用饱和氯化钾溶液来实现），然后在中间包出口处测量该输入信号的输出，即所谓响应，从响应曲线得到流体在中间包内的停留时间分布。"刺激-响应"实验相当于黑箱研究方法，当流体流动状态不易或不能直接测量时，仍可从响应曲线分析其流动状况及其对冶金反应的影响。因此这一方法在类似于中间包这类非理想流动的反应器中得到了广泛的采用。

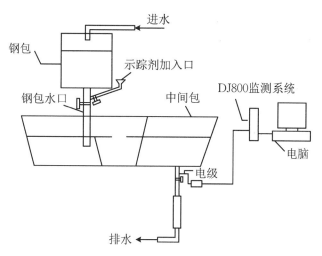

图 5.18 中间包水模型实验设备装置图

本实验采用脉冲法加入示踪剂,即瞬间把所有的示踪剂都注入到进口处的物流中,在保持流量不变的条件下,测定出口物流中示踪剂浓度 C 随时间的变化。

2. 流场显示技术

观察法在透明的有机玻璃模型内,直接观察液体的流动状态。为了得到定性结果,选择在模型的局部区域加入带色液体(如墨水)来进行观察,并进行录像分析,本次做流场观察实验采用高锰酸钾溶液作为显示剂。

3. 中间包优化准则及实验方案

(1) 中间包优化准则

为了使中间包能够最大限度地去除钢液中的夹杂物,在实验中达到一定的优化效果,应注意以下的优化原则:

① 延长出水口的滞止时间 $t_{\min}$。

② 延长出水口的峰值时间 $t_{\max}$。

③ 延长出水口的平均停留时间 $\bar{t}$。

④ 尽量增加活塞流 V_P 和全混流 V_m 的体积分数,减少死区比例 V_d,提高活塞流区与死区体积分数比 V_P/V_d。

⑤ 降低出水口的峰值浓度 $C_{\max}$。

⑥ RTD 曲线平滑。

本实验采用滞止时间、峰值时间和平均停留时间作为实验的评价指标。

本实验采用饱和的 KCl 溶液作示踪剂,在大包水口支管处加入 100 mL,时间大约 1 s。用电导率仪同时测量中间包水口处的 RTD(Residence Time Distribution,停留时间分布)曲线,如图 5.19 所示,并根据该曲线计算每个水口的平均停留时间、滞止时间和死区比例。

中间包内钢液流动主要有以下几种状态:

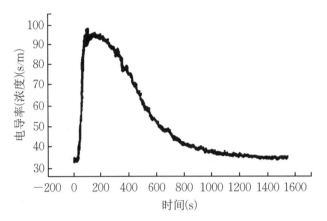

图 5.19　RTD 曲线

① 活塞流区：又称层状流，钢液到达中间包后，依次向前推进，沿同一方向，以相同速度向前流动，所有流体微团在反应器内的停留时间是相等的。

② 全混区：该区位于钢包注流附近，钢液与来自钢包的注流混合，在该区内，流体充分混合，成分、温度均匀且等于钢包出口处的成分和温度。

③ 死区：钢液运动的速度很低，与周围区域不发生物质和能量的交换，在该区内夹杂物有可能上浮或不运动。死区的存在相当于缩小了中间包的有效容积，使钢液的停留时间缩短，不利于夹杂物的上浮。

具体计算公式如下：

a. 理论平均停留时间 t_a：

$$t_a = \frac{V}{Q} \tag{5.32}$$

式中，V 为模型水体积，Q 为流量。

b. 实际平均停留时间 $\overline{t_f}$：停留时间的分布在一定程度上反映了液体流动特性。由响应曲线可知液体的最短停留时间、平均停留时间以及混合流区、活塞流区和死区各占的比例。对中间包内钢液流动，希望停留时间长些，使杂物有充分时间上浮。(5.33)式中 $c(t_i)$ 为 t_i 时刻 KCl 的电导率。

$$\overline{t_f} = \frac{\int_0^\infty tc(t)\,\mathrm{d}t}{\int_0^\infty c(t)\,\mathrm{d}t} = \frac{\Delta t \sum_i^n t_i c(t_i)}{\sum_0^n c(t_i)} \tag{5.33}$$

c. 滞止时间 t_{min}：从加入脉冲信号开始到出口得到响应时的最短时间，滞止时间延长，活塞区扩大。

d. 峰值时间 t_{max}：获得最大电导率值的时间，峰值时间越长、峰值越小，曲线就越平缓，流场也就越合理。

e. 活塞区比例 θ_p：若同一时刻进入容器的流团均在同一时刻离开容器，它们不会和先或后于它们进入容器的流团相混合，此为活塞区。活塞区有利于夹杂物的上浮。

$$\theta_p = \frac{V_p}{V} = \frac{t_{min} + t_{max}}{2t_a} \tag{5.34}$$

式中，V_p 活塞区体积。

f. 死区比例 θ_d：死区内流体无流动和扩散，相当于缩小了中间包的有效容积。死区的存在对大颗粒夹杂的上浮影响不是很大，但对于中小夹杂（$<20~\mu m$），由于没有流体的流动，也就使中小夹杂没有机会碰撞聚集长大而较迅速的上浮。我们可以这样认为对于中小夹杂，在有限的滞留时间内，没有上浮的机会，因而死区对夹杂的去除效率（尤其是中小夹杂）可认为为 0。

$$\theta_d = \frac{V_d}{V} = 1 - \frac{\overline{t_f}}{t_a} \tag{5.35}$$

其中，V_d 死区体积。

g. 全混区比例 θ_m：而当流团一进入容器立即与其他流团完全混合，分不出那个流团是先来和后来的，这种流动模式称为全混区。

$$\theta_m = \frac{V_m}{V} = 1 - \theta_p - \theta_d \tag{5.36}$$

式中，V_m 全混区体积。

（2）实验方案

本实验只考虑挡墙位置、挡墙高度、挡坝高度等因素对流动状态的影响（表 5.26、图 5.20），分析两种情况下哪种控流装置更有利于钢中夹杂物上浮。

表 5.26　中间包挡墙、挡坝对流动状态的影响

实验编号	墙距离（mm）	墙高（mm）	坝高（mm）	相对距离（mm）
A	300	120	80	180
B	300	40	160	180

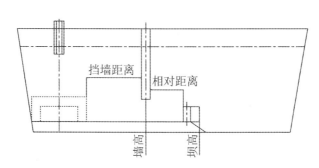

图 5.20　中间包挡墙与挡坝位置、高度示意图

5.10.5　实验步骤

1. 测量仪器准备

① 打开电脑和 DJ800 监测系统，预热 20 min。

② 将电导率仪连接到 DJ800 的 22 通道，并将电极分别插入中间包一侧的出水口。

③ 按下电导率仪的"校正"键，调节"校准"旋钮，使屏幕显示值与电极标注值吻合，然后按下"测量 0~2"挡按键。

④ Dos 版:打开电脑进入 dos 系统,进入 C:\bkd2006 文件夹盘,启动 DJ800,即 C:\bkd2006\dj800。

⑤ 选择"采集"对各个选项卡进行设置:

"选项":选择"多次平均后循环"。

"参数":选择步骤②中连接了电导率仪的 1 个通道;采集间隔填"1"s;测量时间为 20 min,即样本长度 1200 条。

"保存":保存在默认路径下。

⑥ 数据采集之前建立保存数据的文件名。

除此之外,全部保持默认值。

2. 实验设备准备和数据采集

① 往钢包和中间包内加水,使液面达到指定高度 400 mm 左右。

② 调节中间包入口阀门和包出口阀门,调节流量达到指定流量,即中间包出口流量 1.5 m³/h,同时保证中间包液面在指定高度稳定不变。注意:调节过程中确定水箱抽水泵在工作中。

③ 将 150 mL 饱和 KCl 溶液倒入大包水口支管漏斗中,打开支管阀门的同时,点击"DJ800 监测采集系统"界面的"开始采集"按钮,采集过程开始。注意:KCl 溶液流尽后,关闭支管阀门,防止吸气。

④ 采集完毕后,记录电导率开始变化时的时间和峰值时的时间,保存通道数据,再保存格式数据(用来计算平均停留时间)。间歇几分钟后再测量一次。

⑤ 流场显示:拔掉电极,用橡皮塞堵上中间包水口的支管,在液位和流量均稳定的情况下,从钢包支口倒入适量墨水,打开阀门一次加入,流尽后关闭阀门。可以用摄像机记录全过程。

⑥ 关闭上水,更换另一种方案,重复①~⑤操作。

5.10.6 数据处理

① 模型流量为 0.35 m³/h 时,以通道 2 为例($V = 185$ L)。

响应时间:$t_{min} = 33$ s;

峰值时间:$t_{max} = 54$ s;

平均停留时间:$t_a = \dfrac{V}{Q} = 436$ s;

$$\overline{t_f} = \frac{\int_0^\infty tc(t)\,\mathrm{d}t}{\int_0^\infty c(t)\,\mathrm{d}t} = \frac{\Delta t \sum\limits_i^n t_i c(t_i)}{\sum\limits_0^n c(t_i)} = 476 \text{ s} \tag{5.37}$$

死区比例:$\theta_d = \dfrac{V_d}{V} = 1 - \dfrac{\overline{t_f}}{t_a} = 0.084$（$V_d$ 死区体积）;

活塞区比例:$\theta_p = \dfrac{V_p}{V} = \dfrac{t_{min} + t_{max}}{2t_a} = 0.091$（$V_p$ 活塞区体积）;

全混区比例 θ_m:$\theta_m = \dfrac{V_m}{V} = 1 - \theta_p - \theta_d = 0.825$（$V_m$ 全混区体积）;

② 模型流量为 $0.38\ \mathrm{m^3/h}$ 时,以通道 2 为例 $(V=185\ \mathrm{L})$。

响应时间:$t_{min}=23\ \mathrm{s}$;

峰值时间 $t_{max}=58\ \mathrm{s}$;

平均停留时间:$t_a=\dfrac{V}{Q}=436\ \mathrm{s}$;

$$\overline{t_f}=\frac{\displaystyle\int_0^\infty tc(t)\,\mathrm{d}t}{\displaystyle\int_0^\infty c(t)\,\mathrm{d}t}=\frac{\Delta t\displaystyle\sum_i^n t_i c(t_i)}{\displaystyle\sum_0^n c(t_i)}=438\ \mathrm{s}\tag{5.38}$$

死区比例:$\theta_d=\dfrac{V_d}{V}=1-\dfrac{\overline{t_f}}{t_a}=0.004\ (V_d\ 死区体积)$;

活塞区比例:$\theta_p=\dfrac{V_p}{V}=\dfrac{t_{min}+t_{max}}{2t_a}=0.092\ (V_p\ 活塞区体积)$;

全混区比例 θ_m:$\theta_m=\dfrac{V_m}{V}=1-\theta_p-\theta_d=0.904\ (V_m\ 全混区体积)$。

③ 数据分析:综合以上两组数据,可以看出流量为 380 L/h 比 350 L/h:响应时间更小,死区体积更小,全混区体积更大,活塞区体积更小,平均停留时间更大。以上参数均说明流量更大的流控装置更有利于钢中夹杂物的上浮。

第6章 工艺矿物学实验

6.1 在晶体模型上确定对称要素和划分晶族晶系

6.1.1 实验目的

① 通过晶体模型深入了解晶体对称的概念及对称操作、对称要素等,以巩固课堂教学。

② 学会在晶体模型上找对称要素:对称轴、对称面、对称中心及旋转反伸对称轴。

③ 根据对称特点划分晶族晶系。

6.1.2 实验内容

1. 在晶体模型上找对称要素

（1）对称面的找法

用镜像反映的对称操作,下列平面可能是对称面。对称面是把晶体平分为互为镜像的两个相等部分的假想平面。相应对称操作是对一个平面的反应。

① 垂直平分晶棱的平面。

② 通过晶棱的平面,此时也必须穿过偶角顶点,仔细观察上述平面,看是否把晶体分为互成镜像反映的两个相等部分,如果是,则是对称面,否则就不是对称面,对称面用"p"表示,如果有 5 个对称面用"$5p$"表示。

（2）对称轴的找法

用旋转的对称操作,下列直线可能是对称轴。晶体外形上可能出现的对称轴有 L^1（无实际意义）、L^2、L^3、L^4、L^6,相应的基转角分别为 $360°$、$180°$、$120°$、$90°$、$60°$。晶体对称定律:在晶体中不可能存在 5 次及高于 6 次的对称轴。因为不符合空间格子规律,其对应的网孔不能毫无间隙地布满整个平面。

① 通过晶棱中心的直线可能是 L^2。

② 通过晶面中心的直线可能是 L^2、L^3、L^4、L^6,将晶体围绕上述直线旋转一周,如果相同的面、棱、角重复出现,则这根直线为一对称轴。图形重复的次数,即是该对称轴的轴次 n $=360/\alpha$, $n=$ 轴次, $\alpha=$ 基转角。把相同轴次的对称轴合在一起,例如有 4 个二次对称轴,则记作 $4L^2$。当某一对称轴可以是几种轴次时,应取最高轴次。例如,同时有 L^3、L^6。

（3）对称中心的找法

将模型平放在桌子上,观察所有晶面是否都是两两平行,且同形等大,符合这条者就有对称中心,否则就无对称中心,对称中心用"C"表示。

(4) 旋转反伸对称轴的找法

用旋转反伸的对称操作,晶体上或模型上有 L_i^4 或 L_i^6 存在时,往往出现有 L^2(与 L_i^4)或 L^3(与 L_i^6 重合)。同时在晶体上还会有晶棱、偶角上下交错分布的现象。因此,确定晶体上有无 L_i^4 或 L_i^6 的具体方法如下:

① 找出晶体上 L^2 或 L^3,并放在直立位置。

② 旋转晶体,观察其面、棱、角有无上下交错分布的现象,如有并且垂直此直线没有对称面,则此直线可能 L_i^4 或 L_i^6。

③ 通过晶体中心,垂直该直线作一假想平面。

④ 在晶体上半部,认定一个晶面(或晶棱),将晶体围绕该直线旋转 90°或 60°,并假想上述认定的晶面(或晶棱)仍留在原来的位置,则在其下部有一晶面(或晶棱)与之成镜像反映,则此直线为 L_i^4 或 L_i^6。

在模型上找出全部的对称要素后,分别填在实验记录表中。

(5) 注意事项

① 要找全所有对称要素,注意不要找重复了。

② 有 L_i^4 或 L_i^6,但同时也是 L^2、L^3 时,记录时只记录 L_i^4 或 L_i^6,不要再记 L^2 或 L^3。

③ 写对称型时,要按对称轴、对称面、对称中心的顺序写出,如 $4L^25pc$(其中对称轴要按轴次写,高次轴写在前面)。

2. 划分晶族晶系

在模型上找出全部的对称要素后,根据对称特点,确定其晶族和晶系。自然界的所有晶体属于 32 种对称要素型中的某一种,所以如何在模型上找到全部对称要素呢? 若在 32 种对称型中找不到相应的对称型,这就说明你找的不对,其中必有遗漏或重复,这就要分析原因重新确定。根据对称型中有无高次轴及高次轴的多少,把 32 个对称型(表 6.1)划分为低、中、高级三个晶族。低级晶族:无高次轴;中级晶族:有且只有一个高次轴;高级晶族:有多个高次轴。

表 6.1　32 种对称型

名称	原始式	倒转原始式	中心式	轴式	面式	倒转面式	面轴式
$n=1$	L^1		C				
				L^2	P		L^2PC
$n=2$	(L^2)		(L^2PC)				
				$3L^2$	L^22P		$3L^23PC$
$n=3$	L^3		L^3C	L^33L^2	L^33P		L^33L^23PC
$n=4$	L^4	Li^4	L^4PC	L^44L^2	L^44P	Li^42L^22P	L^44L^25PC
$n=6$	L^6	Li^6	L^6PC	L^66L^2	L^66P	Li^63L^23P	L^66L^27PC
	$3L^24L^3$		$3L^24L^33PC$	$3L^44L^36L^2$	$3Li^44L^36P$		$3L^44L^36L^29PC$

在三个晶族中又按照其对称特点共划分为 7 个晶系,即低级晶族有三斜晶系、单斜晶系

和斜方晶系;中级晶族有四方晶系、三方晶系和六方晶系;高级晶族只有一个晶系,即等轴晶系。

6.1.3　思考题

① 什么叫晶体的对称? 有何意义?

② 各晶族、晶系的晶体各有什么特点?

③ 如何在晶体模型上正确而迅速地找出全部对称要素?

6.1.4　实验记录

实验数据填入表6.2。其中,试样编号按由小到大填写。

表6.2　实验数据

编　号	对称型	晶　系	晶　族

组别:　　　　　　　　组员:

6.2　偏光显微镜及单偏光下的光学性质(一)

6.2.1　实验目的

① 了解偏光显微镜的构造、装置,使用与保养方法。学会偏光显微镜的一般调节与校正。

② 认识晶形和解理等级,了解同一矿物不同切面的解理表现不同。学会解理夹角的测定方法。

③ 认识多色性现象及其明显程度,了解同一矿物不同方向切面的多色性表现情况不同。

6.2.2　实验内容

1. 偏光显微镜的构造

主要构成＝机械部分＋光学部分＋附件部分

机械部分＝镜座＋镜臂＋锁光圈＋载物台＋镜筒

光学部分＝反光镜＋下偏光镜＋聚光镜＋物镜(3～7 个)＋目镜(2 个)　　　　＋上偏光镜＋勃士镜

物镜的放大倍数＝光学镜筒长度/接物镜的焦距

物镜的标志识别(两组数字)：

　　　　机械筒长——160/0.17——允许使用盖玻璃的标准厚度

　　　　放大倍数——10/0.25——数值孔径(NA)

物镜的工作距离：倍数越高,工作距离越近。常用物镜(10×和 40×)工作距离为 7.63 mm 和 0.5 mm。

附件部分＝石英楔＋石膏试板＋云母试板＋物台微尺＋目镜微尺等

2. 偏光镜的使用

(1) 对光

① 装上低、中倍镜,按上目镜。

② 打开光源或转动反光镜调好照明。轻轻推出上偏光镜、勃士镜和聚光镜,使视域最亮。

(2) 调节焦距(准焦)

① 将薄片置于载物台上(必须使用盖玻璃朝上),用物夹夹紧。

② 从旁边看着镜头,转动粗动螺旋,使镜筒下降到最低位置。

③ 从目镜中观察,同时缓缓提升镜筒(转动粗动螺旋),当视域中出现物像时,改动微调螺旋至物像完全清楚为止。

(3) 校正中心(物镜中轴和物台旋转轴共线)

选点 A ＋→移动薄片使点 A 到十字丝中心＋→转动 180°(圆周运动)＋→调节螺丝使点 A 到圆周运动的圆心处＋→再移动薄片使点 A 到十字丝中心→转动物台看点 A 的转动情况。

(4) 偏光显微镜的放大倍数与三大工作环境

偏光显微镜的放大倍数＝物镜倍数×目镜倍数

三大工作环境：

单偏光镜＝反光镜＋下偏光镜＋低倍物镜＋高倍目镜

正交偏光镜＝反光镜＋下偏光镜＋低倍物镜＋高倍目镜＋上偏光镜

锥光镜＝反光镜＋下偏光镜＋上偏光镜＋高倍目镜＋高倍物镜＋聚光镜＋勃士镜

3. 单偏光镜下的光学性质的观察(一)

主要包括有矿物的晶形,解理及解理角的测定,颜色、多色性、突起、贝克线的观察等。共分两次完成。本次实验先做晶形的观察及解理、解理角的测定、颜色及多色性的观察。

(1) 晶形、解理的观察的观察

① 观察某些矿物的晶体形态及其发育程度（自形、半自形、他形）。

a. 自形晶——早形成，为多边平直的晶面。

b. 半自形晶——部分为晶面（平直），部分为不规则状。

c. 他形晶——晚形成，无完整晶面，形态为不规则粒状。

② 观察某些矿物的解理发育完善程度（极完善解理、完善解理、不完善解理）；不同方向切片中解理的表现（解理缝的可无性、宽窄、组数）。

(2) 解理角的测定

① 选择合适的切片（垂直两组解理的切片）。

② 移动切片，使解理缝交点与目镜十字中心重合或接近与重合。

③ 旋转载物台使一组解理缝与目镜十字丝重合或平行，记下载物台读数 a。

④ 再旋转载物台，使另一组解理缝与目镜纵丝重合或平行，记下载物台读数 b。两次读数之差（$a-b$），即为所求解理角。

(3) 颜色及多色性的观察

① 颜色：是光线透过矿物而未被吸收的部分色光呈现的颜色。

② 多色性：非均质性矿物的各向异性在颜色上发生的改变。

(4) 观察步骤

① 在薄片中找一个具有解理缝的颗粒，旋转载物台使解理缝平行十字丝，观察矿物颜色。

② 再转 $90°$，使解理缝平行另一个十字丝，观察其颜色变化。

③ 使解理缝与十字丝斜交，观察矿物的颜色应为上述二者的过渡颜色。

④ 观察一个解理矿物颜色的多色性。

6.2.3　注意事项与实验材料

① 不要随意拆卸仪器的任何部件，镜头、镜面等有灰尘可以用吹风球吹去。

② 调节照明到所需亮度，不可调至最强状态。

③ 观察晶形和解理时要有耐心（先粗调后微调），实验前一定要预习好实验矿物的物象特征。

④ 制备好的矿物薄片、透射光偏显微镜、显微投影仪。

6.2.4　思考题

① 为什么在一个切面中，往往不能判断晶体的真实形状？应该如何判断其真实形状？

② 为什么有解理的矿物在薄片中有的见到解理缝，有的却不易见到？

③ 为什么有的矿物有多色性，有的则没有？

6.2.5　实验记录

实验数据填入表 6.3。

表 6.3　实验数据

矿物名称	晶形	解理(组数、类型)	解理夹角	颜色	多色性
石英					
正长石(花岗岩)					
辉石(辉长岩)					
黑云母(花岗闪长岩)					
白云石					

6.3　单偏光下的光学性质(二)

6.3.1　实验目的

① 观察突起等级,认识不同等级突起的特征。

② 认识贝克线,学会应用贝克线移动规律确定相邻矿物折射率的相对大小、确定突起正负。

6.3.2　实验内容

1. 矿物的边缘、糙面及突起的观察

观察矿物的突起、糙面时,一定要用中至低倍镜,把要观察的矿片置于视域中心,比较矿片与相邻物质突起相对高低时,应将其接触线置于视域中心。

① 比较萤石、正长石、石英、磷灰石、辉石、石榴石等的边缘和糙面及突起高低。

② 观察上述几种矿物的边缘、糙面和突起的特征,列出它们相对折光率的大小。

确定突起的高低,主要依据矿片的边缘、解理的粗细、糙面的显著程度等特征;判断矿片的突起等级,最好与树胶比较(尤其是确定低突起矿片的突起正负);如欲测定的矿片周围无明显的树胶,也可与相邻的已知突起等级的矿物比较。

观察闪突起时,应转动载物台一周,仔细观察矿片边缘黑线粗细和糙面变化的明显程度。找一个具清晰解理缝的白云母,观察并描述白云母的解理缝与下偏光振动方向 PP 平行时和垂直时,边缘和解理缝的粗细、糙面的明显程度以及突起等级的变化,确定白云母的突起类型。

2. 贝克线的观察

① 光带(贝克线)的观察:

a. 将薄片置于物台,将薄片中所观察的两个矿物的交界线移至视域中心。

b. 适当缩小光圈,把入射角较大的光线挡去,使视域亮度不至过强。

c. 交界线就选择较直,不应夹有其他杂质。

② 调节微动螺旋,观察镜筒提升或下降载物台时贝克线移动的方向,确定两种矿物的相应折光率大小(注意:树胶的折光率为 1.54)。

6.3.3 实验材料及设备

① 制备好的矿物薄片。
② 透射光偏光显微镜。
③ 显微投影仪。

6.3.4 思考题

① 什么情况下可以看到矿物的边缘、糙面和突起？它们的显著程度受什么因素控制？
② 突起正负是以什么为标准的？闪突起产生的原因是什么？
③ 贝克线产生的原因是什么？贝克线的移动规律有哪些？
④ 比较矿物折光率大小有哪几种方法？这几种方法的应有条件是什么？

6.3.5 实验记录

实验数据填入表 6.4。

表 6.4　实验数据

矿物名称	突起	边缘	糙面	下降载物台时贝克线移动情况	相对折光率比较
萤石					
正长石					
石英					
辉石					
磷灰石					
石榴石					
方解石					

6.4　正交偏光下的光学性质（一）

正交偏光下的光学性质的主要内容包括：消光、干涉现象的观察、干涉色光率体椭圆半径方向与名称的测定、干涉色级序的测定、晶体延性符号、消光类型、消光角的测定、双晶的观察等，分两次完成。

6.4.1 实验目的

① 学会正交偏光镜的检查与校正方法。
② 掌握各种试板的使用方法和适用范围。
③ 认识 1～3 级干涉色级序干涉色和高级白干涉色的特征。

6.4.2　实验内容

1. 正交镜装置特点

在实验之前，先检查上、下偏光镜是否正交，并且要求上、下偏光镜的振动方向应与目镜十字丝一致。若上、下偏光镜不正交(视域不黑暗)，或与目镜十字丝不一致(目镜十字丝应与操作者呈水平、垂直的方向)，必须调节，使上、下偏光镜正交，且与目镜十字丝一致。

2. 试板干涉色的观察

在正交镜下，载物台不放置薄片，从试板孔缓缓插入石英楔，观察石英楔产生的1~3级干涉色的特征。

一级干涉色：从灰黑→灰白→白→淡黄→橙→紫红。二级干涉色及二级以上的干涉色的变化规律均为：蓝→绿→黄→橙→红。注意观察各级干涉色的特点：一级干涉色没有蓝色和绿色；二级干涉色特点是蓝色鲜艳，其他色浓纯；三级干涉色是海绿色鲜艳，蓝不如二级鲜；四级干涉色浅淡难区分。

随着光程差的增大，产生了近于白色色调的干涉色，称之为高级白，如方解石。

从试板孔插入云母试板和石膏试板，观察它们产生的干涉色。

3. 均质体和非均质体消光现象的观察

(1) 均质体

将萤石或石榴子石薄片放在载物台上，矿物呈现黑暗。转动载物台，黑暗不发生变化，这是均质体的全消光现象。观察矿物薄片的玻璃或树胶部分，也呈现全消光现象。

(2) 非均质体

将非均质体不垂直光轴的晶体切片放在正交镜间，当转动物台时，会出现四次黑暗、四次有颜色的情况，这种现象叫做四次消光。非均质体不垂直光轴的晶体切片在正交镜下，呈现黑暗时的位置，称为消光位。当处于消光位时，晶体切片对应的光率体切面椭圆的长、短半轴分别和上、下偏光振动方向平行。

非均质体垂直光轴的切片在正交镜下也呈现全消光现象。

4. 矿片光率体轴名及干涉色序级测定

(1) 干涉色升高或降低

测定光率体轴名及干涉色序级时，首先要知道在插入试板后，干涉色是升高还是降低。石膏试板一般适用于一级淡黄以下的干涉色的测定。使用云母试板，一般是升高或降低一个色序。通常用石英楔测定干涉色序级。测定干涉色升高或降低方法如下：

① 将预测矿物移至视域中心，转动物台，使其处于消光位，再转动物台45°，这时矿物的干涉色最鲜明。

② 根据矿物的干涉色选择试板。

③ 插入试板，观察干涉色的变化情况。

如果使用石膏试板：一级灰→蓝，干涉色升高；一级灰→橙或黄，干涉色降低。

如果使用云母试板，按蓝绿黄橙红分析，若由黄→橙(或红)为干涉色升高，若黄→绿(或黄绿,蓝)为干涉色降低。

(2) 光率体轴名的确定

① 将矿物转至消光位,此时矿片光率体切面长短半轴与目镜十字丝重合,图 6.1(a)所示。

② 至消光位转动物台 45°,此时视域中矿物的干涉色最鲜明。矿片的光率体长短半轴与目镜十字丝也呈 45°,图 6.1(b)所示。

③ 插入试板,根据干涉色的变化判断矿片的光率体轴名,P-P 插入试板后,同名轴平行,干涉色升高;异名轴平行,干涉色降低,图 6.1(c)所示。

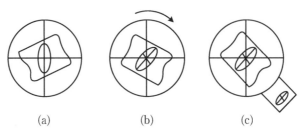

(a)   (b)   (c)

图 6.1　光率体轴名的确定

(3) 测定矿片的干涉色级序

测定矿片的干涉色级序,通常有两种方法,一种为边缘色带法,另一种是利用石英楔测定。

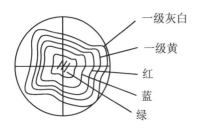

一级灰白
一级黄
红
蓝
绿

图 6.2　矿片的干涉色级序

1) 边缘色带法

当矿物边缘存在有干涉色色圈或色带时,如果最边缘的色带为一级灰白,那么可以用边缘色带法测定矿物的干涉色级序。此法简单,但有时会碰不到边缘具有色带的矿物颗粒。如图 6.2 所示,矿物的干涉色为二级绿。

2) 用石英楔测定

用石英楔测定矿物的干涉色级序,这是最常用的方法,具体步骤如下:

① 将欲测矿物移至十字丝中心,并旋至消光位。此时矿片光率体轴与上、下偏光镜振动方向平行。

② 从消光位转动载物台 45°,此时矿片干涉色最鲜明,记住矿片的干涉色。

③ 从试板孔缓慢插入石英楔,观察矿片干涉色的变化,此时会有两种情况:

a. 随着石英楔的插入,矿片的干涉色不断降低,PP 颜色按红、橙、黄、绿、蓝、红的顺序变化,最后,视域中心的颜色可降为黑色或暗灰色。此时,矿片和试板异名轴平行。$R_{总}=0$,$R_{矿}=R_{石英楔}$,因两者光程差相互抵消,因而使视域中心矿物的颜色变灰暗或黑,呈消色状态。

b. 随着石英楔的插入,矿片的干涉色不断升高,干涉色按蓝、绿、黄、橙、红的顺序变化,这时为同名轴平行。$R_{总}=R_{矿}+R_{石英楔}$,因此,应把载物台转动 90°。然后,拔出石英楔,再重新慢慢插入直至消色。

移开矿片,此时视域中心石英楔的干涉色即为矿片的干涉色。

慢慢拉出石英楔,观看视域中出现几次红色。矿物的干涉色级序等于出现的红色色带数加1,如果原矿物为蓝色,拉出石英楔时,出现2次红色,则矿物的干涉色为3级蓝。

6.4.3　实验材料及设备

　　① 制备好的矿物薄片。
　　② 透射光偏光显微镜。
　　③ 显微投影仪。

6.4.4　思考题

　　① 为什么叫干涉色? 在单偏光下能否观察到干涉色?
　　② 为什么加石膏试板后,矿物的干涉色会升高或降低?
　　③ 三种试板各有什么特征?

6.4.5　实验报告要求

实验数据填入表6.5。

表 6.5　实验数据

矿物名称	消光现象观察	矿片在45°时光率体轴名	干涉色特征及级序
萤石			
方解石			
辉石			
橄榄石			
磷石英			

6.5　正交偏光下的光学性质(二)

6.5.1　实验目的

　　① 学会光率体椭圆半径方向与名称的测定。
　　② 认识各种消光类型,学会消光角及延性符号的测定方法。
　　③ 双晶的观察。

6.5.2　实验内容

1. 光率体椭圆半径方向与名称的测定

　　在正交偏光下测定矿物的一系列光学常数,需要知道光率体椭圆半径方向,其测定法如下:
　　① 将薄片硅酸三钙或黄长石置于视域中心,旋转物台于消光位。
　　② 再转物台45°,此时矿物最亮,矿片上光率体椭圆半径与目镜十字丝成45°。
　　③ 从试板孔中插入补色器(石膏试板),观察干涉色升降变化。升高说明补色器与矿片

光率体同名半径平行;若降低,则说明是异名半径平行。

从试板孔(45°位置)插入试板,观察干涉色级序的升降变化。如果干涉色级序降低,说明试板与矿片上光率体椭圆切面异名半径平行;如果干涉色级序升高,表明试板与矿片上的光率体椭圆切面的同名半径平行。试板上光率体椭圆半径的名称是已知的,据此,即可确定矿片上光率体椭圆半径名称。当矿片干涉色在二级黄以上时,加入石膏试板难于判断矿片干涉色的升降变化。可以观察矿片楔形边缘的一级灰处,如果该处由一级灰变为二级蓝,证明干涉色级序升高,由一级灰变为一级黄,证明干涉色级序降低。补色器光率体椭圆半径名称是已知的,长边方向是 N_p,短边方向是 N_g。

测出的光率体椭圆长短半径,是否光率体主轴,取决于切面方向。如果矿片平行主轴面,则测出的光率体椭圆长短半径为 N_e 和 N_o(一轴晶)或 N_g、N_m、N_p 中任意二主轴(二轴晶)。如果矿片不平行主轴面,则光率体椭圆半径为 N'_e 和 N_o(一轴晶),或 N'_g 和 N_p(二轴晶)。

2. 晶体延性符号的测定

晶体若为长条状,其延长方向为 N_g,称为正延性;其延长方向为 N_p,则为负延性,其测定方法如下:

① 把薄片中黄长石,橄榄石等移至视域中心,使矿物延长方向平行补色器(石膏试板)插入方向。

② 插入补色器,观察干涉色的升降,判断与矿物延长方向一致的是 N'_g 或 N'_p,便可定出延性。

3. 消光类型及消光角的测定

非均质体不垂直光轴的晶体切片,在正交镜下会出现四次消光现象。根据在消光位时晶体的边棱、双晶缝、解理缝与目镜十字丝之间的位置,分为三种类型。

① 平行消光:矿片消光时,解理缝或晶体的边棱与目镜十字丝平行,如重晶石。

② 对称消光:消光时,目镜十字丝平分解理角或晶体的角顶,如方解石。

③ 斜消光:消光时,解理缝、双晶缝或晶体的边棱与目镜十字丝斜交。当晶体处于斜消光时,测定消光角。$P-P$ 解理缝、双晶缝或晶体的边棱与目镜十字处之间的交角,也是鉴定晶体的组成部分。一般测定消光角,要在定向切片上进行。

测定消光角的方法如下:

① 选择合适的定向切片,将它移到视域中心。

② 转动物台,使矿片处于消光位,记下载物台的刻度。此时,矿片光率体轴与目镜十字丝一致。此时,目镜十字丝的方向代表了矿片上欲测矿物的光率体椭圆切面的长、短半轴,测出矿片上光率体轴的 N_g 或 N_P,然后将物台转回原处。

③ 转动物台,使矿石上欲测矿物的解理缝或晶体的连棱与目镜十字丝平行,记下载物台的刻度。

④ 消光角等于两次记录载物台刻度之差。

此切面的特点是呈长条状、多色性明显。解理细而清晰,使解理缝平行纵丝记下读数 a,转动物台至消光位,推出上偏光,明显可见十字丝正好与解理缝有一交角。此即为倾斜消光,此时物台读数为 b,消光角即为两者之差。

⑤ 自消光位逆转物台 45° 加入云母试板,可见角闪石干涉色降低一个色序,即为异名轴平行,说明最大消光角为 $Ng\hat{}C$(因正交镜下不能确定 Ng 方向,这里的 Ng 方向为已知)。

消光角记录方式:由于旋转台方向不同,故对于同一矿物的消光角,可测得互补的 2 个角度。一般顺时针转动物台测得的消光角为正,逆时针转动物台测得的消光角为负。

4. 双晶的观察

矿物的双晶在正交偏光镜间,表现为相邻两单体不同时消光,呈现一明一暗的现象,这是由于构成双晶的两个单体中,一个单体绕另一个单体旋转了 180°,而使两个单体的光率体椭圆半径的方位不同。

6.5.3　实验材料及设备

① 制备好的矿物薄片。
② 透射光偏光显微镜。
③ 显微投影仪。

6.5.4　实验记录

实验数据填入表 6.6。

表 6.6　实验数据

矿物名称	光率体椭圆半径名称	消光类型	延性符号	消光角	双晶
萤石					
辉石					
方解石					
橄榄石					
黄长石					
白云石					

6.5.5　思考题(三选二)

① 测定干涉色级序、延性符号、光率体椭圆半径名称都要从消光位转 45° 吗? 为什么?
② 同一矿物不同切面消光角大小相同吗? 为什么?
③ 消光现象和消光类型的区别是什么?

6.6　锥光镜下的光学性质

6.6.1　实验目的

① 了解锥光镜的装置及特点。
② 认识一轴晶各种类型干涉图的形象特点。
③ 认识二轴晶垂直锐角等分线干涉图的形象特点。

④ 学会应用一轴晶垂直光轴切片,一轴晶斜交光轴切片,二轴晶垂直锐角等分线切片干涉图,测定光性正负。

6.6.2 实验内容

1. 锥光镜的装置及特点

在正交偏光的基础上,再加上载物台与下偏光镜间的聚光镜,换用高倍物镜,同时推入勃氏镜或去掉目镜,便构成锥光系统装置。矿物晶体的轴性、光性正负、光轴角大小等光学性质,都需在锥光系统下进行研究。

2. 一轴晶垂直光轴切片干涉图的形象特点

由一个黑十字与干涉色色圈组成。黑十字由平行上下偏光镜振动方向 AA、PP 的两黑带互相正交而成。二黑带的中心部分往往较窄,而边缘部分较宽;黑十字交点位于视域中心,即光轴出露点。干涉色色圈以黑十字交点为中心,成同心环状,其干涉色级序愈外愈高,干涉色色圈愈外愈宽。旋转物台干涉色色圈形象不变,如图6.3所示。

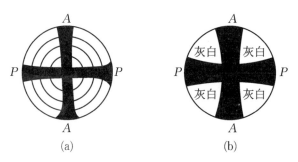

图 6.3　一轴晶垂直光轴切片的干涉图

3. 一轴晶斜交光轴切片干涉图的形象特点

在斜交光轴的切片中,光轴在矿片中的位置是倾斜的。光轴的矿片平面上的露点(黑十字交点)不在视域中心,所以斜交光轴切片的干涉图像由不完整的黑十字与不完整的干涉色色圈组成,如图6.4(a)所示。如果光轴的位置在视域内,则在视域内可看到黑十字中心,但不在十字丝中心;如果光轴的位置在视域之外,则在视域中只能看到黑十字的一条黑带,而看不到黑十字中心, 如图6.4(b)所示。

4. 二轴晶垂直锐角等分线的干涉图形象特点

当光轴面与上下偏光镜振动方向之一平行时,干涉图由一个黑十字及倒八字形干涉色圈组成,黑十字的两根黑带粗细不等,在光轴面方向的黑带较细,尤以光轴出露点处最细;垂直光轴面方向即 N_m 方向,黑带较宽;黑十字中心为 B_{xa} 出露点,位于视域中心。倒八字形干涉色圈由内向外逐渐过渡为椭圆。

转动物台,黑十字从中心分裂成两个弯曲的黑带。当光轴面与上下偏光振动方向成 $45°$ 时,双曲线顶点距离最近。双曲线顶点为光轴(OA)的出露点。双曲线突向 B_{xa} 出露点,双曲线连线的方向代表主轴面与矿片平面的光线。

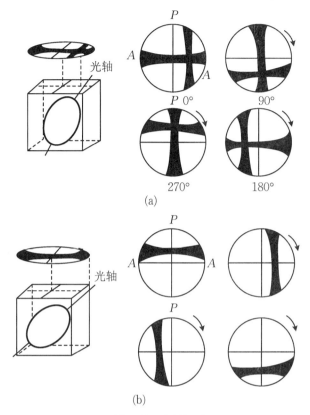

图 6.4　一轴晶斜交光轴切片的干涉图

若继续转动物台,双曲线顶点逐渐向中心转动,到 90°位置,又合成黑十字,但粗细黑带的位置已经更换,继续转动物台,黑十字双分裂。

在转动物台时,干涉色圈随光轴出露点移动,其形状不发生变化,如图 6.5 所示。

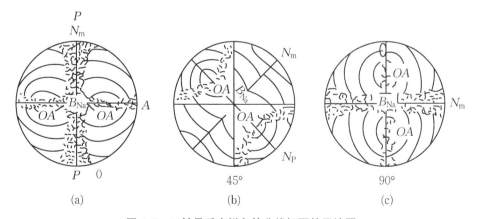

图 6.5　二轴晶垂直锐角等分线切面的干涉图

5. 一轴晶垂直光轴切片干涉图、上轴晶斜交光轴切片干涉图、二轴晶垂直锐角等分线干涉图的应用

（1）一轴晶垂直光轴切片干涉图的应用

根据一轴晶垂直光轴切片干涉图的形象特点，可判断为一轴晶垂直光轴切片。

当 $N_e > N_o$ 时为正光性，当 $N_e < N_o$ 时为负光性。

在一轴晶垂直光轴切片的干涉图上，黑十字的四个象限内，放射线方向，代表 N_e 的方向；同心圆圈的切线方向，代表 N_o 的方向，插入试板，根据干涉图中黑十字四个象限内，干涉色级序升降的变化，确定与 N_o 的相对大小之后，便可决定光性正负。

加入石膏试板后，第一和第三象限干涉色级序升高，表示矿片与试板同名半径平行；第二和第四象限干涉色级序降低，异名半径平行；证明 $N_e > N_o$，故属正光性。负光性情况与此相反。

若干涉图有色环，插入石英楔，当慢慢推进石英楔时，一、三象限色环由外向中心移动，二、四象限色环由中心向外移动，则 $N_e = N_g$，正光性，反之则为负光性，如图 6.6 所示。

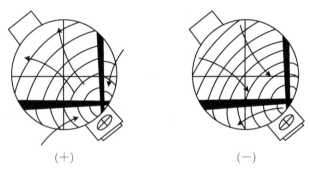

（＋）　　　　　　（一）

图 6.6　一轴晶光性正负的测定

（2）一轴晶斜交光轴切片干涉图的应用

当干涉图中黑十字交点（光轴出露点）在视域内时，测定的方法与垂直光轴切片完全相同。如果干涉图中黑十字中心在视域之外，转动物台，根据黑带的移动规律，可找出黑十字交点在视域外的位置属于黑十字的那一象限。然后即可按垂直光轴切片的方法，测定光性正负。

（3）二轴晶垂直锐角等分线干涉图的应用

在二轴晶矿物晶体中，当 $B_{xa} = N_g$ 时为正光性，当 $B_{xa} = N_p$ 时为负光性。因此，确定光性正负，只要确定了是 N_g 或 N_p 即可。

测定光性正负时，最好使光轴面与上、下偏光镜振动方向成 $45°$ 夹角。此时干涉图为二双曲线黑带，视域中心为 B_{xa} 出露点，双曲线顶点为二光轴出露点；二光轴出露点的连线为光轴面与切片的光线，垂直光轴面的方向为 N_m。在光轴面的迹线上，两光轴点内外的光率体椭圆长短半径分布情况，因光性正负不同而不同，如图 6.7 所示。

6.6.3　实验材料及设备

① 制备好的矿物薄片。

② 透射光偏光显微镜。

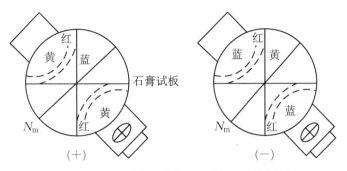

图 6.7 二轴晶垂直锐角等分线干涉图的光性测定

6.6.4 实验方法与步骤

1. 锥光下观察的操作程序

① 用高倍物镜（40×或 45×），并小心对准焦点（高倍物镜工作距离短，准焦时要特别小心，否则容易压碎薄片，损坏镜头）。

② 仔细校正物镜中心。

③ 在矿片中选择欲测的矿物颗粒（尽可能找较大的干涉色较低的颗粒），移至视域中心（如为单矿物定向切片可按此步骤）。

④ 加入聚光镜并升高到最高位置（注意不要顶住薄片）。

⑤ 推入上偏光镜及勃氏镜即能看到干涉图，如果不用勃氏镜，则去掉目镜也能看到干涉图。

如果发现视域内有障碍物（如窗格，树枝等）影响观察干涉图，可移动反光镜反障碍物排出视域。

2. 观察高铝酸钠垂直光轴切片干涉图的形象特点，并测定光性符号

① 取薄片于物台上，准焦，观察高铝酸钠垂直光轴切片干涉图。

② 插入选定的试板，根据各个象限干涉色的变化确定光性正负。

测定光性符号时，可视具体情况使用补色器。一般是色圈多时用云母试板或石英楔较合适，色圈少或只具一级灰时，用石膏试板较为合适。操作熟练后使用任何补色器都可以。

3. 观察方解石斜交光轴切片干涉图，并测定其光性正负

① 取薄片于载物台上，准焦。一定要找干涉色低，颗粒比较大（几乎占满整个视域）的矿物颗粒。然后按锥光观察的程序操作，观察干涉图。

② 插入石膏试板，确定光性干涉图，并测定光性符号。

4. 观察白云母切片的干涉图，并测定光性符号

① 取薄片于载物台上，观察白云母切片干涉图，旋转物台观察其形态变化。

② 光性正负的测定：

a. 转动物台，使干涉图为双曲线黑带。

b. 插入石膏试板,观察干涉色的升降变化情况。干涉色升高的两象限连线方向与试板 N_g 方向一致光性为正。反之,干涉色升高的两象限与试板 N_g 方向垂直,光性为负。

6.6.5 实验记录

实验数据填入表 6.7。

表 6.7 实验数据

矿物名称	干涉图特点素描	插入试板后现象	光性正负
高铝酸钠			
方解石			
白云母			

6.6.6 思考题

① 锥光镜的装置及特点分别是什么?各有什么特征?

② 光性的定义及判断方法是什么?

6.7 透明矿物薄片的系统鉴定

6.7.1 实验目的

① 巩固已学知识,系统掌握鉴定透明矿物的内容和步骤。

② 鉴定未知矿物或对某已知矿物做精确定名。

6.7.2 实验内容

在工艺岩石中的绝大多数硅酸盐类、磷酸盐类和部分氧化物类矿物,均为透明矿物,因此都可以在偏光镜下进行鉴定。

偏光镜显微镜下系统鉴定透明矿物的步骤如下:

1. 单偏光镜下的观察

① 晶形:矿物的晶体形态及其发育程度(自形、半自形、他形)。

② 解理:观察解理的发育程度、组数、解理夹角等。

③ 折光率:观察突起正负及突起等级、糙面、贝克线、闪突起,根据突起等级,估计折光率的大小。

④ 颜色:观察有无颜色,如有,则需观察有无多色性。

2.正交偏光镜下的观察

① 干涉色:观察最高干涉色级序,有无干涉色异常现象。

② 双折射率的测定:根据最高干涉色级序和矿片厚度,求最大双折射率。

③ 消光性质:根据不同切片上的消光性质,判断矿物的晶系和晶形。

④ 消光角的测定:单斜晶系的矿物测定其最大消光角,三斜晶系的矿物测定结晶方向与某相应折光率振动方向的夹角。

⑤ 延性符号:具有一向延长的矿物,测定其延长方向光率体的轴名。

⑥ 双晶的观察:观察双晶类型。

3.锥光系统下的观察

观察轴性、光性正负;若为二轴晶,需估计其光轴角大小,色散有无及类型等。

6.7.3　实验材料及设备

① 制备好的矿物薄片。

② 透射光偏显微镜。

6.7.4　实验内容及步骤

① 将镜头(目镜 $10\times$、物镜 $10\times$)。调节照明,使视域照亮。

② 将欲观察的薄片置于物台中心,调节焦距,校正物镜中心。

③ 在单偏光镜下观察矿物的晶形、解理、折光率、颜色等。

④ 推入上偏光镜,在正交偏光镜下观察矿物的干涉色、双晶、消光类型,并测出最大双折射率、消光角、延性符号等。

⑤ 换用高倍物镜($40\times$或 $45\times$),仔细校正物镜中心。

⑥ 在锥光系统下观察,根据切片干涉图的形象特点,确定轴性,并测光性正负。

6.7.5　实验报告

① 认真观察下方的《实验报告》表格,填写实验报告。

② 画出正交偏光镜下矿物的晶形图。

③ 画出矿物的锥光图。

④ 根据测定的一系列光学性质最后确定该矿物名称。

实　验　报　告

矿物名称:

单偏光下的观察	矿物的形态	
	解理及其夹角	
	颜色	
	多色性	
	边缘糙面	
	突起	

正交偏光下的观察	消光现象	
	消光角	
	最高干涉色	
	晶体延性符号	
	双晶	
	异常干涉色	
锥光镜下的观察	干涉图类型	
	轴性	
	光性	
	光性异常	
备注		

6.7.6　思考题

① 晶体的晶形分为几种？是如何定义的？

② 突起是如何定义？分为哪几种？

③ 如何区别消光类型和消光现象？

④ 偏光显微镜可以组装为几种类型的显微镜？各有什么特征？

⑤ 矿物的主要特征有哪些？

6.8　不透明矿物的光学性质

6.8.1　实验目的

① 了解反光显微镜的构造,掌握反光显微镜的使用。

② 初步了解不透明矿物的一系列光学性质。

6.8.2　实验内容

1. 反光显微镜的构造

反光显微镜主要由镜座、镜臂、镜筒、上偏光镜、垂直照明器、载物台、前偏光镜和聚光镜等部分组成。

（1）镜座

承受镜的全部重量,外形为直立柱的马蹄形。

（2）镜臂

呈弯背形,下端与镜座相接,可以向后倾斜。使用时不宜倾斜过度。

（3）镜筒

镜筒连接在镜臂上。转动镜臂上的粗动螺旋或微动螺旋,可使镜筒上升下降,用以调节焦距。

（4）上偏光镜

物镜上，可自由推进推出，其振动方向与前偏光镜振动方向垂直。

（5）垂直照明器

垂直照明器位于显微镜筒与物镜之间，上面的手轮连接半透膜反光镜，将光线折入光路。

（6）载物台

载物台是一个可以转动的圆形平台。边缘附有 360 等分的刻度，并附有两个游标刻度尺，读数精确度 6°。

（7）聚光镜

安装在载物台下部，由一组透镜组成，它的作用是把下偏光镜透出的偏光聚敛成锥形偏光，不使用时可以推在侧面或下降。

（8）前偏光镜

垂直位于照明器之前，转动前偏光座，可改变前偏光的振动方向。当转到"0"刻度时，其振动方向与目镜十字丝横线平行。

2. 不透明矿物的一系列光学性质

（1）反射率

矿物对入射光反射出来光量多少的能力叫反射力，不同矿物的反射力是不同的。表示反射力大小的数值称为反射率，通常以百分数值表示：

$$R = Ir/Ii \tag{6.1}$$

式中，R 为反射率；Ir 为反射光的强度；Ii 为入射光的强度。

（2）反射率的测定方法

不透明矿物反射率的测量，通常采用欲测矿物的反射率与书籍矿物的反射率对比的方法来确定。可分为目测与仪器测量两种方法。目测是用肉眼对比视野中两种不同矿物的亮度。仪器测量法是用精密仪器进行观察和测量，从而获得较高的测量精度。

1）反射色

垂直入射光经矿物光片反射后，所呈现的颜色为反射色。反射色可作为鉴定不透明矿物的标志。

2）内反射和内反射色

透明矿物或半透明矿物的光片，当光线自光片上透射入矿物内部，碰到矿物内部的解理面、裂缝、晶粒界面、孔隙等而反射或散射出来时，显示矿物透射光的颜色，能反应矿物的透明度，这种现象称作内反射。呈现的颜色为内反射色。

3）双反射和反射多色性

不透明非均质矿物，在不同方向上对入射光的反射力大小不同，矿物反射率随矿物方向不同而发生变化的这种性质称为双反射。它的大小用最大反射率与最小反射率的差值 R 表示。

不透明矿物，非均质矿物的各方向切面对不同波长的光有不同的吸收，各方向就有不同的颜色。矿物反射色随方向改变的性质就是矿物的反射多色性。

4）偏光性

不透明非均质矿物在反射正交偏光下旋转物台呈现四明四暗的现象叫做偏光性。明亮时呈现的颜色变化叫做偏光色。非均质矿物不一定有偏光色，但有偏光色的矿物一定是非均质性矿物。

6.8.3　实验材料及设备

① 制备好的矿物光片。

② 透反两用偏光显微镜、反光显微镜、压平器。

③ 偏光显微镜显微摄像系统。

6.8.4　实验方法与步骤

1．反射率的测定

本实验采用并列比较法，这是一种概略估计矿物反射力的方法。

① 将镶嵌在一起磨制好的矿物光片用胶泥压平置于物台中心。

② 在单偏光下对好焦距，并比较其反射光的强弱。

③ 排出测定的矿物反射率大小的顺序。

2．反射色的观察

① 调节光源为纯白色的光，一般以方铅矿的亮白色为准。

② 将欲观察的矿物光片用胶泥压好置于物台。

③ 在单偏光下对好焦距，观察欲测矿物的反射色。

透明矿物的反射色一般都是深灰色，不透明矿物的颜色为反射色的颜色。

3．内反射及内反射色的观察

① 装好中、低倍物镜，调好光源。

② 将欲测矿片用胶泥压好置于物台。

③ 在单偏光下对好焦距，将欲测矿物置于视域中心。

④ 在正交偏光下欲测矿物旋转至消光位，观察内反射现象及内反射色。

4．双反射和反射多色性的观察

① 将欲观察的矿片用胶泥压好置于物台中心。

② 在单偏光镜下对好焦距，将所观察的矿物移到视域中心。

③ 在正交偏光下观察颗粒界限。

④ 去掉上偏光镜，仔细观察颗粒间的反射力。旋转物台，观察矿物的反射力变化及反射色的变化。

⑤ 确定矿物的双反射及反射多色性的级别（清晰、不显）。清晰者定出多色性的变化颜色。（如没有颜色变化可不写）

5. 偏光性的观察

① 将欲观察的矿片用胶泥压好置于物台中心。

② 在单偏光镜下对好焦距。

③ 推入上偏光镜,转动载物台,观察矿物明亮的变化以及偏光色。

6.8.5　实验报告要求

① 如何测定矿物反射率的大小。

② 如何观察测定矿物的反射色。

③ 观察矿物有无内反射、双反射多色性及偏光性的方法。

6.8.6　实验记录

实验数据填入表 6.8。

表 6.8　实验数据

矿物名称	反射率大小比较	反射色	内反射	双反射及多色性	偏光性
黄铁矿					
方铅矿					
磁铁矿					
闪锌矿					
菱铁矿					
白云石					
辉锑矿					

6.8.7　思考题

① 矿物颜色和反射色是如何定义的? 如何在显微镜下判断矿物颜色和反射色?

② 如何区别内反射色和偏光性?

6.9　矿物颗粒大小及百分含量的测定

6.9.1　实验目的

① 学会测量矿片中矿物颗粒的大小。

② 了解矿物百分含量的基本方法,初步掌握直线测定矿物的百分含量。

6.9.2　实验内容

研究钢铁冶金工艺岩石人造富矿质量时,常需测量其中矿物颗粒直径的大小及各种矿物的百分含量,它可以说明其形成的工艺条件,同时也可以说明不同矿物组成的含量与其质量之间的关系。

1. 矿物颗粒直径大小的测定

(1) 人工测定

测量矿物颗粒直径的大小,通常使用带有测微尺的目镜来进行。目镜测微尺上每一小格所代表的长度因显微镜的放大倍数不同而不同。目镜测微尺上一小格所代表的实际长度可以用物台测微尺来测定。知道了目镜测微尺上每小格所代表的长度后,将欲测矿物置于视域中,量它占了几格,然后乘上每格所代表的长度,就得出欲测矿物的颗粒大小。

(2) 半自动测定

半自动测定常用的仪器是数字显示粒度分布测定仪,它的特点是比人工测定效率高,精度也高。

(3) 自动测定

常用图像分析仪测定矿物颗粒的粒度,图像分析仪的特点是自动化,效率高。

2. 矿物百分含量的测定

测定矿物的百分含量方法比较多,有面积法、直线法、目估法、自动测定。在人工测定中直线法比较简单,精确度也比较高,所以被广泛采用。

直线法测定的原理:根据矿片中各种矿粒长度之比,约等于其面积之比。而面积之比又与体积之比相近似。测量工作是用目镜测微尺与机械台配合的测量方法,机械台有两个螺丝,可以使矿片前后移动。测量时把载物台旋转到所需位置,然后旋紧载物台锁紧螺丝,使载物台固定不转。旋转装在载物台上的机械台螺丝,使矿片上方矿物颗粒的边缘与目镜刻度尺左边重合,在刻度尺方向上计算每种矿物颗粒所占的刻度数目。

6.9.3 实验材料与设备

① 制备好的矿物光片。

② 透反两用偏光显微镜、机械台、压平器。

6.9.4 实验方法与步骤

① 装上带测微尺的目镜(10×)调节好照明。

② 使物台测微尺与目镜测微尺平行,并使两个测微尺的零点对齐,仔细观察两测微尺的分格线再次重现的部位。例如,目镜测微尺 60 格,刚好等于物台测微尺 100 格,测目镜测微尺每小格所代表的实际长度为 100/60×0.01 mm=0.016 mm。

③ 取下物台测微尺,将欲测矿物颗粒置于物台中心,量它的长、宽各占多少格,然后乘上每格所代表的长度,则得出矿物颗粒的大小。

④ 测定百分含量时,将欲测矿片左上方矿物颗粒的边缘与目测微尺左边重合,在测微尺上方计算每种矿物颗粒所占刻度数目,并分别进行记录,如此进行到此线右边最后一粒矿物。

⑤ 当一线测量完后,旋转机械台垂直螺丝,移动一定距离,开始第二线测量,方向同前。并继续进行第三线、第四线的测量,直到测完整个矿片为止。

⑥ 将矿片中各种矿物所占线长度分别加起来即可算出各矿物原百分含量。

6.9.5 实验报告要求

① 测出首钢烧结矿中磁铁矿的最大颗粒直径、最小颗粒直径,并求出平均颗粒直径大小。

② 测定首钢烧结矿中磁铁矿的百分含量。

6.9.6 实验记录

矿物名称:首钢烧结矿。

测目镜测微尺每小格所代表的实际长度为:_____。

1. 颗粒大小(50 个数据):($\overline{A}$、$\overline{B}$、$\overline{C}$、$\overline{D}$、$\overline{E}$ 为各线数据的平均值)

第一线数据 $A1$ $A2$ …… $A10$ $\overline{A}=$_____;
第二线数据 $B1$ $B2$ …… $B10$ $\overline{B}=$_____;
第三线数据 $C1$ $C2$ …… $C10$ $\overline{C}=$_____;
第四线数据 $D1$ $D2$ …… $D10$ $\overline{D}=$_____;
第五线数据 $E1$ $E2$ …… $E10$ $\overline{E}=$_____;

磁铁矿的最大颗粒直径为:_____。
磁铁矿的最小颗粒直径为:_____。
磁铁矿的平均颗粒直径为:_____。
磁铁矿的百分含量为:_____。

2. 磁铁矿的百分含量

行数	第一行	第二行	第三行	第四行	第五行	第六行	第七行	第八行	第九行	第十行
空格数										

6.10 冶金熟料、炉渣矿物系统鉴定

6.10.1 实验目的

① 冶金熟料、炉渣的矿物组成及内部结构的光学特征。

② 冶金熟料、炉渣的显微组织结构及冶金工艺条件分析。

6.10.2 实验内容

1. 确定冶金熟料、炉渣的矿物组成

根据高炉渣化学成分的特点,高炉渣一般可分为碱性高炉渣、酸性高炉渣、高钛高炉渣、含氟高炉渣及锰铁高炉渣等。我国大中型高炉的炉渣碱度,根据原料含硫高低和生铁品种,大致为 $CaO/SiO_2=0.98\sim1.15$,MgO 一般为 $7\%\sim9\%$,少数达 $11\%\sim12\%$,个别达 20% 左右。但 $(CaO+MgO)/SiO_2$ 的值都相差不大,均在 1.3 上下。渣中 Al_2O_3 含量主要与原料

含 Al_2O_3 多少及焦比高低有关。

(1) 碱性高炉渣的矿物组成

① 黄长石:为碱性高炉渣中最常见的矿物,它是由钙铝黄长石 $2CaO \cdot Al_2O_3 \cdot SiO_2$ 及钙镁黄长石 $2CaO \cdot MgO \cdot 2SiO_2$ 所组成的固熔体。

② 硅酸二钙:是碱性炉渣中较重要的矿物组成(含量仅次于黄长石)。

③ 镁橄榄石:出现在富含 MgO 的碱性高炉渣中。

除上述矿物外,在还出现的矿物有揭硫钙石及硫锰矿、玻璃质等。

(2) 酸性高炉渣的矿物组成

典型的酸性高炉渣在冷却时常全部凝结成玻璃质。在弱酸性高炉渣中,特别是在缓慢冷却的条件下,则出现结晶矿物相。如黄长石、假硅灰石、辉石及钙长石等。

① 黄长石:酸性高护渣中主要矿物。在显微镜下形状主要为长板状、正方形和 X 形。

② 假硅灰石 $a-CaO \cdot SiO_2$:在酸性炉渣中晶体形状多为粒状及针状等。假硅灰石的出现可成为 Al_2O_3 含量较低的酸性炉渣的特点。当 Al_2O_3 含量增加时,可出现多量的钙长石。

③ 辉石族:在酸性炉渣中经常出现,如单斜辉石亚族中的透辉石及钙铁辉石以及它们的固溶体等。

④ 钙长石:$CaO \cdot Al_2O_3 \cdot 2SiO_2$,为酸性炉渣中常见矿物。此外,在酸性渣中还有硅灰石、褐硫钙石、硫锰矿等矿物。

2. 描述和测定各个组成矿物的光学性质和光学特征

① 磁铁矿:Fe_3O_4,薄片中不透明或近于不透明。极薄的薄片,可透过其少的光线,黑色,$N = 2.42$。光片在反射光下 $R = 20\%$,略带淡褐灰色,粉末灰黑色。磁铁矿在王水中变成黄色,而赤铁矿不变色。

② 赤铁矿:Fe_2O_3,薄片中常呈六边形或长条状,不透明。极薄的薄片可透光,呈红色。有微弱多色性,$N_o =$ 褐红,$N_e =$ 黄红。在反射光下颜色为带蓝的灰白色,反射率较高 $R = 25\%$。强非均质性。深红色内反射。反射光下具有较高的反射率,强非均质及红色内反射为其特征。

③ 铁酸钙:薄片中为血红色。光片下 $R = 18\% \sim 18.5\%$。铁酸钙为略带蓝色调的灰色。

④ $\beta-C_2S$:薄片中无色,或淡黄、棕黄色。高突起。正交偏光下折射率强,干涉色为明亮的黄、蓝和微红色。斜消光,消光角为 $13° \sim 14°$,薄片常呈粒状、柳叶状图版 $10 \sim 8$ 等,其形状常随冷却条件而变化,快冷者多呈浑圆形,慢冷者多为不规则形。聚片双晶。

⑤ $\gamma-C_2S$:薄片中无色、浅黄或棕黄色。{010}柱状解理完全。双折射率低,最高于涉色为一级黄。平行或微斜消光,消光角 3° 鉴定特征 γ-硅酸二钙以较低的折射率及双折射率,可与其他变体相区别。

⑥ 铁橄榄石:$2FeO \cdot SiO_2$,薄片中通常无色,但有时呈淡黄色,并具微弱多色性:$N_p =$ 绿黄,$N_m =$ 橙黄,$N_g =$ 绿黄,正突起很高,双折射率强,最高干涉色为三级顶部。平行消光,延长符号可正可负。

3. 联系冶金过程,分析矿物组成与工艺条件之间的关系

炼钢炉渣包括转炉渣、平炉渣和电炉渣。每一种炉渣又有酸性和碱性之分,每一炉炉渣还可分为前期渣、中期渣和后期渣。炼钢炉渣是一种成分复杂、种类繁多的炉渣。

炉渣的矿物组成取决于炉渣的化学成分,并和炉渣的碱度有着密切的关系。同时也受温度、供氧制度等条件的影响。在转炉吹炼过程中,温度升高极快,每一温度梯度停留的时间甚短,炉内化学反应不可能达到平衡,因此炉渣的矿物组成分布不均匀,偏析较大。因此不同吹炼时间、不同碱度,甚至不同部位取得的炉渣,其矿物成分可能不同。

因为转炉终渣在化学成分上基本相同,所以在终渣的矿物成分上也就大体一致。按照矿物成分的特点,氧气顶吹转炉的终渣,基本上分为两个类型:一个是以硅酸三钙为主;另一个是以硅酸二钙为主。前者简称三钙渣,后者则称二钙渣。

三钙渣主要组成矿物为硅酸三钙,有少量或者没有硅酸二钙。此外尚含有铁方镁石(RO 相)、铁酸一钙、铁酸二钙以及少量的镁砂或白云石砂的残留包块。有时尚有未熔完的残留石灰。

硅酸三钙一般为长条状,其颗粒大小和炉渣的冷却速度有关。缓慢冷却时颗粒较粗,快速冷却时则颗粒较细。如果考虑到终渣的黏度,则黏度小呈细长条状,黏度较大呈短柱状。至于硅酸三钙相对含量的多少,以及硅酸二钙的出现与否,直接反映转炉渣碱度 R 的高低。硅酸三钙含量越多,其碱度也就愈高。

铁方镁石呈微细的颗粒状,有时也呈树枝状雏晶。如果铁方镁石析出在硅酸三钙冷却结晶之前,则多为浅色的并呈包裹体包裹在硅酸三钙之中。这些包裹体有时可为自形晶,但多为浑圆状颗粒。这类方镁石的析出,标志着炉渣中的 MgO 含量是过饱和的。这一点对于白云石造渣尤为重要。

如果铁方镁石是在硅酸三钙结晶之后析出,则多和铁酸钙一起构成低熔点的胶结相。这说明炉渣中的 MgO 是不饱和的。这类铁方镁石呈褐色,如果固溶有 MnO 则可呈红色,为自形或树枝状结晶。

铁酸钙因熔点大大低于出钢温度,其渣的渣动性很好,不容易挂在炉衬上,它对于炉衬,特别是白云石质炉衬具有很强的侵蚀能力。因此在操作中要严格控制氧化铁含量。炉渣中的硅酸三钙、硅酸二钙和方镁石的熔点都在 2000 ℃以上,其中又以硅酸三钙为主,并构成一网络结构。只要把这些矿物黏附在炉衬上,就可以获得一个能耐高温且结构强度很高的附着层。这实际上就是在原有炉衬上附了一层新的耐火材料。

6.10.3　实验步骤

① 由教师明确各个样品的要求,并提供工艺条件。

② 描述和测定各个组成矿物的光学性质,并根据其光学特征确定矿物名称。

③ 选择标准视域,对样品进行显微素描(力求反映出样品结构构造和矿物组成的特点)。

6.10.4　实验报告要求

根据上述鉴定,结合提倡的工艺条件和要求,对冶金熟料、炉渣进行岩矿相分析,确定样品的矿物组成、矿物鉴定特征、显微组织结构特征,并探讨和阐述结构构造、矿物组成和冶金工艺条件之间的关系。

炉渣矿物	矿物组成	矿物组成的颜色	显微结构	冶金工艺条件
首钢烧结矿 ($R=1.0\sim1.2$)				
马钢烧结矿 ($R=2.0$)				
马钢烧结矿 ($R=3.0$)				
宝钢球团				
杭钢球团				

第7章 有色冶金实验

7.1 铁-水系 φ-pH 的测定实验

7.1.1 实验目的

现代湿法冶金已广泛使用 φ-pH 图来分析物质在水溶液中的稳定性,即各类反应的热力学平衡条件,如已知金属-水系 φ-pH 图,可以找出浸出与净化沉淀此种金属的电位和 pH 的控制范围。

通过对 Fe-H_2O 中不同 pH 对应的电位测定,绘制出 Fe-H_2O 系 φ-pH 图,从而加深对溶液中 pH 与氧化还原电位的了解以及有关 φ-pH 图的理论知识的理解。

7.1.2 实验原理

本实验以 Fe-H_2O 系为例,其三类反应具体平衡条件如下:

1. 一类反应(只有电子得失)

$$Fe^{3+} + e = Fe^{2+} \quad \Delta G^0 = -17780 \, (cal) \tag{7.1}$$

$$\varphi_{Eq(7.1)} = \varphi^0_{Eq(7.1)} + 0.0591 \lg \frac{a_{Fe^{3+}}}{a_{Fe^{2+}}}$$

$$\Delta G^0 = -ZF\varphi^0$$

$$\varphi^0_{Eq(7.1)} = \frac{-\Delta G^0}{ZF} = \frac{-(-17780)}{1 \times 23060} = 0.77 \, (V)$$

当温度 $T = 298 \, K$,$a_{Fe^{3+}} = a_{Fe^{2+}} = 1$,得

$$\varphi_{Eq(7.1)} = 0.77 \, (V)$$

$$Fe^{2+} + 2e = Fe \tag{7.2}$$

$$\Delta G^0 = 20300 \, (cal)$$

$$\varphi_{Eq(7.2)} = \varphi^0_{Eq(7.2)} + \frac{0.0591}{2} \lg a_{Fe^{2+}}$$

同理得

$$\varphi^0_{Eq(7.2)} = -0.44 \, (V)$$

当温度 $T = 298 \, K$,$a_{Fe^{2+}} = 1$,得

$$\varphi_{Eq(7.2)} = -0.44 \, (V)$$

2. 二类反应(无电子得失,有 H$^+$ 参与反应)

$$Fe(OH)_3 + 3H^+ = Fe^{3+} + 3H_2O \qquad (7.3)$$

$$\Delta G^0_{298} = -6590 \text{ (cal)}$$

$$pH^0_{Eq(7.3)} = -\frac{\Delta G}{1364 \times 3} = \frac{6590}{1364 \times 3} = 1.61$$

当 $T = 298$ K,$a_{Fe^{3+}} = 1$,得

$$pH_{Eq(7.3)} = pH^0_{Eq(7.3)} - \frac{1}{3}\lg a_{Fe^{3+}}$$

$$pH_{Eq(7.3)} = 1.61$$

$$Fe(OH)_2 + 2H^+ = Fe^{2+} + 2H_2O \qquad (7.4)$$

$$\Delta G^0 = -18110 \text{ (cal)}$$

同理得

$$pH^0_{Eq(7.4)} = 6.64$$

当 $T = 298$ K,$a_{Fe^{2+}} = 1$,得

$$pH_{Eq(7.4)} = 6.64$$

3. 三类反应(既有电子得失,又有 H$^+$ 参与反应)

$$Fe(OH)_3 + 3H^+ + e = Fe^{2+} + 3H_2O \qquad (7.5)$$

$$\Delta G^0_{298} = -24370 \text{ (cal)}$$

得 $\varphi^0_{Eq(7.5)} = 1.057$ (V),当 $T = 298$ K,$a_{Fe^{2+}} = 1$ 时,得

$$\varphi_{Eq(7.5)} = 1.057 - 0.0591 \times \frac{3}{1}pH + \frac{0.0591}{1}\lg 1 = 1.057 - 0.177pH$$

$$Fe(OH)_2 + 2H^+ + 2e = Fe + 2H_2O \qquad (7.6)$$

$$\Delta G^0_{298} = 2170 \text{ (V)}$$

得 $\varphi^0_{Eq(7.6)} = -0.047$ (V),当 $T = 298$ K 时,得

$$\varphi_{Eq(7.6)} = -0.047 - 0.0591pH$$

$$Fe(OH)_3 + H^+ + e = Fe(OH)_2 + H_2O \qquad (7.7)$$

$$\Delta G^0_{298} = -6250 \text{ (V)}$$

$$\varphi^0_{Eq(7.7)} = 0.271 \text{ (V)}$$

$$\varphi_{Eq(7.7)} = 0.271 - 0.0591pH$$

由于在水溶液中进行氧化-还原反应,故有氢电极反应

$$2H^+ + 2e = H_2 \uparrow$$

当 $T = 298$ K,$P_{H_2} = 1$ atm[①] 时

$$\varphi_{H_2} = -0.0591pH$$

氧电极反应

$$\frac{1}{2}O_2 + 2H^+ + 2e = H_2O$$

---

① atm 为标准大气压,1 atm$=$101325 Pa。

当 $T=298$ K，$P_{O_2}=1$ atm 时

$$\varphi_{O_2} = 1.229 - 0.0591\text{pH}$$

根据以上 Fe-H$_2$O 系 7 个平衡式，可作出该系的 φ-pH 图。

7.1.3   实验装置

铁-水系 φ-pH 的测定实验装置如图 7.1 所示。

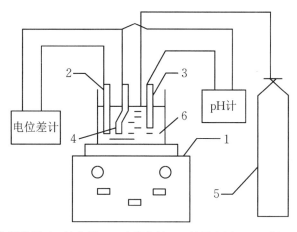

1. 磁力加热搅拌器；2. 铂电极；3. 玻璃电极；4. 甘汞电极；5. N$_2$ 瓶；6. 待测溶液。

图 7.1   实验装置图

7.1.4   实验方法

本实验用 Fe$_2$(SO$_4$)$_3$ · 6H$_2$O 和 FeSO$_4$ · 7H$_2$O 试剂配成 [Fe^{3+}]=[Fe^{2+}]=0.01 mol/L 的溶液，加入 H$_2$SO$_4$ 和 NaOH 改变溶液的 pH，用 pH 计测定溶液的 pH，同时用高阻电位差计测定相应的电位值，便可绘出 φ-pH 图。

但必须指出，由于平衡式(7.1)和(7.2)均在 H$_2$O 析出 H$_2$ 的平衡线之下，所以在本实验条件下，无法测得上述两反应的 φ 和 pH。因而无法绘制出这两条直线，又由于溶液中 Fe^{3+} 和 Fe^{2+} 活度不等于 1，故实测曲线与理论曲线之间存在一定的偏差。

7.1.5   实验仪器及试剂

1. 实验仪器

pH 计、恒温磁力加热搅拌器、数字电压表。

2. 试剂

Fe$_2$(SO$_4$)$_3$ · 6H$_2$O(分析纯)、FeSO$_4$ · 7H$_2$O(分析纯)、H$_2$SO$_4$(分析纯)、NaOH(分析纯)。

7.1.6 实验步骤

1. 溶液的配制

准确称取 0.381 g $Fe_2(SO_4)_3 \cdot 6H_2O$ 及 0.417 g $FeSO_4 \cdot 7H_2O$ 于 200 mL 的烧杯中，加蒸馏水 150 mL 溶解。

2. 连接仪器

连接仪器，检查线路连接是否正确，如不正确及时更改。

3. pH 计的校正

① 接通电源，开启 pH 计，预热时间不少于 30 min。

② 调节"温度"旋钮，使温度指到溶液温度。

③ 将"斜率"旋钮顺时针调节到最大。

④ 用纯水冲洗玻璃电极，用滤纸吸干玻璃电极，然后将其放置于 pH 为 6.86 的标准溶液，调节"定位"旋钮，使 pH 指示为 6.86，固定"定位"。

⑤ 冲洗电极后用滤纸吸干，放置到 pH 为 4.00 的标准溶液中，调节"斜率"旋钮使其指示到 4.00 的缓冲溶液中，调"斜率"旋钮使读数 pH＝4，斜率旋钮不能再变动了。

4. 测量 pH 值

① 冲洗电极后用滤纸吸干，放到待测溶液中，加 H_2SO_4 若干滴，使溶液 pH＝0.5。
测量电位值：

② 调节温度旋钮，使温度指到溶液温度。

③ 用数字电压表测定溶液 pH＝0.5 时对应的电位值。

④ 然后加入适量的碱 NaOH，使 pH 递增，按上述操作在 pH 为 0.5～10 范围内，测定相应的 pH 和电位值，10～15 对数据，然后进行实验数据处理，实验进行完毕，整理实验仪器，打扫卫生。

7.1.7 注意事项

① pH 计校准后，不得再旋动"定位"、"斜率"、"校正"。

② 小心使用玻璃电极，不得用手触及电极前端小球，以免弄坏。

③ 玻璃电极在使用前应用蒸馏水浸泡 24 小时。

④ 硫酸高铁[$Fe_2(SO_4)_3 \cdot 6H_2O$]溶解慢，应预先配好。

7.1.8 编写实验报告

1. 简述实验原理及过程

简述实验原理，实验方案及实验装置。

2．实验记录

① 应说明被测溶液温度及浓度。
② 应提供实验数据记录,包括实验次数。相应的 pH 及电位值。

3．实验数据处理

$$\varphi = \varphi_{测} + \varphi_{甘}$$

式中,φ 为实际电位(V);$\varphi_{测}$ 为测得的电位(V);$\varphi_{甘}$ 为甘汞电极电位(V),它由下式求出:

$$\varphi_{甘} = 0.2415 - 7.6 \times 10^{-3}(t - 25)$$

式中,t 为溶液温度(℃)。

4．绘图及分析

① 根据所测得的 pH、φ 数据,绘制出实验条件下的局部 φ-pH 图。
② 与 Fe-H_2O 系理论的 φ-pH 图进行比较。
最后,提出合理的意见和建议。

7.2　电极过程动力学实验

7.2.1　实验目的

通过对铜电极的阳极极化曲线和阴极极化曲线的测定,绘制出极化曲线图,从而进一步加深对电极极化原理以及有关极化曲线理论知识的理解。通过本实验,熟悉用恒电流法测定极化曲线。

7.2.2　实验原理

当电池中由某金属和其金属离子组成的电极处于平衡状态时,金属原子失去电子变成离子和金属离子获得电子变成原子的速度是相等的,这种情况下的电极电位称为平衡电极电位。

电解时,由于外电源的作用,电极上有电流通过,电极电位偏高了平衡位,反应以一定的速度进行,以铜电极 Cu|Cu^{2+} 为例,它的标准平衡电极电位是 +0.337 V,若电位比这个数值更负一些,就会使 Cu^{2+} 获得电子的速度增加,Cu 失去电子的速度减小,平衡被破坏,电极上总的反应是 Cu^{2+} 析出;反之,若电位比这个数值更正一些,就会使 Cu 失去电子的速度增加,Cu^{2+} 获得电子的速度减小,电极上总的反应是 Cu 溶解。这种由于电极上有电流通过而导致电极离开其平衡状态,电极电位偏离其平衡的现象称为极化,如果电位比平衡值更负,因而电极进行还原反应,这种极化称为阴极极化,反之,若电位比平衡值更正,因而电极进行氧化反应,这种极化称为阳极极化。

对于电极过程,常用电流密度来表示反应速度,电流密度愈大,反应速度愈快。电流密度的单位常用 A/cm^2(安培/厘米^2),A/m^2(安培/米^2)。

由于电极电位是影响电流密度的主要因素,故通常用测定极化曲线的方法来研究电极的极化与电流密度的关系。

7.2.3　实验方法及装置

　　本实验电解液为 $CuSO_4$ 溶液（溶液中 Cu^{2+} 浓度为 50 g/L；H_2SO_4 180 g/L），电极用铜，厚铜板作为阳极，薄铜板作为阴极板，电极面积为 1 cm²，电极间距为 45～50 mm。

　　通过调节直流稳压电源电压来调节电流大小，由毫安表读出电流数位，为了测得不同电流密度下的电极电位，以一个甘汞电极与被测电极组成电池，甘汞电极通过盐桥与被测电极相通，用数字电压表测量这个电池的电动势；然后逐渐增加电压，加大电流，以测得不同电流密度下对应的电动势，由测得的电动势计算出被测电极电位，作图即得被测电极（阴极或阳极）极化曲线。

7.2.4　实验步骤

　　① 将铜电极的工作表面用 0 号金相砂纸磨光，用蒸馏水洗净，再用滤纸擦干，然后放入装有 $CuSO_4$ 溶液的电解槽中（两电极的工作面相对）。

　　② 在装有饱和 KCl 溶液的电解槽中放入盐桥连通管和甘汞电极。

　　③ 测定阴极极化曲线：

　　a. 接好线路，注意将阴极（薄铜板）与数字电压表负极相连，甘汞电极与数字电压表正极相连，将盐桥所用连通管尖端靠近阴极工作面。

　　b. 不通电测量平衡位。（即电流密度 $D_k=0$ 时的电位 φ_k）

　　c. 接通电源，顺时针旋转稳压电源的"细"旋钮，将电流由小到大，在 5～50 mA 范围内，每 5 mA 为一个点，逐点测量相应的电动势，由数字电压表读数，记下数据。

　　④ 测定阳极极化曲线：

　　基本与阴极极化曲线的测定方法相同，只是需换成将阳极与数字电压表相连，将盐桥所用连通管尖端与阳极贴近。

　　⑤ 关掉电源，取出电极冲洗干净。

7.2.5　数据处理

　　① 根据测得的电动势计算出阳、阴极电位，以伏（V）为单位。

$$\varphi_{阳(阴)} = \varphi_{甘汞} - \varphi_{实测}$$

　　② 根据电流及面积计算出电流密度，以 A/cm²（安培/厘米²）为单位。

　　③ 分别以电流 D 为纵坐标，电极电位为横坐标作图，即得阳极极化曲线和阴极极化曲线。

7.2.6　编写实验报告

　　① 简述实验原理，方法及流程。

　　② 填写实验记录、数据处理及图表。

　　③ 实验分析。

　　④ 建议和意见。

7.3　硫化锌精矿氧化过程动力学实验

7.3.1　实验目的

① 采用固定床进行硫化锌精矿氧化焙烧,分析各段时间硫的产出率,来测定氧化速度与时间曲线。

② 学会氧化动力学的研究方法。

③ 了解硫化锌精矿氧化过程机理。

④ 学会硫的分析方法。

7.3.2　实验原理

在冶炼过程中,为了得到所要求的化学组分,硫化锌精矿必须进行焙烧,硫化锌的氧化是焙烧过程最主要的反应:

$$ZnS + \frac{3}{2}O_2 = ZnO + SO_2$$

反应过程的机理:

$$ZnS + \frac{1}{2}O_2(气) —— ZnS\cdots[O]吸附 —— ZnO + [S]吸附$$

$$ZnO + [S]吸附 + O_2 —— ZnO + SO_2 解吸$$

这个反应是有气相与固相反应物和生成的多相反应,包括向反应界面和从反应界面的传热与传质过程。硫化锌颗粒开始氧化的初期。化学反应速度本身控制着焙烧反应速度。但当反应进行到某种程度时,颗粒表面便为氧化生成物所覆盖,参与反应的氧通过这一氧化物层向反应界面的扩散速度,或反应生成物 SO_2 通过扩散从反应界面离去的速度等,便成为总氧化速度的控制步骤。

因此,可以认为反应按如下步骤进行:

① 氧通过颗粒周围的气体膜向其表面扩散。

② 氧通过颗粒表面氧化生成物向反应界面扩散。

③ 在反应界面上进行化学反应。

④ 反应生成的气体 SO_2 向着氧相反的方向扩散,即反应从颗粒表面向其中心部位逐层进行,硫化物颗粒及其附近气体成分的浓度可用未反应核模型表示。

提高硫化物氧化速度,可以通过以下方式:

提高氧分压,加速 SO_2 吸收,减小矿石粒度,降低氧化层厚度,提高温度。

本实验采用固定床焙烧来测定硫化锌氧化速度。分析氧化过程某一时刻产生的 SO_2 的量来计算硫化锌硫的脱出率,即单位时间硫的脱出率。为了便于比较不同硫化物和不同条件下硫化物的氧化速度,引入以下公式:

$$R_S = \frac{S_i}{S}\tag{7.8}$$

式中,R_S 为精矿中硫的氧化分数;S_i 为硫化锌精矿氧化过程中某一时间内失去的硫量;$S_总$ 为精矿中所有的含硫量。

利用氧化分数和时间关系可以得出不同温度、不同粒度、不同气相组成对硫化锌焙烧过程的影响。

实验利用卧式管状炉,通空气在温度低于硫化锌的熔点下进行。通过秒表计时,控制吸收液的吸收时间,利用滴定来分析SO_2得到S的脱出率。

7.3.3 实验仪器及试剂

1. 仪器

电子天平、管状电炉、智能温度控制器、气体吸收装置、无油空气压缩机、锥形瓶、碱式滴定管、秒表、滴定台。

2. 试剂

氢氧化钠、甲基红、亚甲基蓝、无水乙醇、双氧水、硫化锌精矿、去离子水。

7.3.4 实验步骤

① 开启温度控制器,对卧式管状炉进行检查。

② 检查气体管路,并熟悉气体走向和三通阀门的转向。

③ 按 25 mL H_2O_2＋0.2％甲基红 15 mL＋0.2％亚甲基蓝 2 mL＋水定容为 500 mL,分装入 12 支试管,并连接好管道,检查连接是否正确。

④ 利用电子天平准确称量硫化锌 1～2 g,并装入舟皿。

⑤ 待炉子温度升到所需温度,将已装好硫化锌的舟皿用铁丝推入炉管中最亮的地方,并迅速塞好塞子,接通管道,开启无油空气压缩机,保持气流稳定,吸收液一有气泡就开始计时。

⑥ 每 5 min 旋转一次阀门,进入下一组试管进行吸收。

⑦ 将已吸收过 SO_2 的溶液用 NaOH 溶液滴定,颜色由紫色变为亮绿色为终点,记下相应的组数和体积。

⑧ 实验完毕,整理实验场地。

7.3.5 数据处理

根据所得数据计算脱硫率,作出脱硫率 Rs-t 时间关系曲线图,根据相应化学反应的速度公式判断为何种控制环节。

7.4 炉渣熔化温度的测定

7.4.1 实验目的

炉渣的熔化温度(熔化区间)和黏度是冶金熔体的重要物理性质,对冶金过程的传热、传质及反应速率均有明显的影响,在生产中,熔渣与金属的分离、有害元素的去除、能否由炉内顺利排出以及对炉衬的侵蚀等问题均与其密切相关。因此需要了解掌握冶金熔体的特性。

冶金生产所用的渣系(如高炉渣、转炉渣、保护渣、电渣等),无论是自然形成的还是人工配制的,其成分都很复杂,因此很难从理论上确定其熔化温度,经常需要由实验测定,以便为冶金生产提供一个参考依据。

　　① 掌握测定熔体熔化温度的原理及方法。

　　② 熟悉实验设备(综合热分析仪)的使用方法和适用范围及操作技术。

7.4.2　实验原理

　　按照热力学理论,熔点通常是指标准大气压下固-液二相平衡共存时的平衡温度。炉渣是复杂多元系,其平衡温度随固-液二相成分的改变而改变,实际上多元渣的熔化温度是一个温度范围,因此无确定的熔点。在升温过程中液相刚刚出现时的温度叫作开始熔化温度,固相完全变成液相时的温度叫作完全熔化温度,这两个温度之间称为炉渣的熔化区间。由于实际渣系的复杂性,一般没有适合的相图供查阅,生产中为了粗略地比较炉渣的熔化性质,采用一种半经验的简单方法,即试样变形法来测定炉渣的熔化温度区间。在实验研究中,采用更为精确的综合热分析法来研究炉渣的熔化过程,从而确定其熔化区间。

　　热分析是测量在程序控制温度下,物质的物理性质与温度依赖关系的一类技术。根据测定的物理参数又分为多种方法,最常用的热分析方法包括差热分析法、热重量法、差示扫描量热法等。对于有逸出气体存在的过程,还可在热分析的同时进行逸出气体的检测,所采用的方法主要是气相质谱和红外光谱等。差热分析法是一种重要的热分析方法,是指在程序控温下测量物质和参比物的温度差与温度或者时间的关系的一种测试技术,数学表达式为:$\Delta T = T_s - T_r$,其中 T_s、T_r 分别代表试样及参比物温度。由差热分析得到的实验曲线简称 DTA 曲线,纵坐标为试样与参比物的温度差(ΔT),向上表示放热,向下表示吸热,横坐标为 T 或 t,从左向右为增长方向,如图 7.2 所示。

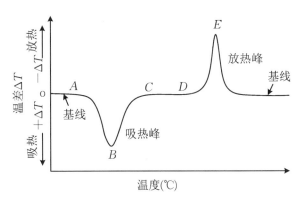

图 7.2　典型的差热(DTA)曲线

　　在多元渣的差热分析过程中,达到熔化温度以后,出现吸热效应,在 DTA 曲线上表现为一个向下的吸热峰,如图 7.2 中的 B 峰所示。吸热峰与左右两侧基线的交点处(切线交点)分别代表开始熔化温度和完全熔化温度。

7.4.3　实验设备及试样

1. 仪器

Setsys evo 型综合热分析仪,如图 7.3 所示。图 7.4 所示为差热分析仪结构示意图。

图 7.3 Setsys evo 型综合热分析仪

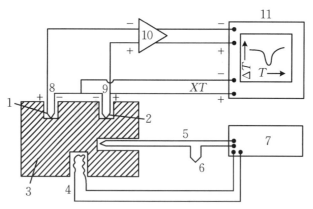

1. 参比物;2. 样品;3. 加热块;4. 加热器;5. 加热块热电偶;6. 冰冷连接;
7. 温度程控;8. 参比热电偶;9. 样品热电偶;10. 放大器;11. X - Y 记录仪。

图 7.4 差热分析仪结构示意图

2. 试样

有色冶金渣(澳炉渣、转炉渣等)。

7.4.4 实验步骤

① 开启热分析仪。

② 将 5~10 mg 炉渣放入坩埚。

③ 根据渣型设定实验气氛,流量为 30 mL/min。

④ 根据渣型设定实验温度,升温速率为 10 ℃/min。

⑤ 启动热分析测试程序。

⑥ 在线观察热分析曲线,直至实验结束。

⑦ 实验完毕,整理实验场地。

7.4.5　数据处理

① 根据所得数据做出炉渣差热曲线。
② 根据差热曲线找出炉渣的熔化温度区间。
③ 根据炉渣的熔化实验对其熔化过程进行简要分析。

7.4.6　实验注意事项

① 注意热分析仪的正确操作和使用。
② 注意炉渣熔化实验中载气气氛的选择。

7.4.7　编写实验报告

① 简述炉渣的来源、组成、基本性质。
② 简述实验原理,设计实验方案,确定实验参数。
③ 绘制热分析曲线,分析炉渣的熔化过程,指出熔化温度区间。
④ 本实验过程可能存在的问题及其解决措施。

7.5　铝土矿高压溶出

7.5.1　实验目的

① 通过铝土矿的高压溶出实验,熟悉高压釜的构造及其使用法。
② 测定高压溶出——水硬铝石添加石灰对氧化铝溶出率的影响。
③ 学习铝酸钠溶液的分析方法。

7.5.2　实验原理

铝土矿溶出的实质:铝土矿中的氧化铝主要以水合物的形式存在,由矿物形态不同可分为三水铝石和一水铝石。当用 NaOH 溶液溶出时,矿石中的 Al_2O_3 水合物与反应形成铝酸钠溶液,其化学反应为

$$Al_2O_3 \cdot (1 \text{ 或 } 3)H_2O + NaOH + aq \rightarrow NaAl(OH)_4 + aq \tag{7.9}$$

铝土矿中除氧化铝外,还含有其他杂物硅、钛和铁的氧化物,以及碳酸盐等。在溶出过程中,矿石中的杂质与碱作用产生如下述反应。

① 铝土矿中的含硅矿物一般是以蛋白石($SiO_2 \cdot nh_2O$)、高岭石($Al_2O_3 \cdot 2SiO_2 \cdot 2H_2O$)和石英($SiO_2$)等形式存在。其活性较大,在 95 ℃左右与碱发生反应:

$$Al_2O_3 \cdot 2SiO_2 \cdot 2H_2O + 6NaOH + aq \rightarrow 2NaAl(OH)_4 + 2Na_2SiO_3 + aq \tag{7.10}$$

在较高的溶出温度下,矿石中各种形态的 SiO_2 都与碱发生反应,反应产物 Na_2SiO_3 进一步与 $NaAl(OH)_4$ 发生如下的脱硅反应:

$$xNa_2SiO_3 + 2NaAl(OH)_4 + aq \rightarrow Na_2O \cdot Al_2O_3 \cdot xSiO_2 \cdot nH_2O + 2xNaOH + aq$$

$$\tag{7.11}$$

脱硅反应生成的水合铝硅酸钠在溶液即钠硅渣,造成 Al_2O_3 与 Na_2O 的化学损失。上述反应中生成的含水铝硅酸钠在溶液中溶解度很小,基本进入赤泥。

② 铝土矿中的含钛矿物一般是以金红石、锐钛矿等形式存在,在溶出一水硬铝石时,氧化钛与碱产生如下反应:

$$3TiO_2 + 2NaOH + aq \rightarrow Na_2O \cdot 3TiO_2 \cdot 2H_2O + aq \qquad (7.12)$$

在添加石灰的情况下,产生如下反应:

$$2CaO + TiO_2 + 2H_2O = 2CaO \cdot TiO_2 \cdot 2H_2O \qquad (7.13)$$

在溶出过程中,上述反应生成的产物几乎不溶解而进入赤泥。

③ 铝土矿中的铁物主要以赤铁矿($\alpha-FeS_2O_3$)、黄铁矿(FeS_2)等形式存在,在铝土矿溶出的条件下赤铁矿不与碱作用,Fe_2O_3 及其水合物全部残留于固相中,成为赤泥的重要组成部分。

④ 铝土矿中的碳酸盐,通常是以石灰石、白云石和菱铁矿等形式存在,在溶出过程中,碳酸盐与苛性碱作用产生如下反应:

$$CaCO_3 + 2NaOH + aq = Na_2CO_3 + Ca(OH)_2 + aq \qquad (7.14)$$

$$MgCO_3 + 2NaOH + aq = Na_2CO_3 + Mg(OH)_2 + aq \qquad (7.15)$$

$$FeCO_3 + 2NaOH + aq = Ma_2CO_3 + Fe(OH)_2 + aq \qquad (7.16)$$

上述反应产物中的氢氧化物进入赤泥中。

铝土矿的溶出性能因矿物本身的形态、化学组成和组织结构不同而异。因此,对不同的铝土矿要求溶出的条件也不同。

从溶出动力学角度分析,影响铝土矿溶出效果的主要因素为溶出温度、碱液浓度、搅拌强度和溶出时间等。在一般情况下,提高溶出温度可以加快反应的速度,也可提高扩散的速度。随着温度的增加,可使矿石在矿物形态方面的差别所造成的影响趋于消失,所以提高温度对溶出是有利的。但温度的提高会使碱溶液的蒸气压急剧增加而超过大气压许多,因此在高压容器内进行铝土矿的溶出,对提高氧化铝的溶出率是有利的。

7.5.3 设备及实验装置

本实验所涉及的实验装置包括高压釜 1 台(XYE-44*6)、旋片式真空泵 1 台(2X-4)等。实验装置如图 7.5 所示。

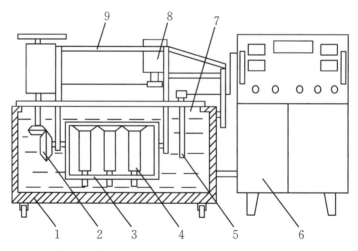

1. 加热槽;2. 传动齿轮;3. 旋转框架;4. 钢弹釜;5. 热电偶;
6. 温度控制器;7. 加热熔体;8. 电动机;9. 加热槽盖板。

图 7.5　实验装置图

7.5.4　实验步骤

① 配料计算：

a. 所用矿石成分如表 7.1 所示。

表 7.1　矿石成分

矿石成分	Al_2O_3	SiO_2	Fe_2O_3	TiO_2	其他	灼减
含量(%)						

b. 循环母液组成如表 7.2 所示。

表 7.2　母液组成

母液成分	$Na_2O_苛$	$Na_2O_碳$	Al_2O_3	Ak
含量(g/L)				

c. 石灰添数量：分别为干矿石的 0%；2%；4%；6%。

d. 计算 100 mL 母液中应配入矿石的重量：

$$X = \frac{10(n - 0.608 \cdot a \cdot M)}{0.608[M(A - S) + S]} \tag{7.17}$$

式中，X 为矿矿石重量，g；n 为循环母液中 $Na_2O_苛$；a 为循环母液中 Al_2O_3 的浓度，g/L；M 为配料摩尔比，是指矿石中全部氧化铝除去与全部氧化硅结合成水合铝硅酸钠进入溶液时，溶液所保持的氧化钠与氧化铝的摩尔比；A 为铝土矿中 Al_2O_3 的含量，%；S 为铝土矿中 SiO_2 的含量，%；0.608 为 Na_2O 与 Al_2O_3 摩尔量的比值。

② 用工业天平分别称取矿石重量和石灰重量。

③ 将称取的物料加入到钢弹釜中，并用量筒量取 100 mL 循环母液注入釜内(留少许母液以备冲洗搅拌棒)，用玻璃棒搅拌均匀，然后加入 4 粒钢珠以增强溶出过程中的搅拌作用。

④ 装好物料之后应使用绒布将釜体和密封盖上的锥面擦拭干净，之后依次装上密封盖和钢珠，并用毛刷向釜体螺纹上加少许润滑油，然后用手将钢弹釜盖拧上，再用扳手拧紧。

⑤ 当加热熔体达到预控温度时，将装好矿浆的钢弹釜装到旋转框架上，并记下位置编号，然后启动电机带动框架旋。

⑥ 盖好加热槽盖板，注意加热温度的变化，当温度达到溶出温度时开始计时。

⑦ 溶出结束时，按下搅拌电机停止按钮、断开温控装置电源开关，将钢弱釜取下冷水中冷却，当冷却至室温时打开釜盖。

⑧ 将钢弹釜内的料浆倒入 500 mL 烧杯中，随即用 50 mL 沸水稀释，趁热过程、滤分离泥渣，再用洗瓶盛装 200 mL 沸水洗涤有关黏附料浆的容器表面和泥渣，将泥渣中的铝酸钠溶液洗入滤液中。

⑨ 洗涤结束后，计量出滤液(包括洗液)的体积。

⑩ 取样分析溶液中 Al_2O_3 的含量。

7.5.5　注意事项

① 在密封钢弹釜时，密封盖一定要装得平整，釜体螺盖一定要拧紧，否则料浆易溅漏。

② 在旋转框架上装卸钢弹釜时,一定要戴好防护眼镜和手套,以防被掉入加热槽内的钢弹釜溅射出的溶体灼伤。

③ 在溶出过程中,要认真观察温度的变化,并按要求认真做好记录。

④ 当钢弹釜的温度冷却至室温时才允许打开釜盖,否则料浆会喷射出来造成损失。

⑤ 在过滤和洗涤滤渣时,应注意避免滤液和洗涤的损失。

7.5.6 实验记录

① 将配料数据填写在下面的表 7.3、表 7.4、表 7.5、表 7.6 里。

表 7.3 矿石成分

矿石成分	Al_2O_3	SiO_2	Fe_2O_3	TiO_2	其他	灼减
含量(%)						

表 7.4 母液组成

母液成分	$Na_2O_{苛}$	$Na_2O_{碳}$	Al_2O_3	Ak
含量(g/L)				

表 7.5 配料量

矿石加入量(g)	
矿石粒度	
循环母液加入量	
配料摩尔比	

表 7.6 加入石灰量(g)

1♯钢弹釜	
2♯钢弹釜	
3♯钢弹釜	
4♯钢弹釜	

② 将溶出条件写在下面的表 7.7 里。

表 7.7 溶出条件

时间	温度(℃)	时间	温度(℃)

③ 将化学分析数据填写在下面的表 7.8 里。

表 7.8　化学分析表

溶出滤液(包括洗液)体积(mL)	
溶出滤液中 Al_2O_3 的含量(g/L)	

7.5.7　数据处理和编写报告

1. 数据处理

根据矿石的加入量和组成与溶出液体积及浓度,计算 Al_2O_3 的实际溶出率:

$$\eta_A = \frac{V \cdot a_1 - 0.1a}{X \cdot A} \times 100\% \tag{7.18}$$

式中,η_A 为氧化铝的实际溶出率;V 为溶出滤液(包括洗液,但忽略赤泥附液)的体积,L;a_1 为溶出滤液中 Al_2O_3 的含量,g/L;0.1 为溶出配料时加入的循环母液数量,g/L;a 为循环母液中 Al_2O_3 的含量,g/L;X 为溶出配料时加入的矿石量,g/L;A 为矿石中 Al_2O_3 的百分含量。

2. 编写报告

① 简述实验原理。
② 记明实验条件、数据。
③ 计算 Al_2O_3 的实际溶出率,绘出不同石灰添加量与氧化铝实际溶出率之间的关系曲线。
④ 讨论添加石灰的作用。

7.5.8　思考题

① 简要说明影响溶出速度的因素是什么?
② 实验装置中已有温度控制设备,为什么还要认真观察温度?

7.6　硫酸锌溶液的电解沉积实验

7.6.1　实验目的

① 巩固锌电解沉积的基本原理,了解电解沉积的目的。
② 了解各种锌电解沉积技术条件对电解过程的影响。
③ 掌握电流效率与电能消耗的概念与计算方法。

7.6.2　实验原理

锌焙砂经浸出、净化除杂后得到硫酸锌溶液,为了进一步获得金属锌,需要进行电解沉积作业。将净化后的硫酸锌溶液送入电解槽内,用含有 0.5%～1% Ag 的铅板作为阳极,压延纯铝板作阴极,并联悬挂在电解槽内,通以直流电,在阴极上洗出金属锌(阴极锌)。总反应为

$$ZnSO_4 + H_2O = Zn + H_2SO_4 + \frac{1}{2}O_2$$

由反应式可知,随着锌电积过程的不断进行,硫酸锌电解水溶液中的锌离子会不断减少,而硫酸浓度会相应增加。为了保持锌电积条件的稳定,必须维持电解槽中的电解液成分不变。因此,必须不断从电解槽中抽出一部分电解液作为电解废液返回浸出,同时相应加入净化后的中性硫酸锌溶液,以维持电解液中的离子浓度的稳定。

1. 阳极反应

工业生产中大都采用铅银合金板作为不溶阳极,当通直流电后,阳极上发生的主要反应是氧气的析出:

$$H_2O - 2e = 2H^+ + \frac{1}{2}O_2 \qquad E^O_{H_2O/O_2} = 1.229 \text{ V}$$

阳极放出的氧,大部分溢出造成酸雾,小部分与阳极表面的铅作用,形成 PbO_2 阳极膜,一部分与电解液中的 Mn^{2+} 起化学变化,生成 MnO_2。这些 MnO_2 一部分沉于槽底形成阳极泥,另一部分黏附在阳极表面上,形成 MnO_2 薄膜,并加强 PbO_2 膜的强度,阻止铅的溶解。

电解液中含有的氯离子在阳极会氧化析出氯气,污染车间空气并腐蚀铅银阳极:

$$2Cl^- - 2e = Cl_2 \qquad E^O_{Cl_2/Cl^-} = 1.36 \text{ V}$$

2. 阴极反应

在工业生产条件下,锌电积液中含有 Zn^{2+} $50\sim60$ g/L 和 H_2SO_4 $120\sim180$ g/L。如果不考虑电积液中的杂质,则通电时,在阴极上仅可能发生两个过程。

(1) 锌离子放电,在阴极上析出金属锌

$$Zn^{2+} + 2e = Zn \qquad E^O_{Zn/Zn^{2+}} = -0.763 \text{ V}$$

(2) 氢离子放电,在阴极上放出氢气

$$2H^+ + 2e = H_2 \qquad E^O_{H_2/H^+} = 0.000 \text{ V}$$

在这两个放电反应中,究竟哪一种离子优先放电,对于湿法炼锌而言是至关重要的。从各种金属的电位序来看,氢具有比锌更大的正电性,氢将从溶液中优先析出,而不析出金属锌。但在工业生产中能从强酸性硫酸锌溶液中电积锌,这是因为实际电积过程中,存在由于极化所产生的超电压。金属的超电压一般较小,约为 0.03 V,而氢离子的超电压则随电积条件的不同而变。塔费尔通过实验和推导总结出了超电压与电流密度的关系式,即著名的塔费尔公式:

$$\eta_H = a + b \lg D_K$$

式中,η_H 为氢的超电压;a 为常数,即电极上通过单位电流密度时的超电压值,随阴极材料、表面状态、溶液组成和温度而变;b 为只随电解液温度而变的常数;D_K 为阴极电流密度。

因此,电积时可创造一定条件,由于极化作用氢离子的放电电位会大大改变,使得氢离子在阴极上的析出电位值比锌更负而不是更正,因而使锌离子在阴极上优先放电析出。

7.6.3 实验设备、试剂及实验技术条件

1. 实验设备

直流稳压电源、电解槽、恒温水浴槽、循环集液槽、恒流循环泵、电子天平、容量滴定分析

仪一套。

2．试剂与材料

硫酸锌、硫酸、电解液、明胶、电极(铅银阳极 2 块、铝阴极 1 块、铜导电板)棒、导线等。

3．实验装置

实验装置如图 7.6 所示。

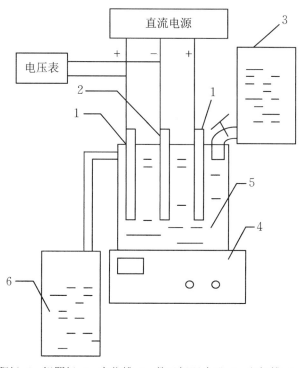

1．铅银阳极；2．铝阴极；3．高位槽；4．数显恒温水浴；5．电解槽；6．低位槽。

图 7.6 硫酸锌溶液电解沉积实验装置

7.6.4 实验步骤

1．电解液的配制

① 用硫酸锌、水和硫酸配制含锌 160 g/L，硫酸 100 g/L 的电解液 10 L。

② 按明胶添加剂 0.1 g/L 进行电解液配制的冶金计算。

③ 按计算结果配制电解液并取样分析酸、锌的含量(g/L)。

2．锌、酸浓度的分析方法

(1) 酸的测定

准确吸取 1 mL 电解液于 300 mL 三角杯中，加 30～50 mL 蒸馏水稀释；加 0.1% 甲基橙 2～3 滴，用标准氢氧化钠溶液滴定，滴定至由红色变为黄色为终点，即为滴定的酸度。

酸度的计算：

$$G = \frac{0.049TV}{X} \times 1000 \tag{7.19}$$

式中,G 为电解液含硫酸,g/L;T 为氢氧化钠当量浓度;V 为滴定消耗的氢氧化钠的量,mL;X 为取样分析的电解液的量,mL。

(2) 电解液含 Zn 量的测定

采用 EDTA 容量法(络合滴定)测定浸出液 Zn 含量,其分析步骤如下:

① 用移液管准确吸取浸出液 1 mL 于 200 mL 三角杯中,加蒸馏水 20 mL。

② 加 0.1% 甲基橙 1 滴,加 1∶1 HCl 中和甲基橙变红色。

③ 加 1∶1 氨水 2～3 滴,使其变黄。

④ 加醋酸-醋酸钠缓冲液 10 mL,加 10% 的硫代硫酸钠 2～3 mL 混匀。

⑤ 加 0.5 二甲酚橙指示剂 2 滴,用 EDTA 标准溶液至溶液由酒红色变至亮黄色为终点。

浸出液含 Zn 量计算:

$$G = VT\frac{W}{X} \tag{7.20}$$

式中,G 为浸出液含锌总量,g;V 为滴定消耗的 EDTA 量,mL;T 为滴定度,g·mL^{-1};W 为浸出液总体积,mL;X 为取出来分析的浸出液体积,mL。

3. 实验步骤

① 电解液温度:35～40 ℃;

阴极电流密度:450～500 A/m^2;

电解时间:2 h;

同极间距:30～40 mm;

电解液循环速度:50～100 mL/min。

② 电解前的准备工作:将配制好的电解液放入高位加热槽加热;用砂纸把导电板、棒及阴、阳极与棒接触点部位擦干净;将电解槽等清洗干净;将阳极、阴极放入沸水中煮沸 1 min,取出晾干后称重;按要求接好线路;装好导电板、棒;按极距要求安放好阳极。

③ 电解实验:认真检查准备工作无误后,将加热好的电解液放入电解槽中,按要求控制好循环流量,放入阴、阳极板于预定位置后开始通电,电流强度调整在给定值,做好电解记录(20 min 记录一次)达到预定电解时间后,停电、取出阳极、阴极放入沸水中煮沸 2 min,烘干、称重、测出阴极浸入电解液中的有效面积。

④ 按要求将电解液放入存放槽后,清洗整理好实验用具。

4. 实验记录

电解液成分(g/L):Cu　　　　　　　H$_2$SO$_4$

阴极有效面积:_____;　　　　电流密度:_____;

阴极电解前重量:_____;　　　阴极电解后重量:_____;

循环方式:_____。

将实验数据填入表 7.9。

表 7.9　锌电解沉积实验记录表

时间 (min)	电流 (A)	槽电压 (V)	温度 (℃)	极间距 (mm)	循环量 (mL/min)	备注
1						
2						
3						
4						
5						
6						

7.6.5　数据处理

$$电流密度 = \frac{电流强度\ A}{阴极有效面积}$$

$$电流效率(\%) = \frac{实际析出铜量}{1.22 \times 电解时间 \times 电流(A)}$$

式中,1.22 为铜的电化当量[g/(A·h)]。

$$电能消耗 = \frac{平均槽电压}{1.22 \times 电流效率(\%)}$$

7.6.6　思考题

① 电解沉积和电解精炼有何异同?

② 电解过程中电解液主要成分浓度会如何变化,对电积过程有何影响,可采取哪些措施来减弱这种影响?

③ 如何降低锌电积过程的电能消耗?

7.7　溶剂萃取法从钨酸钠溶剂制取钨酸铵溶液实验

7.7.1　实验目的

溶剂萃取技术是一种高效分离和提取物质的最先进的方法之一,具有选择性高、投资少、无污染、分离效果好、能耗低、适应性强等特点,在湿法冶金等领域得到了越来越广泛的应用。在钨冶金中,通过溶剂萃取法不但可以浓缩产品,而且能除杂,并且完成从钨酸钠到钨酸铵的转型。

本实验通过钨酸钠的溶剂萃取和反萃转型,学习掌握溶剂萃取法的基本操作和原理,从而加深对溶剂萃取工艺的了解以及萃取分配比、萃余分数计算的理论知识的理解。

7.7.2　实验原理

本实验以碳酸根型季铵盐为萃取剂,碳酸氢铵为反萃剂组成萃取系统,其三步反应可表示如下：

（1）萃取

$$(R_4N)_2CO_{3(org)} + Na_2WO_{4(aq)} = (R_4N)_2WO_{4(org)} + Na_2CO_{3(aq)}$$

（2）反萃

$$(R_4N)_2WO_{4(org)} + 2NH_4HCO_{3(aq)} = 2(R_4N)HCO_{3(org)} + (NH_4)_2WO_{4(aq)}$$

（3）有机相再生

$$2(R_4N)HCO_{3(org)} + 2NaOH_{(aq)} = (R_4N)_2CO_{3(org)} + Na_2CO_{3(aq)} + H_2O$$

萃取分配比的计算：

$$[A]_{(org)}/[A]_{(aq)}$$

式中，$[A]_{(org)}$＝有机相中钨酸根的物质的量浓度；$[A]_{(aq)}$＝水相中钨酸根的物质的量浓度。

萃余分数的计算

$$[A]_{n(aq)}/[A]_{0(aq)}$$

式中，$[A]_{n(aq)}$＝经 n 次萃取后，水相中钨酸根的物质的量浓度；$[A]_{0(aq)}$＝萃取前水相中钨酸根的物质的量浓度。

纯化倍数

$$[WO_4/SiO_4]_n / [WO_4/SiO_4]_0$$

式中，$[WO_4/(WO_4+SiO_4)]_n$＝经 n 次萃取后，水相中钨酸根的摩尔含量；$[WO_4/(WO_4+SiO_4)]_0$＝萃取前水相中钨酸根的摩尔含量。

7.7.3　实验方法

本实验用含 40% N263 和 20% 仲辛醇的煤油组成有机相，用 $Na_2WO_4 \cdot 2H_2O$ 和 Na_2SiO_4 试剂配成含$[WO_4^{2-}]=0.1\ mol/L$ 和$[SiO_4^{2-}]=0.05\ mol/L$ 的溶液作为水相，用 0.5 mol/L 的 $NaHCO_3$ 水溶液组成反萃相，用 0.2 mol/L 的 NaOH 水溶液作为有机溶剂的再生相。

通过分液漏斗，对水相进行萃取，有机相再用碳酸氢钠溶液反萃，有机相最后用氢氧化钠溶液再生回收。最萃余液和反萃液的钨、硅浓度用原子吸收检测。根据所得结果计算分配比、萃余分数及纯化倍数。

7.7.4　实验仪器及试剂

1. 实验仪器

电子天平，磁力搅拌器，分液漏斗，量筒，原子吸收光谱仪，pH 计。
实验装置如图 7.7 所示。

2. 试剂

$Na_2WO_4 \cdot 2H_2O$（分析纯），Na_2SiO_4（分析纯），NH_4HCO_3（分析纯），NaOH（分析纯），N263（分析纯），仲辛醇（分析纯），煤油。

图 7.7　制取钨酸铵溶液实验装置

7.7.5　实验步骤

① 溶液的配制：

有机相：准确称取 40 g N263,20 g 仲辛醇及 40 g 煤油,于 200 mL 的烧杯中,搅拌均匀。

水相：准确称取 3.3 g $Na_2WO_4 \cdot 2H_2O$ 及 0.61 g Na_2SiO_4 于 200 mL 的烧杯中,加蒸馏水 100 mL 溶解。

反萃相：准确称取 2.0 g NH_4HCO_3 于 100 mL 的烧杯中,加蒸馏水 50 mL 溶解。

再生相：准确称取 0.4 g NaOH 于 100 mL 的烧杯中,加蒸馏水 50 mL 溶解。

② 将有机相和水相都倒入 250 mL 玻璃分液漏斗中,充分混合后静置,待两相分离明显,缓慢放出下层水相,水相留存备测试含量。

③ 将反萃相倒入步骤②分液漏斗中,充分混合后静置,待两相分离明显,缓慢放出下层反萃水相,反萃水相留存备测试含量。

④ 将再生相倒入步骤③分液漏斗中,充分混合后静置,待两相分离明显,缓慢放出下层水相,有机相回收,测试水相前后的 pH。

⑤ 萃余水相与反萃水相送原子吸收测试钨、硅离子浓度。

然后进行实验数据处理,实验进行完毕,整理实验仪器,打扫卫生。

7.7.6　注意事项

① 煤油易挥发、易燃烧,不能见明火或高温,以免起火爆炸。

② 小心使用玻璃分液漏斗,防止玻璃破损。混合时要剧烈摇动分液漏斗,确保两相充分接触。分液时要等两相完全分开再放出下层,下层水相必须完全放出,以免影响萃取效果和后续操作。

③ 原料的溶解需要一定时间,要充分搅拌,确保溶解完全。

7.7.7 编写实验报告

① 简述实验原理,实验方案及过程。

② 实验记录:

a. 应说明被测溶液的浓度;

b. 应提供实验数据记录,包括实验次数,物质浓度及相应的 pH。

③ 实验数据处理:

萃取分配比的计算:

$$[A]_{(org)} / [A]_{(aq)}$$

式中,$[A]_{(org)}$＝有机相中钨酸根的物质的量浓度;$[A]_{(aq)}$＝水相中钨酸根的物质的量浓度。

萃余分数的计算

$$[A]_{n(aq)} / [A]_{0(aq)}$$

式中,$[A]_{n(aq)}$＝经 n 次萃取后,水相中钨酸根的物质的量浓度;$[A]_{0(aq)}$＝萃取前水相中钨酸根的物质的量浓度。

纯化倍数

$$[WO_4 / SiO_4]_n / [WO_4 / SiO_4]_0$$

式中,$[WO_4 / (WO_4 + SiO_4)]_n$＝经 n 次萃取后,水相中钨酸根的摩尔含量;$[WO_4 / (WO_4 + SiO_4)]_0$＝萃取前水相中钨酸根的摩尔含量。

分析结果并得出结论。

④ 提出合理的意见和建议。

第8章 现代冶金分析检测技术

8.1 滴定法测定铁矿石全铁与亚铁

8.1.1 实验目的

① 掌握化学滴定法测定化学成分的基本原理。

② 掌握铁矿石全铁与亚铁的检测方法。

8.1.2 实验原理

铁矿石的全铁和亚铁含量是高炉炉料重要的评价指标之一,其含量的高低对于高炉炉料的化学成分、还原性、还原粉化率等冶金性能有重要影响。实验室一般采用滴定分析法检测铁矿石的全铁和亚铁含量。

滴定分析法又叫容量分析法,是化学分析法的一种,是将已知准确浓度的标准溶液,滴加到被测溶液中(或者将被测溶液滴加到标准溶液中),直到所加的标准溶液与被测物质按化学计量关系定量反应为止,然后测量标准溶液消耗的体积,根据标准溶液的浓度和所消耗的体积,算出待测物质的含量。滴定分析法是一种简便、快速和应用广泛的定量分析方法,在常量分析中有较高的准确度。若被测物 A 与滴定剂 B 的滴定反应式为

$$aA + bB = dD + eE$$

它表示 A 和 B 是按照摩尔比 $a:b$ 的关系进行定量反应的。这就是滴定反应的定量关系,它是滴定分析定量测定的依据。依据滴定剂的滴定反应的定量关系,通过测量所消耗的已知浓度 $B(\mathrm{mol/L})$ 的滴定剂的体积(mL),则被测物 A 的含量为

$$A\% = [CV(a/b)M/1000G] \cdot 100\%$$

式中,C 为滴定剂 B 的标准溶液浓度,mol/L;V 为标准溶液 B 的滴定体积,mL;M 为 A 的摩尔质量;G 为 A 的称样量,g。

在滴定分析中,准确滴加到被测溶液中的标准溶液,称为滴定液。其中的物质称为滴定剂。能直接配成标准溶液或标定溶液浓度的物质称为基准物质。基准物质须具备以下条件:

① 组成恒定:实际组成与化学式符合。

② 纯度高:一般纯度应在 99.5% 以上。

③ 性质稳定:保存或称量过程中不分解、不吸湿、不风化、不易被氧化等。

④ 具有较大的摩尔质量:称取量大,称量误差小。

⑤ 使用条件下易溶于水(或稀酸、稀碱)。

当滴加滴定剂的量与被测物质的量之间,正好符合化学反应式所表示的化学计量关系时,即滴定反应达到化学计量点,简称等当点。指示剂是指示化学计量点到达而能改变颜色的一种辅助试剂,在等当点时,没有任何外部特征,而必须借助于指示剂变色来确定停止滴定的点,即把这个指示剂变色点称为滴定终点,简称终点。当滴定终点与等当点往往不一致时,由此产生的误差,称为终点误差。

适合滴定分析的化学反应,应该具备以下几个条件:

① 反应必须按方程式定量地完成,通常要求在99.9%以上,这是定量计算的基础。

② 反应能够迅速地完成(有时可加热或用催化剂以加速反应)。

③ 共存物质不干扰主要反应,或用适当的方法消除其干扰。

④ 有比较简便的方法确定计量点(指示滴定终点)。

根据标准溶液和待测组分间的反应类型的不同,滴定分析法可以分为四类:酸碱滴定法、配位滴定法、氧化还原滴定法和沉淀滴定法;根据分析方式的不同,又可以分为直接滴定法、返滴定法、置换滴定法及间接滴定法。滴定法测定铁矿石铁含量属于直接滴定法和氧化还原滴定法的范畴。

铁矿石全铁含量的测定参考国家标准 GB/T 6730.5—2007《铁矿石 全铁含量的测定——三氯化钛还原法》,亚铁含量的测定参考国家标准 GB/T 6730.8—2016《铁矿石 亚铁含量的测定——重铬酸钾滴定法》。

铁矿石全铁含量的测定原理为:铁矿石先经盐酸充分溶解,然后在热浓的 HCl 溶液中用 $SnCl_2$ 溶液还原大部分 Fe^{3+}。为了控制 $SnCl_2$ 用量,加入 $SnCl_2$ 使溶液呈浅黄色,说明此时溶液中尚有少量 Fe^{3+}。随后加入 $TiCl_3$ 溶液,使其少量剩余的 Fe^{3+} 均被还原成 Fe^{2+},为使反应完全,$TiCl_3$ 要过量,而过量的 $TiCl_3$ 溶液即可使溶液中作为指示剂的 $NaWO_4$ 由无色还原为蓝色的钨兰($WO_{2.67}(OH)_{0.33}$),然后用少量的稀 $K_2Cr_2O_7$ 溶液将过量的钨兰氧化,使钨兰恰好消失,从而指示矿石处理预还原的终点。最后,在硫磷混酸介质中,以二苯胺磺酸钠为指示剂,用 $K_2Cr_2O_7$ 标准溶液滴定至溶液呈紫色,即达终点。简单来说,即先将铁矿石中所有的铁还原为 Fe^{2+},再用重铬酸钾将所有的 Fe^{2+} 氧化为 Fe^{3+},整个过程涉及的化学反应如下所示:

$$Fe + 2HCl \longrightarrow FeCl_2 + H_2$$
$$Fe_2O_3 + 6HCl \longrightarrow 2FeCl_3 + 3H_2O$$
$$2Fe^{3+} + Sn^{2+} + 6Cl^- \longrightarrow SnCl_6^{2-} + 2Fe^{2+}$$
$$Ti^{3+} + H_2O + Fe^{3+} = TiO^{2+} + Fe^{2+} + 2H^+$$
$$Ti^{3+} + WO_4^{2-} \longrightarrow TiO^{2+} + WO_{2.67}(OH)_{0.33}$$
$$WO_{2.67}(OH)_{0.33} + K_2Cr_2O_7 \longrightarrow 2Cr^{3+} + WO_4^{2-}$$
$$Cr_2O_7^{2-} + 6Fe^{2+} + 14H^+ \longrightarrow 2Cr^{3+} + 6Fe^{3+} + 7H_2O$$

铁矿石的全铁含量为

$$\omega(\text{Fe}) = \frac{6c(K_2Cr_2O_7) \times V(K_2Cr_2O_7) \times M(\text{Fe})}{m_s} \times 100\%$$

$$c(K_2Cr_2O_7) = \frac{m(K_2Cr_2O_7)}{M(K_2Cr_2O_7) \times V(K_2Cr_2O_7)} \times 1000 \ (\text{mol/L})$$

式中,$c(K_2Cr_2O_7)$ 为重铬酸钾浓度,mol/mL;$V(K_2Cr_2O_7)$ 为消耗的重铬酸钾溶液体积,mL;$M(\text{Fe})$ 为铁的相对原子质量,55.845 g/mol;m_s 为试样初始质量,g;$m(K_2Cr_2O_7)$ 为消耗的重

铬酸钾质量，g；$M(K_2Cr_2O_7)$ 为重铬酸钾的相对原子质量，g/mol。

铁矿石的亚铁含量与全铁含量的测定方法基本一致，主要区别在于不需要将样品中的 Fe^{3+} 还原为 Fe^{2+}，即先用盐酸将样品中的亚铁转入溶液中，以二苯胺磺酸钠为指示剂，用 $K_2Cr_2O_7$ 标准溶液滴定至溶液呈紫色，即达终点。若样品中含有金属铁，还需测出样品中金属铁含量，然后用 $FeCl_3$ 溶液将样品中的金属铁全部氧化为 Fe^{2+}，再进行亚铁含量的测定。铁矿石的亚铁含量为

$$\omega(Fe^{2+}) = \frac{6c(K_2Cr_2O_7) \times V(K_2Cr_2O_7) \times M(Fe)}{m_s} \times 100\% - 3\omega(MFe)$$

式中，$\omega(MFe)$ 为样品中金属铁的含量，%。

金属铁的测定方法为：试样首先经磁选分离出非磁性物质，在电磁搅拌条件下，用三氯化铁-乙酸钠缓冲溶液（pH 为 2.2～2.4）选择性溶解金属铁，过滤分离后，滤液用重铬酸钾标准滴定溶液滴定，与上述方法一致，根据重铬酸钾标准滴定溶液的消耗量，计算金属铁的含量。

8.1.3　实验仪器及装置

本实验所涉及的实验仪器包括粉末制样机、电烘箱、铁氧体磁铁、玻璃培养皿、无磁性金属铁芯搅拌子、可调速磁力搅拌器、振动筛、吸量管、容量瓶、刚玉坩埚、滴定管、铂坩埚、称量勺以及高温炉等。

实验室常用的滴定管分为酸式滴定管和碱式滴定管。

1. 酸式滴定管

酸式滴定管的玻璃活塞是固定配合该滴定管的，所以不能任意更换。要注意玻璃活塞是否旋转自如，通常是取出活塞，拭干，在活塞两端沿圆周抹一薄层凡士林作润滑剂（或真空活塞油脂），然后将活塞插入，顶紧，旋转几下使凡士林分布均匀（几乎透明）即可，再在活塞尾端套一橡皮圈，使之固定。注意凡士林不要涂得太多，否则易使活塞中的小孔或滴定管下端管尖堵塞。注意，在使用前应试漏。

一般的滴定液均可用酸式滴定管，但因碱性滴定液常使玻塞与玻孔粘合，以至于难以转动，故碱性滴定液宜用碱式滴定管。但碱性滴定液只要使用时间不长，用毕后立即用水冲洗，亦可使用酸式滴定管。

2. 碱式滴定管

碱式滴定管的管端下部连有橡皮管，管内装一玻璃珠控制开关，一般用做碱性滴定液的滴定。其准确度不如酸式滴定管，这是由于橡皮管的弹性会造成液面的变动。具有氧化性的溶液或其他易与橡皮起作用的溶液，如高锰酸钾、碘、硝酸银等不能使用碱式滴定管。在使用前，应检查橡皮管是否破裂或老化及玻璃珠大小是否合适，无渗漏后才可使用。

滴定操作要点如下：

① 滴定管在装满滴定液后，管外壁的溶液要擦干，以免流下或溶液挥发而使管内溶液降温（在夏季影响尤其大）。手持滴定管时，也要避免手心紧握装有溶液部分的管壁，以免手温高于室温（尤其在冬季）而使溶液的体积膨胀（特别是在非水溶液滴定时），造成读数误差。

② 使用酸式滴定管时,应将滴定管固定在滴定管夹上,活塞柄向右,左手从中间向右伸出,拇指在管前,食指及中指在管后,三指平行地轻轻拿住活塞柄,无名指及小指向手心弯曲,食指及中指由下向上顶住活塞柄一端,拇指在上面配合动作。在转动时,中指及食指不要伸直,应该微微弯曲,轻轻向左扣住,这样既容易操作,又可防止把活塞顶出。

③ 每次滴定须从刻度 0 开始,以使每次测定结果能抵消滴定管的刻度误差。

④ 在装满滴定液后,滴定前"初读"零点,应静置 1~2 分钟再读一次,如液面读数无改变,仍为 0,才能滴定。滴定时不应太快,每秒钟放出 3~4 滴为宜,更不应成液柱流下,尤其在接近计量点时,更应一滴一滴逐滴加入(在计量点前可适当加快些滴定)。滴定至终点后,需等 1~2 分钟,使附着在内壁的滴定液流下来以后再读数,如果放出滴定液速度相当慢时,等 30 s 后读数亦可,"终读"也至少读两次。

⑤ 滴定管读数可垂直夹在滴定管架上或手持滴定管上端使自由地垂直读取刻度,读数时还应该注意眼睛的位置与液面处在同一水平面上,否则将会引起误差。

读数应该在弯月面下缘最低点,但遇滴定液颜色太深,不能观察下缘时,可以读液面两侧最高点,"初读"与"终读"应用同一标准。

⑥ 为了协助读数,可在滴定管后面衬一"读数卡"(涂有一黑长方形的约 4 cm×1.5 cm 白纸)或用一张黑纸绕滴定管一圈,拉紧,置液面下刻度 1 分格(0.1 mL)处使纸的上缘前后在同一水平上;此时,由于反射完全消失,弯月面的液面呈黑色,明显地露出来,读此黑色弯月面下缘最低点。滴定液颜色深而需读两侧最高点时,就可用白纸为"读数卡"。若所用白背蓝线滴定管,其弯月面能使色条变形而成两个相遇一点的尖点,可直接读取尖头所在处的刻度。

⑦ 滴定管有无色、棕色两种,一般需避光的滴定液(如硝酸银滴定液、碘滴定液、高锰酸钾滴定液、亚硝酸钠滴定液、溴滴定液等),需用棕色滴定管。

8.1.4 实验步骤

1. 标准溶液的配制

① 氯化亚锡溶液,100 g/L。

将 100 g 氯化亚锡结晶体($SnCl_2 \cdot 2H_2O$)溶于 200 mL 的盐酸中,通过水浴加热溶解。冷却溶液,并用水稀释至 1 L。该溶液应贮存在装有少量锡粒的棕色玻璃瓶中。

② 三氯化钛溶液,15 g/L。

一种方法是用 9 体积的盐酸稀释 1 体积的三氯化钛溶液(约 15% 的三氯化钛溶液)。另一种方法是在有表面皿的烧杯中,用约 30 mL 的盐酸中溶解 1 g 海绵钛。冷却溶液,用水稀释至 200 mL。现用现配。

③ 重铬酸钾标准溶液,0.01667 mol/L。

称取 4.904 g 预先在 140~150 ℃ 干燥 2 h,在干燥器中冷却至室温的重铬酸钾(基准)溶于水中,冷却至 20 ℃ 后移至 1000 mL 的容量瓶中,用水稀释至刻度,混匀。

④ 钨酸钠溶液,称取 25 g 钨酸钠溶于适量的水中(若混浊需过滤),加 5 mL 磷酸(密度为 1.70 g/mL)用水稀释到 100 mL。

⑤ 二苯胺磺酸钠指示剂溶液,0.2 g/100 mL。

将 0.2 g 二苯胺磺酸钠($C_6H_5NHC_6H_4SO_3Na$)溶于少量水中,然后稀释至 100 mL。将

该溶液贮存于棕色玻璃瓶中。

2．样品的制备

称取 500 g 铁矿石，置于烘箱内完全烘干后，先采用破碎机将大块铁矿石破碎至 10 mm 以下，再用制样机将破碎后的铁矿石研磨至—200 目，备用。

3．开始滴定

(1) 铁矿石全铁含量滴定

试样的滴定分为分解-还原-滴定三个阶段。本实验使用的铁矿石中的钒含量不大于 0.05%，钼和铜含量不大于 0.1%。

① 分解：将制备的铁矿石放入 250 mL 的烧杯中，加 30 mL 盐酸，盖上表面皿，不沸腾地缓慢加热溶液（避免沸腾是为了防止三氯化铁挥散），分解试样。用射水冲洗表面，并用温水稀释至 50 mL，用中速滤纸过滤不溶残渣。用擦棒擦净杯壁，用温盐酸洗烧杯 3 次。用温盐酸洗残渣，直至看不见黄色的三氯化铁为止，然后再用温水洗 6～8 次，将滤液和洗液收集在 400 mL 的烧杯中。

将滤纸和残渣放入铂坩埚中，干燥，灰化滤纸，最后在 750～800 ℃灼烧。冷却坩埚，加 4 滴硫酸湿润残渣，加约 5 mL 氢氟酸，并缓慢加热以除去二氧化硅和硫酸（到冒尽三氧化硫白烟）。将 2 g 焦硫酸钾加入冷却的坩埚中，先缓慢加热，然后高温加热，至熔融物清亮（650 ℃熔融，约 5 min），冷却，将坩埚放入原 250 mL 烧杯中，加约 25 mL 的水和约 5 mL 的盐酸，温热溶解熔融物。洗出坩埚，将该溶液和主液合并，不沸腾状况下蒸发至约 150 mL。

② 还原：在酸分解中所得溶液中加 3～5 滴高锰酸钾溶液，在沸点以下加热溶液。在该温度保持 5 min，氧化砷或有机物。用少量热盐酸洗表面皿和烧杯内壁。立刻滴加氯化亚锡溶液，还原铁(Ⅲ)，并不时搅动烧杯中的溶液，直到溶液保持淡黄色（三氯化铁），用少量热水清洗烧杯内壁，加 15 滴钨酸钠溶液作指示，然后滴加三氯化钛溶液，并不断搅动溶液，直到溶液变蓝色，再滴加稀重铬酸钾溶液至无色。

③ 滴定：在上个步骤所得溶液中立即加 30 mL 硫磷混酸，用 5 滴二苯胺磺酸钠溶液作指示剂，用重铬酸钾标准溶液滴定，当溶液由绿色变为蓝绿到最后一滴滴定使之变紫色时为终点。

(2) 铁矿石亚铁含量滴定

将试样置于 300 mL 锥形瓶中，加约 0.5 g 氟化钠、60 mL 盐酸、0.5～1 g 碳酸氢钠，迅速用带有导管的橡皮塞盖上瓶口，加热至沸，并保持微沸 20～40 min，使溶液体积蒸发至 20～30 mL，取下，将导管的一端迅速插入饱和碳酸氢钠溶液中，然后用流水将锥形瓶冷却至室温，加 25 mL 硫磷混酸，加水至体积 100 mL 左右，加 5 滴二苯胺磺酸钠指示剂溶液，用重铬酸钾标准滴定溶液滴定至呈稳定的紫色，记下滴定的体积数 V_3。

8.1.5　实验记录与数据处理

将实验数据填入 8.1。

试样初始重量：_____ g；温度：_____ ℃；大气压力：_____ Pa。

表 8.1 铁矿石全铁含量滴定

$c(K_2Cr_2O_7)(mol/mL)$		$V(K_2Cr_2O_7)(mL)$	
$m(K_2Cr_2O_7)(g)$		$M(K_2Cr_2O_7)(g/mol)$	
铁矿石全铁含量(%)			
铁矿石亚铁含量滴定			
$c(K_2Cr_2O_7)(mol/mL)$		$V(K_2Cr_2O_7)(mL)$	
$m(K_2Cr_2O_7)(g)$		$M(K_2Cr_2O_7)(g/mol)$	
金属铁含量(%)			
铁矿石亚铁含量(%)			

8.1.6 思考题

① 简述化学滴定法的基本原理。

② 查阅资料，简述其他测量铁矿石化学成分的方法。

8.2 现代冶金材料分析检测技术

8.2.1 实验目的

① 了解现代冶金材料常用的分析检测技术。

② 掌握冶金用煤粉的化学组成及常用检测手段与方法。

③ 掌握冶金熔渣物相的常用检测手段与方法。

④ 掌握钢铁表面质量与缺陷的常用检测手段与方法。

8.2.2 实验内容及原理

热分析、X 射线衍射分析和扫描电子显微镜分析是冶金材料领域中最常用的检测手段，成本也相对较低。本实验选定冶金中常用的材料——煤粉、熔渣和钢铁材料，用热分析法研究煤粉的燃烧特性，用 X 射线衍射仪检测熔渣的矿物相组成，用扫描电镜检测钢样的表面质量与缺陷。

1. 煤粉燃烧特性的热分析

煤炭是我国工业窑炉使用最为广泛的固体燃料，组成非常复杂，既有可燃成分(C、H、S)，也有不可燃成分，这些组分含量直接影响到煤的发热量和燃烧特性，因此煤中有关组分含量、发热量是评价煤质的重要依据。

一般认为，煤粉主要由固定碳、水分、灰分和挥发分等组成。煤粉在燃烧过程中会发生水分的蒸发、挥发分的释放及固定碳的燃烧等物理化学变化，且燃烧过程是一个重量损失的过程。在一定实验条件下，煤粉的重量损失速度反映出煤粉的燃烧速度。因此，通过热分析，获得煤粉的热重分析(TGA)曲线和差热分析(DTA)曲线，研究特征峰及特征变化，可以揭示煤粉的着火和燃烧信息等燃烧特性。

热重分析(TGA)是在程序控制温度条件下,测量物质的质量与温度关系的热分析方法。热重法记录的热重曲线以质量(m)为纵坐标,以温度(T)或时间(t)为横坐标,即 m-T(或 t)曲线。凡物质受热时发生质量变化的物理或化学变化过程,均可用热重法分析研究。

差热分析(DTA)是在程序控制温度条件下,测量样品与参比物(基准五,是在测量温度范围内不发生任何热效应的物质,如 Al_2O_3、MgO 等)之间的温度差与温度关系的一种热分析方法。在实验过程中,将样品与参比物的温差作为温度或时间的函数连续记录下来。

差热分析中产生放热峰和吸热峰的大致原因如表 8.2 所示。

表 8.2　差热分析中产生放热峰和吸热峰的大致原因

	现象	吸热	放热		现象	吸热	放热
物理的原因	结晶转变	○	○	化学的原因	化学吸附		○
	熔融	○			析出	○	
	气化	○			脱水	○	
	升华	○			分解		○
	吸附		○		氧化度降低		○
	脱附				氧化(气体中)		○
	吸收	○			还原(气体中)	○	
					氧化还原反应	○	○

2. 冶金熔渣物相的 X 射线衍射分析

冶金熔渣主要是由冶金原料中的氧化物或冶金过程中生成的氧化物组成的熔体。熔渣是一种非常复杂的多组分体系,主要组分包括 CaO、FeO、Al_2O_3、SiO_2 等。钢铁冶炼过程中,炉渣起着分离或吸收夹杂、保护金属不受环境污染、减少金属热损失等至关重要的作用,故钢铁行业内有"炼钢在于炼渣,好渣之下出好钢"的普遍共识。随着温度的变化,高温熔融态的冶金熔渣在低于某一温度时会析出结晶矿相,从而影响熔渣的性能。因此,通过 X 射线衍射分析法检测冶金熔渣的物相,对熔渣性能研究有很重要的指导意义。

每一种结晶物质都有各自独特的化学组成和晶体结构。没有任何两种物质,它们的晶胞大小、质点种类及其在晶胞中的排列方式是完全一致的。因此,当 X 射线被晶体衍射时,每一种结晶物质都有自己独特的衍射花样,它们的特征可以用各个衍射晶面间距 d 和衍射线的相对强度 I/I_1 来表征。晶面间距 d 与晶胞的形状和大小有关,相对强度则与质点的种类及其在晶胞中的位置有关。所以,任何一种结晶物质的衍射数据 d 和 I/I_1 是其晶体结构的必然反映,因而可以根据它们来鉴别结晶物质的物相。

3. 钢铁表面质量与缺陷的扫描电镜分析

随着社会生产力的不断提高,人民群众的生活水平不断改善,人们对制造行业的要求也越来越高。钢铁作为造船、航天航空及日常生活用品不可缺少的原材料,其质量要求必然更严格。由于现有生产设备和技术的局限,我们的钢铁产品质量和生产能力远远不能满足需求;在钢铁生产线上,钢铁产品的生产过程由于不能实时有效监控其表面质量,部分缺陷产品在出厂前不能被检测出来,这样的缺陷产品流入市场将会对企业造成巨大的经济损失。

扫描电子显微镜,简称扫描电镜,英文缩写为 SEM,它是用细聚焦的电子束轰击试样表面,通过电子与试样相互作用产生的二次电子、背散射电子等对试样表面或断口形貌进行观察和分析。扫描电镜具有分辨率高、景深大、图像立体感强、制样简单等优点。

8.2.3 实验装置示意图

1. 热重分析仪

热重分析仪结构如图 8.1 所示。

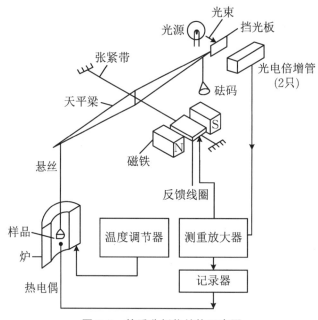

图 8.1 热重分析仪结构示意图

2. 差热分析仪

差热分析仪结构如图 8.2 所示。

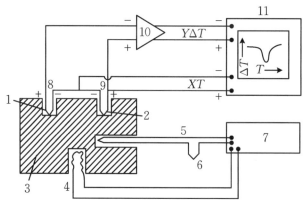

1. 参比物;2. 样品;3. 加热块;4. 加热器;5. 加热块热电偶;6. 冰冷连接;
7. 温度程控;8. 参比热电偶;9. 样品热电偶;10. 放大器;11. X-Y 记录仪。

图 8.2 差热分析仪结构示意图

3. X射线衍射仪

X射线衍射仪结构如图 8.3 所示。

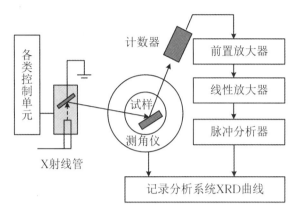

图 8.3　X射线衍射仪结构示意图

4. 扫面电子显微镜

扫描电镜成像过程示意如图 8.4 所示。

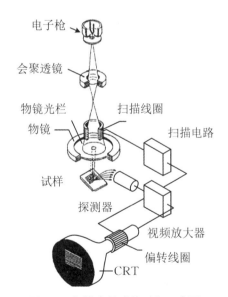

图 8.4　扫描电镜成像过程示意图

8.2.4　实验步骤

1. 煤粉燃烧特性的热分析

① 取常用的冶金用煤粉 50 g,研磨至－200 目以下,在 100 ℃烘箱中烘干 2 h,备用。

② 称取烘干 3 g 样品置于刚玉坩埚中,设定升温速度为 20 ℃/min,通入空气,开始加热。

③ 记录数据。

2. 冶金熔渣物相的 X 射线衍射分析

① （粉末）样品研磨。脆性物质宜用玛瑙研钵研细,粉末粒度一般要求为 $1\sim5~\mu m$,定量相分析在 $0.1\sim2~\mu m$,用手搓无颗粒感即可。
② 将装填好的样品插入样品架,设置好参数,进行测试。
③ 记录数据。

3. 钢铁表面质量与缺陷的扫描电镜分析

① 制作好试样、打开电子扫描电镜。
② 用导电胶固定试样在载物台上。
③ 放好试样后,抽真空,调整试样的距离、扫描的衬度和最佳倍数。
④ 选择不同倍数,照相。

8.2.5　实验记录及数据处理

1. 煤粉燃烧特性的热分析

样品质量：＿＿＿＿＿＿ mg;　　　气氛：＿＿＿＿＿＿;
气氛流量：＿＿＿＿＿＿ mL/min; 升温速率：＿＿＿＿＿＿ ℃/min;
设定温度：＿＿＿＿＿＿ ℃;　　　保温时间：＿＿＿＿＿＿ min。
按照要求绘制图像。

2. 熔渣物相分析

按照要求绘制图像。

3. 钢铁表面质量与缺陷的扫描电镜分析

按照要求记录图像。

8.2.6　思考题

① 简述煤粉燃烧特性的检测意义。
② 简述 XRD 的检测原理。

8.3　常用冶金分析检测技术数据分析与图像处理

8.3.1　实验目的

① 了解并掌握常用的数据、图像分析处理方法。
② 掌握常用的现代冶金材料分析检测技术数据与图像分析处理方法。

8.3.2　实验内容及原理

1. Origin 图像绘制软件

Origin 是由 OriginLab 公司开发的一个科学绘图、数据分析软件，支持在 Microsoft Windows 下运行。Origin 支持各种各样的 2D/3D 图形。Origin 中的数据分析功能包括统计、信号处理、曲线拟合以及峰值分析。Origin 中的曲线拟合是采用基于 Levernberg-Marquardt 算法(LMA)的非线性最小二乘法拟合。Origin 强大的数据导入功能，支持多种格式的数据，包括 ASCII、Excel、NI TDM、DIADem、NetCDF、SPC 等。图形输出格式多样，例如 JPEG、GIF、EPS、TIFF 等。内置的查询工具可通过 ADO 访问数据库数据。Origin 软件界面如图 8.5 所示。

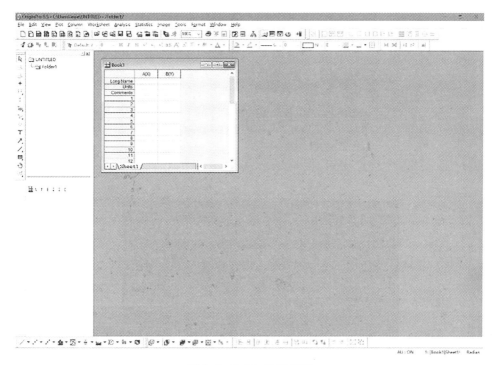

图 8.5　Origin 软件界面

Origin 是一个具有电子数据表前端的图形化用户界面软件。与常用的电子制表软件不同，如 Excel。Origin 的工作表是以列为对象的，每一列具有相应的属性，例如名称，数量单位，以及其他用户自定义标识。Origin 以列计算式取代数据单元计算式进行计算。Origin 可使用自身的脚本语言(LabTalk)去控制软件，该语言可使用 Origin C 进行扩展。Origin C 是内置的基于 C/C++的编译语言。

值得注意的是，Origin 可以作为一个 COM 服务器，通过 VB、NET、C#、LabVIEW 等程序进行调用。

2. XRD 数据处理软件——MDI-Jade

X 射线衍射技术在材料、化工、物理、矿物、地质等学科越来越受到重视，由于现代 X 射线衍射实验技术的不断完善、数据处理的自动化程度越来越高，MDI-Jade 软件越来越受到研究者的欢迎。MDI-Jade 软件界面如图 8.6 所示。

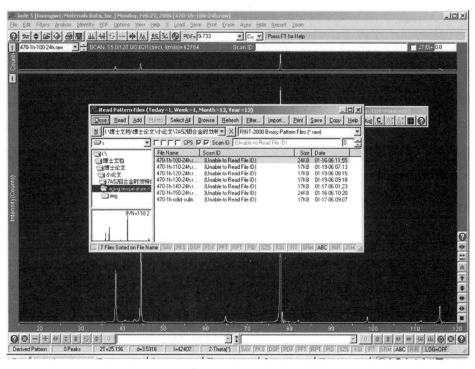

图 8.6　MDI-Jade 软件界面

X 衍射最重要的功能即物相判定，通过 Jade 软件可以实现物相检索。物相检索也就是"物相定性分析"。它的基本原理是基于以下三条原则：

① 任何一种物相都有其特征的衍射谱。

② 任何两种物相的衍射谱不可能完全相同。

③ 多相样品的衍射峰是各物相的机械叠加。

因此，通过实验测量或理论计算，建立一个"已知物相的卡片库"，将所测样品的图谱与 PDF 卡片库中的"标准卡片"一一对照，就能检索出样品中的全部物相。

物相检索的步骤包括：

① 给出检索条件：包括检索子库（有机还是无机、矿物还是金属等）、样品中可能存在的元素等。

② 计算机按照给定的检索条件进行检索，将最可能存在的前 100 种物相列出一个表。

③ 从列表中检定出一定存在的物相。

一般来说，判断一个相是否存在有三个条件：

① 标准卡片中的峰位与测量峰的峰位是否匹配，换句话说，一般情况下标准卡片中出现的峰的位置，样品谱中必须有相应的峰与之对应，即使三条强线对应得非常好，但有另一条较强线位置明显没有出现衍射峰，也不能确定存在该相，但是，当样品存在明显的择优取向时除外，此时需要另外考虑择优取向问题。

② 标准卡片的峰强比与样品峰的峰强比要大致相同，但一般情况下，对于金属块状样品，由于择优取向存在，导致峰强比不一致，因此，峰强比仅可作参考。

③ 检索出来的物相包含的元素在样品中必须存在,如果检索出一个 FeO 相,但样品中根本不可能存在 Fe 元素，则即使其他条件完全吻合，也不能确定样品中存在该相,此时可考虑样品中存在与 FeO 晶体结构大体相同的某相。当然，如果也不能确定样品会不会受 Fe 污染,那就得去做元素分析。对于无机材料和黏土矿物,一般参考"特征峰"来确定物相,而不要求全部峰的对应,因为一种黏土矿物中可能包含的元素也可能不同。Jade 物相检索通常分为三个步骤:大海捞针—限定条件检索—单峰搜索。

8.3.3　实验方法与装置

本实验为上机实验。

8.3.4　实验记录及数据处理

将绘制的图像打印出来。

附　录

F1　可用矿物的工业分类

F1.1　钢铁的基本原料——金属矿产

铁:磁铁矿、赤铁矿、菱铁矿、褐铁矿。

锰:软锰矿、硬锰矿、水锰矿、菱锰矿。

钛:钛铁矿、金红石

铬:铬铁矿。

钒:钒酸铀矿、钒酸钙铀矿。

F1.2　有色金属矿产

铜:黄铜矿、斑铜矿、辉铜矿、铜兰、黝铜矿、孔雀石、蓝铜矿、自然铜。

铅:方铅矿、白铅矿、铅钒。

锌:闪锌矿、菱锌矿。

铝:铝土矿。

镁:菱镁矿、白云石。

镍:镍黄铁矿、红砷镍矿、镍蛇纹石。

钴:辉砷钴矿、钴土矿、含砷黄铁矿。

钨:黑钨矿、白钨矿。

锡:锡石。

钼:辉钼矿。

铋:辉铋矿、自然铋、铋华。

汞:辰砂。

锑:辉锑矿、锑华、锑赭石。

铂:砷铂矿、自然铂。

金:自然金。

银:自然银、辉银矿。

F1.3　稀有稀土金属矿产

铌:铌铁矿、钽铁矿、褐铁矿、褐钇铌矿、烧绿石、钛铁金红石。

铍:绿柱石、白光榴石、香花石。

锂:锂辉石、锂云母、铁锂云母。

锆、铪:锆石。

铷、铯:天河石、铯榴石。

铈、镧:独居石、烧绿石、褐帘石。

钇:磷钇矿、铪钇铌矿。

锶:天青石、菱锶矿。

F1.4　非金属矿产

冶金辅助原料:菱镁矿、白云石、萤石。

化工原料:自然硫、黄铁矿、磁黄铁矿、雄黄、雌黄、钾盐、食盐、重晶石、明矾石、磷灰石、硼砂、硼镁铁矿、硼镁石、橄榄石、蛇纹石、长石。

特种非金属矿产:金刚石、水晶、冰洲石、光学萤石、蓝石棉、硼矿物(硼砂、硼镁铁矿、硼镁石)、红宝石。

建筑材料及其他非金属矿产:石棉、石墨、石膏、白云母、蛭石、高岭土、石英、硅藻土、方解石(石灰石)、长石、刚玉、黄玉、石榴石、软玉、硬玉、玛瑙、蔷薇、辉石。

F2　相似矿物对比表

表 F2.1　自然硫和雌黄矿物对比表

相似矿物	颜色	条痕	解理	其他
自然硫	淡黄色	浅黄的白色	无解理	性极脆,具硫黄臭,易燃烧,产生蓝色火焰
雌黄	柠檬黄色	鲜黄	{010}解理完全	薄片具挠性,锤击之有蒜臭味

表 F2.2　方铅矿和辉锑矿矿物对比表

相似矿物	晶形	条痕	比重	解理
方铅矿	立方体	灰黑	很大	三组{100}解理完全
辉锑矿	柱状	柱状	中等	平行{110}的一组解理完全,解理面上有裂纹

注:辉锑矿滴 KOH 溶液有黄褐色。

表 F2.3　黄铜矿和黄铁矿矿物对比表

相似矿物	形态	颜色	硬度	其他
黄铜矿	常为致密块状	铜黄色、表面常有蓝紫色	3~4	
黄铁矿	立方体	浅黄铜色	6~6.5	相邻晶面有互相垂直的条纹

表 F2.4　辉锑矿和辉铋矿矿物对比表

相似矿物	颜色	光泽	比重	成因	产状	其他
辉锑矿	铅灰、有暗蓝锖色	金属光泽	4.6	低温热液矿床	解理面上有横纹	滴 KOH 有黄褐色反应物
辉铋矿	锡白、带黄褐色	强金属光泽	6.4~6.8	高温热液矿床	晶面上具纵纹	与 KOH 无反应

表 F2.5　闪锌矿和黑钨矿矿物对比表

相似矿物	形态	颜色	条痕	光泽	解理	比重	化学性质
闪锌矿	粒状	浅黄褐至棕褐色	浅黄	金属-半金属	多组完全	中	与磷酸不反应
黑钨矿	板状	黑至褐黑	褐色	半金属	一组解理	大	用磷酸煮呈蓝色

表 F2.6　辉钼矿和石墨铁矿物对比表

相似矿物	颜色	条痕	光泽	比重
辉钼矿	铅灰	灰色	在纸划条痕为天蓝色,在上釉瓷板上划条痕为黄绿色	强金属
石墨铁	黑灰	黑	金属	小

表 F2.7　辰砂和雄黄矿物对比表

相似矿物	颜色	条痕	光泽	硬度	比重	其他
辰砂	朱红	红	金刚	2~2.5	大	
雄黄	橙红	橘红	断口油脂	1.5~2	中	刺鼻的臭味

表 F2.8　白铅矿和铅钒、菱锌矿和异极矿矿物对比表

相似矿物	化学反应
白铅矿	加稀 HCl 起泡
铅钒	与 HCl 不起反应
菱锌矿	粉末加 HCl 起泡
异极矿	粉末加 HCl 不起反应

表 F2.9　硅孔雀石和孔雀石矿物对比表

相似矿物	颜色	条痕	其他
硅孔雀石	绿—蓝绿	带浅绿的白色	滴 HCl 不起泡
孔雀石	绿—蓝绿	浅绿	滴 HCl 起泡

表 F2.10　锡石、金红石、锆英石矿物对比表

相似矿物	硬度	比重	解理	其他
锡石	6~7	6.8~7	{100}解理不完全	矿粒置锌片上加 HCl 1 滴,见锡白色锡镜反应
金红石	6	4.2~4.3	{110}解理完全	
锆英石	7~8	4.7	{110}解理不完全	

表 F2.11　磁铁矿、赤铁矿、辉褐铁矿物对比表

相似矿物	形态	颜色	条痕	其他
磁铁矿	八面体、粒状、致密块状	铁黑	黑色	强磁性
赤铁矿	肾状、鲕状、豆状、钢灰、块状、土状	土红	樱红色	无磁性
褐铁矿	土状、蜂窝状、块状、皮壳状、葡萄状	浅褐~黑褐	黄褐色	无磁性

表 F2.12　磁铁矿和铬铁矿矿物对比表

相似矿物	条痕	磁性
磁铁矿	黑色	强磁性
铬铁矿	褐色	弱磁性

表 F2.13　黄铁矿、白铁矿、毒砂矿物对比表

相似矿物	形态	颜色	其他
黄铁矿	立方体或五角十二面体	淡黄铜色	立方体晶面上有互相垂直的三组条纹
白铁矿	多呈结核状、矛状	浅铜黄色微带绿色	结核的内部常呈放射状
毒砂	柱状或致密块状	锡白	柱面有纵纹,锤击之有蒜臭味

表 F2.14　磁黄铁矿和镍黄铁矿矿物对比表

相似矿物	颜色	解理	磁性
磁黄铁矿	暗青铜黄色	解理不显	具磁性
镍黄铁矿	淡青铜黄色	{111}解理完全	磁性不显

表 F2.15　毒砂和辉砷钴矿矿物对比表

相似矿物	形态	颜色	其他
毒砂	柱状	锡白至钢灰色	常带浅黄锈色
辉砷钴矿	八面体、五角十二面体、立方体或其聚形	微带玫瑰红之锡白色	风化面上常有玫瑰色之钴华

表 F2.16　软锰矿和硬锰矿矿物对比表

相似矿物	颜色	条痕	硬度
软锰矿	黑、钢灰	黑色	呈晶体者硬度大(5～6)呈粉末者硬度小(2)
硬锰矿	褐黑	褐黑	近于小刀

表 F2.17　榍石和褐帘石矿物对比表

相似矿物	形态	解理	磁性
榍石	晶形呈信封状,断面呈楔形	{110}解理中等	作为各种岩浆岩的副矿物出现,接触变质岩中产出,砂矿中亦见
褐帘石	压板状、短柱状	无解理	主要见于花岗岩中正长岩和伟晶岩中,具放射性

表 F2.18　橄榄石、符山石、绿帘石矿物对比表

相似矿物	颜色	形态	成因产状
橄榄石	黄绿～暗绿	表面氧化为红色 粒状多见	只在超基性、基性岩中出现
符山石	黄、灰、绿、褐	短柱状多见	为矽卡岩的造岩矿物
绿帘石	特征的黄绿色	柱状、粒状	其生成与热水作用有关

表 2.19　块状石英、块状长石、块状绿柱石、块状刚玉矿物对比表

相似矿物	解理	硬度	化学反应
块状石英	无解理	7	
块状长石	两组解理完全	6	
块状绿柱石	{0001}解理不完全	7.5～8	
块状刚玉	无解理	9	极细粉末滴以硝酸钴溶液强灼之，显蓝色反应

表 F2.20　高岭石和白垩矿物对比表

高岭石	加 HCl 不起泡
白垩	加 HCl 起泡

表 F2.21　绿柱石、天河石、磷灰石矿物对比表

相似矿物	硬度	解理	化学反应
绿柱石	8	{0001}	不完全
天河石	6	两组解理完全，交角90°	
磷灰石	5	{0001}不完全	滴钼酸铵的硝酸溶液有黄色反应

表 F2.22　透辉石和普通辉石矿物对比表

相似矿物	形态	解理	断面形状	成因　产状其他
普通辉石	柱状、粒状	两组解理近于正交，解理完全～中等	正八边形	基性岩浆岩为主
普通角闪石	长柱状	两组解理夹角124°，解理完全～中等	菱形	以中酸性岩浆岩为主，其次为区域变质岩中常见
黑电气石	长柱状	无解理	球面三角形	常见于伟晶岩和高温热液作用中 柱面有纵纹，硬度较高

表 F2.23　普通辉石、普通角闪石和黑电气石矿物对比表

相似矿物	颜色	形状	断面 形状(以镜下观察最明显)	成因产状
透辉石	绿、灰绿	长柱状	呈正方形或正八边形	矽卡岩的重要造岩矿物，基性、超基性岩也常见
普通辉石	黑、黑绿	短柱状、粒状	呈正八边形	以基性火成岩中最常见

表 F2.24　硅灰石和普通辉石矿物对比表

相似矿物	形态	解理	硬度	成因	其他
硅灰石	针状、棒状、放射状	两组解理交角 74°，解理中等	4.5～5	产于中酸性火成岩和石灰岩接触带	细粉末完全溶于 HCl 中
透闪石	长柱状、针状、放射状	两组解理交角 124°，解理完全—中等	5.5～6	产于中酸性火成岩和石灰岩接触带	难溶于 HCl

表 F2.25　滑石和叶蜡石矿物对比表

相似矿物	简易化学实验	成因
滑石	以硝酸钴溶液浸湿强灼之变成浅玫瑰红色（Mg 反应）	由富含 Mg 的基性火成岩热液蚀变的产物
叶蜡石	以硝酸钴溶液浸湿强灼之变成蓝色（Al 反应）低温矿物	由火山岩经热液蚀变的产物

表 F2.26　正长石和斜长石矿物对比表

相似矿物	颜色	解理	双晶
正长石	肉红色、浅黄褐色	{001}完全，{010}中等，两组解理交角 90°	卡斯伯双晶
斜长石	白色、灰白色	{001}完全，{010}中等，两组解理交角 86°	钠长石聚片双晶

表 F2.27　长石、霞石和石英矿物对比表

相似矿物	解理	硬度	成因	其他
长石	两组解理完全	6		
霞石	有不完全解理	5～6	只产于碱性火成岩中，不与石英共生	易于风化，表面常留有许多洞穴
石英	无解理	7		

表 F2.28　石榴石和白榴石矿物对比表

相似矿物	颜色	硬度	产状
石榴石	深浅各色均有	6.5～7.5	主要分布在矽卡岩及区域变质岩中
白榴石	炉灰色	5～6	产于富碱贫硅的碱性喷出岩中，与碱性辉石、霞石共生

表 F2.29　重晶石、方解石和石膏、萤石矿物对比表

相似物	形态	解理	硬度	比重	其他
重晶石	板状晶形多见	{001}完全、{201}中等	3～3.5	4.3～4.7	
方解石	粒状集合体多见	三组解理完全	3	2.71	遇 HCl 起泡
石膏	板状、纤维状多见	{010}极完全	1.5～2	2.3	
萤石	粒状集合体多见	四组解理完全	4	3.18	

表 F2.30　方解石、白云石和菱镁矿矿物对比表

相似矿物	与 HCl 作 用	染色
方解石	加冷 HCl 强烈起泡	加茜素红的 HCl 溶液①3～5 滴显玫瑰红色
白云石	粉末加 HCl 强烈起泡	无反应
菱镁矿	粉末加热 HCl 方能起泡	无反应

① 溶液配制:将 5%的 HCl 加在 0.1%的茜红素溶液 100 mL 即可。

表 F2.31　天青石和重晶石矿物对比表

相似矿物	染色
天青石	吹管火焰下熔成白色小球,染火焰为深紫红色(盐酸浸润后颜色更明显)
重晶石	由盐酸浸润后,染火焰成黄绿色(钡的焰色)

表 F2.32　锡石和黑钨矿矿物对比表

相似矿物	颜色	条痕	形态	解理	硬度	其他
锡石	褐色或沥青黑色	浅棕色	双锥柱状、粒状	不完全解理	6～7	有锡镜反应
黑钨矿	褐黑或褐红色	黄褐-黑褐	厚板状	{010}完全解理	4.5～5.5	含铁高者有弱磁性

表 F2.33　白钨矿和石英矿物对比表

相似矿物	形态	解理	硬度	比重	发光性
白钨矿	粒状、致密块状,晶形为假八面体	{111}中等解理	4.5～5	5.8～6.2	紫外光下显浅蓝荧光
石英	柱状、块状	无解理	7	2.5～2.8	不发光

表 F2.34　铝土矿和石灰岩矿物对比表

相似矿物	形态	其他
铝土矿	豆状或土状块体	有粗糙感,用口哈气后有强烈土臭味,颜色变化较大
石灰岩	鲕状或致密块状	硬度小于小刀,加盐酸起泡

F3　部分烧结矿物在显微结构下的颜色及形态和熔点

表 F3.1　部分烧结矿物的部分物理性质

矿物名称	反射率(%)	反射色	晶形	内反射色
Fe_2O_3	25	灰白	粒状、板状	红色
Fe_3O_4	20～21	棕黄、暗黄	块状、互连状、板状	无
$Fe_2O_3 \cdot nH_2O$	17～18	浅白色	环带状	红色
铁酸钙(一、二、三、四)	18～18.5	略带蓝灰色无	针状、条状(到二元以上逐渐变粗)	无

矿物名称	反射率(%)	反射色	晶形	内反射色
钙铁橄榄石	6.5~8	深灰色、灰黄色	块状、粒状、板状	无
铁橄榄石	4~5	深色	块状、粒状、板状	无
铁酸镁	16~17	彩色	块状	无
硅酸钙(一、二、三)	0	黑色	棒状、竹叶状	无
富氏体	17~20	浅白色	混匀状	无
金属铁	65	浅白色	条状、点状	无
玻璃质	0	云雾状	无	

表 F3.2　部分烧结矿物的分子式和熔点(℃)

矿物名称	分子式	熔点(℃)
正硅酸钙	$2CaO \cdot SiO_2$	2130
三氧化二铝	Al_2O_3	2045
方解石	MgO	1800
石英	SiO_2	1710
复合铁酸钙	SFCA	1360
磁铁矿	Fe_3O_4	1598
铁酸镁	$MgO \cdot Fe_2O_3$	1580
钙镁橄榄石	$CaO \cdot MgO \cdot SiO_2$	1490
铁酸一钙	$CaO \cdot Fe_2O_3$	1216
铁橄榄石	$2FeO \cdot SiO_2$	1205
富氏体	FeO_x	1370
铁酸二钙	$2CaO \cdot Fe_2O_3$	1436
钙铁橄榄石	$CaO_x \cdot FeO_{2-x} SiO_2$	1160
赤铁矿	Fe_2O_3	1350
镁蔷薇辉石	$3CaO \cdot MgO \cdot SiO_2$	1598

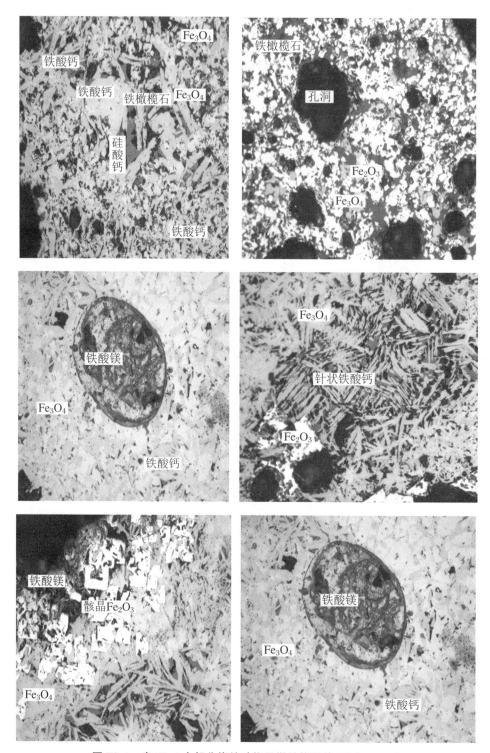

图 F3.1　表 F3.1 中部分烧结矿物显微结构照片(反光 200×)

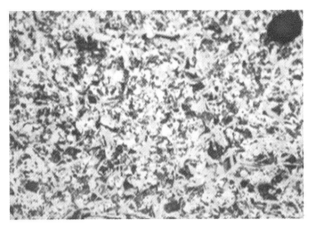

铁酸钙—浅蓝色,针状、条状、熔蚀状;橄榄石—棕灰色,粒状;

硅酸二钙—黑色,粒状;孔洞—黑色

图 F3.2　烧结矿针状、条状、熔蚀状铁酸钙形成(反光 200×)

铁酸钙—浅蓝色,条状、熔蚀状;橄榄石—棕灰色,粒状;

硅酸二钙—黑色长条;孔洞—不规则黑色

图 F3.3　烧结矿中层大量熔蚀状铁酸钙形成(反光 200×)

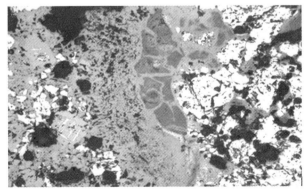

铁酸钙—浅蓝色,熔蚀状;橄榄石—棕灰色,板状;赤铁矿—亮白色

Fe_3O_4—浅黄色,互连状、格子状;孔洞—不规则黑色

图 F3.4　烧结矿中层钙铁橄榄石形成(反光 200×)

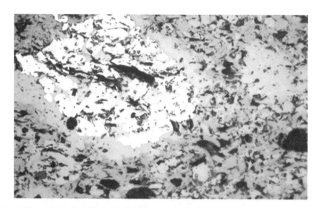

铁酸钙—浅蓝色,熔蚀状;橄榄石—棕灰色,条状;赤铁矿—亮白色

Fe_3O_4—浅黄色,互连状;孔洞—不规则黑色

图 F3.5　赤铁矿与铁酸钙、磁铁矿交织(反光 200×)

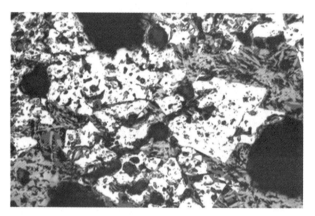

铁酸钙—浅蓝色,条状、熔蚀状;钙铁橄榄石—棕灰色,板状;赤铁矿—亮白色

骸晶 Fe_2O_3—蛋白色,鱼脊状;孔洞—黑色

图 F3.6　烧结矿中骸晶 Fe_2O_3 形成(反光 200×)

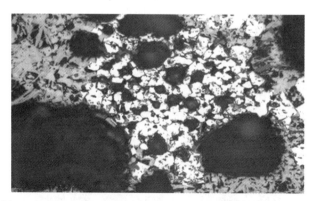

铁酸钙—浅蓝色,条状、熔蚀状;钙铁橄榄石—棕灰色,板状;孔洞—黑色

Fe_3O_4—浅黄色,互连状;Fe_2O_3—蛋白色,粒状

图 F3.7　烧结矿中粒状 Fe_2O_3 形成(反光 200×)

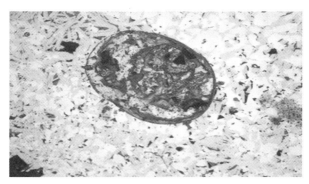

铁酸镁—彩色,条状;其他主要为铁酸钙和磁铁矿星熔蚀结构

图 F3.8　烧结矿中铁酸镁形成(反光 200×)

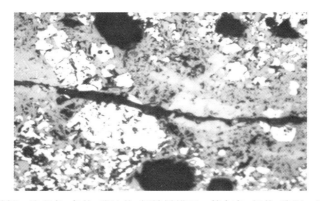

铁酸钙—浅蓝色,条状、熔蚀状;钙铁橄榄石—棕灰色,板状;孔洞—黑色

Fe_3O_4—浅黄色,互连状;Fe_2O_3—蛋白色,粒状;裂纹—黑色粗条状

图 F3.9　烧结矿中贯穿性裂纹粒状形成(反光 200×)

F4　热电偶分度表

表 F4.1　铂铑 10-铂热电偶(S 型)分度表(ITS-90)

温度 (℃)	0	10	20	30	40	50	60	70	80	90
	热电动势(mV),参考段温度为 0 ℃									
0	0.000	0.055	0.113	0.173	0.235	0.299	0.365	0.432	0.502	0.573
100	0.645	0.719	0.795	0.872	0.950	1.029	1.109	1.190	1.273	1.356
200	1.440	1.525	1.611	1.698	1.785	1.873	1.962	2.051	2.141	2.232
300	2.323	2.414	2.506	2.599	2.692	2.786	2.88	2.974	3.069	3.164
400	3.260	3.356	3.452	3.549	3.645	3.743	3.84	3.938	4.036	4.135
500	4.234	4.333	4.432	4.532	4.632	4.732	7.832	7.933	5.034	5.136
600	5.237	5.339	5.442	5.544	5.648	5.751	5.855	5.96	6.065	6.169
700	6.274	6.380	6.486	6.592	6.699	6.805	6.913	7.020	7.128	7.236

续表

温度 (℃)	0	10	20	30	40	50	60	70	80	90
	热电动势(mV),参考段温度为0℃									
800	7.345	7.454	7.563	7.672	7.782	7.892	8.003	8.114	8.255	8.336
900	8.448	8.560	8.673	8.786	8.899	9.012	9.126	9.240	9.355	9.470
1000	9.585	9.700	9.816	9.932	10.048	10.165	10.282	10.400	10.517	10.635
1100	10.754	10.872	10.991	11.11	11.229	11.348	11.467	11.587	11.707	11.827
1200	11.947	12.067	12.188	12.308	12.429	12.55	12.671	12.792	12.912	13.034
1300	13.155	13.397	13.397	13.519	13.640	13.761	13.883	14.044	14.125	14.247
1400	14.368	14.61	14.61	14.731	14.852	14.973	15.094	15.215	15.336	15.456
1500	15.576	15.697	15.817	15.937	16.057	16.176	16.296	16.415	16.534	16.653
1600	16.771	16.89	17.008	17.125	17.243	17.630	17.477	17.594	17.711	17.826
1700	17.942	18.056	18.17	18.282	18.394	18.505	18.612	—	—	—

表 F4.2　镍铬-镍硅热电偶(K型)分度表

温度 (℃)	0	10	20	30	40	50	60	70	80	90
	热电动势(mV),参考段温度为0℃									
0	0	0.397	0.798	1.203	1.611	2.022	2.436	2.85	3.266	3.681
100	4.059	4.508	4.919	5.237	5.733	6.137	6.539	6.939	7.338	7.737
200	8.137	8.537	8.938	9.341	9.745	10.151	10.56	10.969	11.381	11.793
300	12.207	12.623	13.039	13.356	13874	14.292	14.712	15.132	15.552	15.974
400	16.395	16.818	17.241	17.664	18.088	18.513	18.938	19.363	19.788	20.214
500	20.64	21.066	21.493	21.919	22.346	22.772	23.198	23.624	24.05	24.476
600	24.902	25.327	25.751	26.176	26.599	27.022	27.445	27.867	28.288	28.709
700	29.128	29.547	29.965	30.383	30.799	31.214	31.214	32.042	32.455	32.866
800	33.277	33.686	34.095	34.502	34.909	35.314	35.718	36.121	36.524	36.925
900	37.325	37.724	38.122	38.915	38.915	39.31	39.703	40.96	40.488	40.879
1000	41.269	41.657	42.045	42.432	42.817	43.202	43.585	43.968	44.349	44.729
1100	45.108	45.486	45.863	46.238	46.616	46.985	47.356	47.726	48.095	48.462
1200	48.828	49.192	49.555	49.916	50.276	50.633	50.99	51.344	51.697	52.049
1300	52.398	52.747	53.093	53.439	53.782	54.125	54.466	54.807	—	—

表 F4.3　铂铑 30 -铂铑 6 热电偶(B 型)分度表

温度 (℃)	0	10	20	30	40	50	60	70	80	90
	热电动势(mV),参考段温度为 0 ℃									
0	0	−0.002	−0.003	0.002	0	0.002	0.006	0.11	0.017	0.025
100	0.033	0.043	0.053	0.065	0.078	0.092	0.107	0.123	0.14	0.159
200	0.178	0.199	0.22	0.243	0.266	0.291	0.317	0.344	0.372	0.401
300	0.431	0.462	0.494	0.527	0.516	0.596	0.632	0.669	0.707	0.746
400	0.786	0.827	0.87	0.913	0.957	1.002	1.048	1.095	1.143	1.192
500	1.241	1.292	1.344	1.397	1.45	1.505	1.56	1.617	1.674	1.732
600	1.791	1.851	1.912	1.974	2.036	2.1	2.164	2.23	2.296	2.363
700	2.43	2.499	2.569	2.639	2.71	2.782	2.855	2.928	3.003	3.078
800	3.154	3.231	3.308	3.387	3.466	3.546	3.626	3.708	3.79	3.873
900	3.957	4.041	4.126	4.212	4.298	4.386	4.474	4.562	4.652	4.742
1000	4.833	4.924	5.016	5.109	5.205	5.299	5.391	5.487	5.583	5.68
1100	5.777	5.875	5.973	6.073	6.172	6.273	6.374	6.475	6.577	6.68
1200	6.783	6.887	6.991	7.096	7.202	7.038	7.414	7.521	7.628	7.736
1300	7.845	7.953	8.063	8.172	8.283	8.393	8.504	8.616	8.727	8.839
1400	8.952	9.062	9.178	9.291	9.405	9.519	9.636	9.748	9.863	9.979
1500	10.094	10.21	10.325	10.441	10.588	10.674	10.79	10.907	11.024	11.141
1600	11.257	11.374	11.491	11.608	11.725	11.842	11.959	12.076	12.193	12.31
1700	12.426	12.543	12.659	12.776	12.892	13.008	13.124	13.239	13.354	13.47
1800	13.585	13.699	13.814	—						

表 F4.4　镍铬-铜镍(康铜)热电偶(E 型)分度表

温度 (℃)	0	10	20	30	40	50	60	70	80	90
	热电动势(mV),参考段温度为 0 ℃									
0	0	0.591	1.192	1.801	2.419	3.047	3.683	4.329	4.983	5.646
100	6.317	6.996	7.683	8.377	9.078	9.787	10.501	11.222	11.949	12.681
200	13.419	14.161	14.909	15.661	16.417	17.178	17.942	18.71	19.481	20.256
300	21.033	21.814	22.597	23.383	24.171	24.961	25.754	26.549	27.345	28.143
400	28.943	29.744	30.546	31.35	32.155	32.96	33.767	34.574	35.382	36.19
500	36.999	37.808	38.617	39.426	40.236	41.045	41.853	42.662	43.47	44.278
600	45.085	45.891	46.697	47.502	48.306	49.109	49.711	50.713	51.513	52.312
700	53.11	53.907	54.703	55.498	56.291	57.083	57.871	58.663	59.451	60.237
800	61.022	61.806	62.588	63.368	64.147	62.924	65.7	66.473	67.245	68.015
900	68.783	69.549	70.313	71.075	71.835	72.593	73.35	74.104	74.857	75.608
1000	76.358	—	—	—	—	—	—	—	—	—

表 F4.5　铁-铜镍(康铜)热电偶(J 型)分度表

温度 (℃)	0	10	20	30	40	50	60	70	80	90
	热电动势(mV),参考段温度为 0 ℃									
0	0	0.507	1.019	1.536	2.058	2.585	3.115	3.649	4.186	4.725
100	5.268	5.812	6.359	6.907	7.457	8.008	8.56	9.113	9.667	10.222
200	10.777	11.332	11.887	12.442	12.998	13.553	14.107	14.663	15.217	15.771
300	16.325	16.879	17.432	17.984	18.537	19.089	19.64	20.192	20.743	21.295
400	21.846	22.397	22.949	23.501	24.054	24.607	25.161	25.716	26.272	26.829
500	27.388	27.949	28.511	29.075	29.642	32.21	30.782	31.356	31.933	32.513
600	33.096	33.683	34.273	34.867	35.464	36.066	36.671	37.28	37.893	38.51
700	39.13	39.754	40.382	41.013	41.647	42.288	42.922	43.563	44.207	44.852
800	45.498	46.144	46.79	47.434	48.076	48.716	49.354	49.989	50.621	51.249
900	51.875	52.496	53.115	53.729	54.341	54.948	55.553	56.155	56.753	57.349
1000	57.942	58.533	59.121	59.708	60.293	60.876	61.459	62.039	62.619	63.199
1100	63.777	64.355	64.933	65.51	66.087	66.664	67.21	67.815	68.39	68.964
1200	69.536	—	—	—	—	—	—	—	—	—

表 F4.6　铜-铜镍(康铜)热电偶(T 型)分度表

温度 (℃)	0	10	20	30	40	50	60	70	80	90
	热电动势(mV),参考段温度为 0 ℃									
−200	−5.603	—	—	—	—	—	—	—	—	—
−100	−3.378	−3.378	−3.923	−4.177	−4.419	−4.648	−4.865	−5.069	−5.261	−5.439
0	0	0.383	−0.757	−1.121	−1.475	−1.819	−2.152	−2.475	−2.788	−3.089
0	0	0.391	0.789	1.196	1.611	2.035	2.467	2.98	3.357	3.813
100	4.277	4.749	5.227	5.712	6.204	6.702	7.207	7.718	8.235	8.757
200	9.268	9.82	10.36	10.905	11.456	12.011	12.572	13.137	13.707	14.281
300	14.86	15.443	16.03	16.621	17.217	17.816	18.42	19.027	19.638	20.252
400	20.869	—	—	—	—	—	—	—	—	—